GAOZHI GAOZHUAN SHISANWU GUIHUA JIAOCAI

高职高专"十三五"规划教材

U0269175

兽医临床诊疗技术

SHOUYI LINCHUANG ZHENLIAO JISHU

主 编◎王世雄 薛增迪 黄解珠

华中科技大学出版社

http://www.hustp.com

中国·武汉

内容提要

本书以兽医临床诊疗相关岗位所需专业知识和操作技能为着眼点,内容安排方面突出强调工作实践的需求。全书共安排了 18 个基础知识项目和 1 个技能考核项目。主要内容包括:绪论、动物的接近与保定、临床检查的基本方法和程序、一般检查、分系统检查、实验室检验、X 线检查技术、B 超检查技术、注射技术、穿刺技术、投药技术、术前准备与术后措施、无菌技术、麻醉技术、组织分离与止血技术、缝合技术、包扎技术、技能测定等。为了帮助读者加强学习效果,教材在每个项目后面设置了测试模块。

图书在版编目(CIP)数据

兽医临床诊疗技术 / 王世雄,薛增迪,黄解珠主编. —武汉:华中科技大学出版社,2023.1
高职高专"十三五"规划教材
ISBN 978-7-5680-2103-6

Ⅰ.①兽… Ⅱ.①王… ②薛… ③黄… Ⅲ.①兽医学—诊疗Ⅳ.①S854

中国版本图书馆 CIP 数据核字(2016)第 185982 号

兽医临床诊疗技术　　　　　　　　　　　　　　　　王世雄　薛增迪　黄解珠　主编
Shouyi Linchuang Zhenliao Jishu

策划编辑:王京图
责任编辑:王京图
封面设计:许军辉
责任校对:朱　洁
责任监印:朱　玢
出版发行:华中科技大学出版社(中国·武汉)　　电话:(027)81321913
　　　　　武汉市东湖新技术开发区华工科技园　　邮编:430223
录　　排:北京纬图博文文化传媒有限公司
印　　刷:河北文盛印刷有限公司
开　　本:787mm×1092mm　1/16
印　　张:17
字　　数:420 千字
版　　次:2023年1月第1版第9次印刷
定　　价:46.80 元

编委会

前　言

为贯彻《国务院关于加快发展现代职业教育的决定》的文件精神,全面促进高职高专"十三五"规划教材的建设,顺应高职高专院校的教学改革和教材建设,结合全国各地兽医及相关专业教学体系及课程设置情况,我们编写了《兽医临床诊疗技术》一书。

"兽医临床诊疗"既兽医专业的一门基础课,也是后续深入学习相关专业课程的一门过渡课程,还是兽医门诊不可缺少的诊疗技术课程。因此,"兽医临床诊疗技术"贯穿兽医专业学习与实践的始终。

在编写过程中,教材始终强调以学生就业所需的专业知识和操作技能作为着眼点,注重理论联系实际,坚持"因材施教"的教学原则。因此,全书安排的内容也与生产实际紧密相关,主要内容包括:动物的接近与保定、临床检查的基本方法和程序、一般检查、分系统检查、实验室检验、X线检查技术、超声检查技术、心电图检查技术、内窥镜检查技术、注射技术、穿刺技术、投药技术、术前准备与术后措施、无菌技术、麻醉技术、组织分离与止血技术、缝合技术、包扎技术等。

为了在适度的基础知识与理论体系覆盖下,突出教学的实用性、可操作性和适用广范性,同时强化案例教学,并通过实际训练加深对理论知识的理解,教材安排了17个技能测试项目,每个项目后附有测试模块,可测试学生的综合能力。

本书是在华中科技大学出版社大力筹措下,由全国多个院校行业专家及富有实践经验和专业教学经验的教师共同完成编写的。编者在此对各位专家学者及同仁的辛勤劳动致以诚挚的谢意!

本书适合兽医、畜牧兽医等专业使用。

由于编者水平有限,书中不足之处恳请各位教师及读者见谅,给予批评指正。

—— 编　者

目　录

绪 论

一、兽医临床诊疗技术的概念、内容和任务

兽医临床诊疗技术是系统地研究诊断疾病的方法和理论以及常规治疗措施的科学。它包括临床诊断和常用治疗技术两方面的内容。

兽医临床诊断学是以各种动物为研究对象，从临床实践的角度，去研究其疾病的诊断理论和方法的科学。其内容概括起来，包括3个方面：

（一）研究检查病畜的临床检查法、实验室检验法和特殊检查法，以及这些检查法所根据的科学原理，从而为检查病畜和认识疾病提供必备的手段。

临床检查法包括病史调查、一般检查和系统检查，是通过检查者的感官，直接对病畜进行观察和检查的方法。

实验室检查和特殊检查法（包括X线检查、超声波检查等），是根据临床诊断的启示或需要，针对某种特殊情况或疾病而选择、配合运用的一种辅助检查法。

广义地讲，诊断疾病的方法还应包括细菌及血清学诊断法、变态反应诊断法、寄生虫学检查法（如虫卵的检查法）、生物学实验法以及病理解剖或病理组织学诊断法等。

（二）研究畜禽在病理状态下，所呈现的各种症状的主要特征、产生原理、形成条件以及所反应的病理过程的性质及诊断意义。

（三）研究建立诊断的原则、方法及步骤

1. 建立诊断的原则

先从一种疾病的诊断入手，尽可能用一种诊断解释病畜的全部症状。先考虑常见疾病、多发疾病，再考虑少发疾病、偶发疾病。先考虑群体疾病，再考虑个体疾病。当疾病从未见过时，应考虑是否出现了新的疾病。早发现、早诊断、早治疗。

2. 建立诊断的方法

（1）论证诊断法　论证诊断是指对患病动物临床检查所得到的症状资料进行整理，分清主次症状，并与所提出的疾病理论上应具有的症状对照印证。

（2）鉴别诊断法　鉴别诊断是指对患病动物临床检查所得到的症状资料进行整理，但无法找到是某一种疾病的主要症状时，须进行类症鉴别，最后归结到一个（或一个以上）可能性最大的疾病上的诊断法。

3. 建立诊断的步骤

调查病史、收集症状→分析症状、建立初诊→实施症状、验证诊断。

二、症状、诊断与预后的概念

(一)症状的概念

1. 症状

症状是指畜禽患病过程中所呈现的病理性异常现象。

2. 全身症状

动物患病后所呈现全身性的失调现象,称为全身症状或一般症状。例如食欲不振、体温、呼吸、脉搏变化等。

3. 局部症状

动物患病后,呈现于患病器官或组织局部的机能障碍和形态上的异常表现,称为局部症状。例如口黏膜的溃疡,肺炎时胸肺部叩诊的限局性浊音区等。

4. 特征症状

某些疾病可呈现其特有的而在其他疾病所不见的症状,通过这一症状即可确定疾病,这种特异性现象,称为特征症状或示病症状。例如心包炎时的心包击水音或心包摩擦音;阳性颈静脉波动是三尖瓣闭锁不全的示病症状等。

5. 主要症状

主要症状是指对疾病诊断有重要意义的症状,这是疾病诊断的重要依据,又称基本症状。

6. 次要症状

次要症状是指对疾病诊断有辅助作用的症状。次要症状在很多疾病过程中都会或多或少、或轻或重地出现,对疾病诊断的意义不大,但对疾病的程度和预后的判断有较大意义。

7. 固定症状

固定症状是指在某一疾病过程中必然出现的症状,又称固有症状。如发热、咳嗽等是肺炎的固定症状;腹泻是肠炎的固定症状。

8. 持久症状

持久症状是指在整个疾病过程中自始至终都存在的症状。如骨折出现的跛行,肠炎出现的腹泻等。

9. 偶然症状

偶然症状是指在特定条件下出现的症状,它是在疾病过程中某一阶段出现的症状。

10. 前驱症状

前驱症状是指在疾病发生初始、主要症状出现之前出现的一类症状,又称先兆症状。

11. 后遗症状

后遗症状是指在原发病治愈后留下来的不正常现象。如疤痕、截肢等。

12. 综合症候群

某些症状常以固定关系联系在一起,并同时或在同一疾病过程中先后出现,则称为综合症候群。例如鼻液、咳嗽、呼吸困难所组成的综合症候群,提示为呼吸器官、系统的疾病。症状或综合症候群是提示诊断的出发点和构成诊断的重要依据。

（二）诊断的概念

诊断是对畜禽所患疾病的本质的判断。完整的诊断，一般要求是确定疾病主要侵害的器官或部位；判断疾病的性质、发展时期及程度；明确致病的原因；阐明发病的机理。诊断通常以病名表示，按其内容可分为几种。

1. 症状诊断

症状诊断是以其主要症状而命名，如贫血等。

2. 病理解剖学诊断

病理解剖学诊断是以病理解剖的变化特征而命名，如肺炎。

3. 病原学诊断

病原学诊断是以致病原而命名，如口蹄疫；机能诊断是以机能紊乱的表现特征而命名的，如前胃迟缓；发病病理学诊断，是阐明发病机理的诊断，如过敏性皮炎。病原学诊断是理想的诊断，对疾病的防治具有特异性的指导意义。

（三）预后的概念

预后是对病畜所患疾病发展趋势及结局的估计与推断。一般分为预后良好、预后不良、预后慎重和预后可疑4种。鉴于兽医临诊的对象是具有一定经济价值的动物，所以客观地推断预后，在决定采取合理的防治措施上具有重要的实际意义。

三、兽医临床诊疗技术的发展及现状

兽医临床诊疗技术是人类在与畜禽疾病作斗争的长期过程中，逐步得到发展而形成的一门独立学科。

我国兽医学在长期的历史发展过程中，逐步形成了以望、闻、问、切四诊法为基础的临床体系，特别在外观形、看口色、切脉等方面都有独特的研究和成就。

现代兽医诊疗技术是在18世纪初期物理学、化学进步的基础上发展起来的。体温计的发明、叩诊和听诊法的应用得到了科学的论证。19世纪中叶，随着微生物学的发展，发现了某些传染病的病原体，显微镜开始应用于兽医临床诊疗，而细菌、血清学诊断法的应用又提高了病原诊断的科学性和准确性。

近代理论科学与技术科学的新成就，不仅为医学诊断学科提供了某些理论基础，而且研制成功了许多精密的诊断仪器，促进了本学科的发展，提高了临床诊疗水平和工作效率。如利用光导纤维研制改进了多种内窥镜，使消化道、泌尿道及呼吸道的内腔镜检查技术更适合于临床应用；显微技术的不断进展，电子显微镜的研制成功，不仅为微生物学的研究和诊断提供了精密设备，同时又使病理组织及活体组织的病理学诊断达到了亚细胞水平；声学理论在医学诊疗方面的运用，逐渐开拓了超声诊疗新领域。B型超声诊断仪的临诊应用，通过超声显像，可以客观地将被探查器官的影像和变化显示在荧光屏上；为内脏器官疾病诊断，又提供了一种新手段。

实验室检验技术的不断扩充和完善，有助于生化学检验中许多精密仪器的应用，逐渐充实了临床病理学的内容。不仅可以精确地检测出微量、超微量的元素、物质，使微量元素、激素、酶活性的检测应用于临诊实际,大大地提高了临床诊断的准确性,而且可以揭示亚临床的某些指标,有助于早期诊断和群体的监测。

X线诊断学的不断进步,特别是X线摄影与电子计算机的联合使用,形成了电子计算机处理体层扫描新技术(CT),它与核磁共振成像技术,同为当代医学诊断学的新突破。综合运用X线诊断(包括CT)、超声探查(包括B超)、放射性同位素扫描以及核磁共振等医学影像技术付诸于临诊实践,将能进一步克服由于受到机体体壁掩盖而造成的障碍,直接地揭示内脏器官的病变形象和功能状态,为内科疾病的诊断提供客观的基础和根据。

近年,针对特定的生物学病原而研究、设计的特异性检查、诊断方法和技术,成功地应用于许多传染病(包括部分寄生虫病)的病原学诊断领域,在很大程度上显著地提高了兽医临床诊断的准确性、科学性和实践价值。

四、学习本课程的目的、要求及方法

学习本课程的目的在于掌握检查、诊断和治疗畜禽疾病的基本理论和基本技能,能够独立地检查病畜、收集症状、资料,建立初步诊断,并熟练应用各种治疗技术,给予充分合理的治疗,使病畜康复。学习本课程时,应以辩证唯物主义的观点作为指导,熟练地掌握诊疗技术中的各种诊断方法和治疗技术,熟练地应用于临诊实际。本课程具有很强的实践性,只有多接触临床实际才能熟练掌握各种诊断方法。因此只有细心观察、反复练习,才能使检查技能更熟练,观察能力更敏锐,分析判断能力更准确。

【测试模块】

一、名词词释

兽医临床诊断学　症状　诊断　预后

二、判断题

1. 消化不良、黄疸、肝功能障碍等症状的相继出现,称为肝病综合症候群。　　　　　(　　)
2. 体温升高是局部症状。　　　　　(　　)
3. 检查病畜时有胸膜摩擦音出现,提示患有纤维素性胸膜炎。　　　　　(　　)
4. 病畜有痰、咳嗽、呼吸困难,提示消化系统有病变。　　　　　(　　)
5. 病畜经过治疗估计会丧失其生产能力和经济价值是预后不良。　　　　　(　　)

三、简述题

1. 学习兽医临床诊疗技术有何意义?
2. 学习兽医临床诊疗技术的目的是什么?
3. 怎样才能学好兽医临床诊疗技术?

项目一 动物的接近与保定

【知识目标】

1.掌握接近各种动物的有关知识、方法及注意事项。

2.掌握对各种动物进行保定的知识及注意事项。

3.掌握常见动物的保定方法。

【技能目标】

1.能熟练使用各种动物的保定器械。

2.能熟练保定常见动物。

3.会各种绳结的打法。

任务一 动物的接近

一、动物接近的方法

1.检查人员先以温和的呼声,再从其前侧方徐徐接近。

2.接近后,用手轻轻抚摸动物的颈侧或臀部;对猪可用手轻轻搔痒,使其安静。

3.接近动物时,一般要求畜主或饲养员在旁协助。

二、动物接近的注意事项

1.应熟悉各种动物的习性及其惊恐、欲攻击人畜时的神态。

2.除亲自观察外,还需向畜主了解。

3.接触马属动物时,一般先从其左前侧方缓慢接近,不宜从正前方和直后方贸然接近。

任务二 动物的保定

一、动物保定的重要性

保定是根据人的意愿对动物实行控制的方法。其目的是防止动物骚动,保证诊疗工作顺利完成;保障人、畜安全。

二、动物保定的方法

(一)猪的保定

1.站立保定法

在猪群中,可将其赶至圈舍一角,使其相互拥挤静立保定。适用于一般检查和肌肉注射。

2.鼻端绳套保定法

在绳的一端做一活套,使绳套自猪的鼻端滑下,当猪只张口时迅速使之套入上腭犬齿后门并勒紧,然后由一人拉紧保定绳的一端,或将绳拴于木桩上,猪只多呈用力后退姿势,从而可保定安定的状态(图1-1)。可使用带长柄的绳套,其方法基本同上。将绳套套入上腭后,迅速拉紧而固定之。适用于大体型猪的保定及投药、注射等。

3.提举保定

抓住猪的两耳,迅速提举,使猪腹面朝前,并以膝部夹住其颈胸部保定;可抓住两后肢飞节并将其后躯提起,夹住其背部而固定之(图1-2)。适用于气管内注射或腹腔注射等。

4.网架保定法

先用两根较坚固的木棒或竹竿(长100～150 cm);按60～75 cm的宽度,用绳在架内织成网床(图1-3)。再将网架平放于地上,将猪赶至网架上,抬起网架,使猪的四肢落入网孔并离开地面即可固定。适用于耳静脉注射等。

1.猪只保定后的姿势;2.绳套的结法

图1-1　猪鼻端绳套保定法　　　**图1-2　提举后肢保定法**　　　**图1-3　猪保定用网架的结构**

5.保定架保定法

将猪放于特制的活动保定架或较适宜的木槽内,使其呈仰卧姿势,然后固定四肢;或行背位保定(图1-4)。适用于前腔静脉注射及腹部手术等。

6.倒卧保定(棒绳捆猪法)

抓猪时,右手迅速握住猪的左耳,同时用左手抓握猪的左侧膝皱襞,并向检查者怀内提举靠紧;然后将猪右胸壁横放于一端系有绳的木棒上(木棒长度应超出猪体的横径),以膝抵压猪的腰臀部,将绳从猪腋下向上绕过左胸壁至背侧,再向下绕过木棒后,引绳向前,将上下腭缠绕拉紧,使猪头部向后上方弯曲,然后将绳端再向后绕过左腋下,返回向前系在腭与棒之间的法绳上,系结固定,最后检查者踩住地上的木棒即可。

(二)牛的保定

1. 简易保定法(图 1-5,适用于一般检查)

(1)徒手握鼻保定法 用一手抓住牛角,然后拉提鼻绳、鼻环上提保定;也可用一手的拇指与食指、中指捏住牛的鼻中隔加以保定。

(2)牛鼻钳保定法 将鼻钳的两钳嘴抵入两鼻孔,并迅速夹紧鼻中隔,用一手或双手握持,可用绳系紧钳柄固定。

(3)两后肢保定法 对牛的两后肢,通常可用绳在飞节上方绑在一起保定。

2. 柱栏内保定法(适用于一般检查或常见手术时保定)

(1)单柱颈绳保定 将牛的颈部紧贴于单柱,以单绳或双绳作颈部活结固定。

(2)二柱栏保定 将牛牵至二柱栏内,牛鼻绳系于头侧柱栏,然后缠绕围绳,吊挂胸、腹绳即可固定。

(3)四柱栏保定 将牛牵至四柱栏内,上好前后保定绳即可,必要时可加上背带和腹带。

3. 倒卧保定法(适用于一般外科手术时保定)

(1)拉提前肢倒牛法 由三人倒牛、保定,一人保定头部(握鼻绳或笼头)。取约10 cm长的圆绳一条,折成长、短两段,于折转处做一套结并套于右前肢系部;将短绳一端经胸下至左侧并绕过背部再返回右侧,由一人拉绳保定;另将长绳引至右髋结节前方并经腰部返回绕一周、打半结、再引向后方,由两人牵引。令牛向前走一步,正当其抬举右前肢的瞬间,三人同时用力拉紧绳索,牛先跪下而后倒卧;一人迅速固定牛头,一人固定牛的后躯,一人速将缠在腰部的绳套向后拉并使之滑到两后肢的距部而拉紧,最后将两后肢与右前肢捆扎在一起(图1-6)。

(2)背腰缠绕倒牛法 在绳的一端做一个较大的活绳圈,套在两个角根部,将绳沿非卧侧颈部外面和躯干上部向后牵引,在肩胛骨后角处环胸绕一圈作成第一绳套,继而向后引至欣部,再环腹一周(此套应放于乳房前方)作成第二绳套。由两人慢慢向后拉绳的游离端,由另一人把持牛角,使牛头向下倾斜,牛立即蜷腿而慢慢倒下。牛倒卧后,一要固定好头部,二不能放松绳游离端,否则易站起。一般情况下,不需捆绑四肢,必要时再行固定。

4. 牛保定时的注意事项

(1)在所有的保定过程中,固定绳均应打活结,以便于解开。

(2)依诊疗目的及需要而采取既灵活又安全的保定措施。

(3)在倒牛时应注意:保定用的绳索必须结实可靠以防断裂;牛不宜过饱;倒卧的地面不宜太坚硬,应选择平坦的土质地面;在固定四肢时,保定人员站位要适当,注意自身安全;在整个倒牛过程中,应尽量避免牛体损伤及骨折等发生。

图 1-4 猪的保定架上保定法

图 1-5 牛的简易保定法

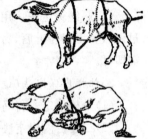

图 1-6 拉提前肢倒牛法

(三)羊的保定

1.握角骑跨夹持保定法

两手握住羊的两角,骑跨羊身,以大腿内侧夹持羊两侧胸壁即可保定(图1-7)。适用于一般检查或治疗。

2.两手围抱保定法

从羊胸侧用两手(臂)分别围抱其前胸或股后部加以保定。适用于一般检查或治疗。

3.倒卧保定法

保定者俯身先从对侧一手抓住两前肢系部或抓住一前肢臂部,另一手抓住腹胁部膝襞处绊倒羊体,然后一只手改为抓住两后肢的系部,前后一起按住即可。适用于简单手术时保定。

(四)犬的保定(以下保定适用于一般检查或注射等治疗)

1.颌部保定法

用绷带在犬的上下颌缠绕两圈后收紧,交叉绕于颈项部打结,以固定其嘴,使之不得张开即可。

2.口笼保定法

根据个体大小选用适宜的口笼给犬套上,将其带子绕过耳后扣牢即可。

3.犬横卧保定法

先将犬作颌部保定,然后两手分别握住犬两前肢的腕部和两后肢的蹠部,将犬提起横卧在平台上,以右手的臂部压住犬的颈部,即可保定。

4.伊丽莎白项圈

根据犬头形及颈粗细,选用大小适宜的伊丽莎白项圈套在其颈部即可。

5.颈钳保定法

颈钳柄长90~100 cm,钳端为两个半圆形钳嘴。保定人员手持钳柄,张开钳嘴将犬颈套入再合拢钳嘴即可。

(五)马的保定

1.简易保定法(适用于一般检查或简单处置)

(1)鼻捻子保定法　将鼻捻子绳套套于上唇时,迅速向一方捻转把柄,直至拧紧为止。

(2)耳夹子保定法　一手抓住马耳,另一手迅即将夹子放于耳根部并用力夹紧即可。

(3)唇绳保定法　用长绳一端系于笼头颊环上(一般用被检马的缰绳即可,但不宜过粗过硬);一手握住上唇,另手持绳游离端自下而上绕过上唇并穿过绳的内面,然后用力牵引绳端即可。

2.柱栏内保定法(适用于一般检查或常见治疗)

(1)单柱保定　将马缰绳系于立柱(或树桩)上,用颈绳绕颈部后,系结固定即可(图1-8)。

(2)二柱栏内保定法　先将马引至柱栏的左侧(即马的右侧靠柱栏),将缰绳系于柱栏横梁前端的铁环上,再将脖绳系于前柱上;最后缠绕围绳及吊挂胸、腹绳(图1-9)。

（3）四柱栏及六柱栏内保定 先挂好胸带，将马从柱栏后方引进，并将缰绳系于某一前柱上，挂上臀带即可。在直肠检查时，须上好腹带及肩带。

3.倒卧保定法（倒马法，适用于公马去势等手术）

双环倒马法 双环倒马法是最常用的倒马法之一，比较安全。应备有长 12 m 左右的绳一条，固定棒一根及铁环两个。可由三人保定：一人固定头部，两人分别牵引左右侧的保定绳。在绳的中央结成一个双活结，绳套在马的颈基部，接头处用两绳套相互套叠，用小木棍固定，绳的两端经两前肢间向后牵引。此时左右侧的保定者同时用力向马体后方平行牵引同侧绳的游离端，使马倒卧。将系在上侧后肢的长绳后拉，并将绳端由内侧绕过飞节上部交叉缠绕，最后打结缚于系部，可充分显露一侧腹股沟区，可用于去势术、直肠检查等。

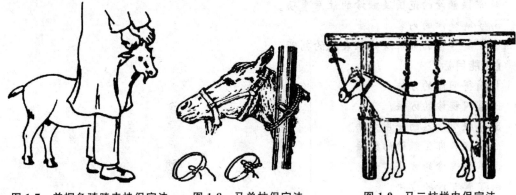

图 1-7 羊握角骑跨夹持保定法　　图 1-8 马单柱保定法　　图 1-9 马二柱栏内保定法

【测试模块】

一、判断题

1.根据人的意愿对动物实行控制的方法是保定。　　　　　　　　　　　（　　）

2.接触马属动物时，应从正前方和直后方接近。　　　　　　　　　　（　　）

3.用手轻轻抚摸动物的颈侧，有安抚使其保持安静和温顺的作用。　　（　　）

4.当牛出现低头凝视，猪斜视和翘鼻时，是受到惊吓，可能会攻击人。（　　）

5.在所有的保定过程中，固定绳均应打活结。　　　　　　　　　　　（　　）

6.保定的目的是防止动物骚动、保障人、畜安全。　　　　　　　　　（　　）

二、简述题

1.叙述接近保定动物时的注意事项。

2.简述猪的几种保定方法。

3.简述牛的几种保定方法。

4.叙述保定动物的注意事项。

项目二　临床检查的基本方法

【知识目标】
1.掌握问诊的主要内容及注意事项。
2.掌握视诊的主要内容。
3.掌握听诊的内容及听诊的注意事项。
4.掌握触诊的范围及触诊的注意事项。
5.了解嗅诊的内容。
6.了解叩诊的部位及病理表现的判断。

【技能目标】
1.懂得问诊的方法。
2.掌握视诊的方法。
3.掌握听诊器的使用方法。
4.掌握各部位触诊的方法。
5.了解嗅诊的方法。
6.了解叩诊的方法。

为了发现和搜集作为诊断根据的症状和资料,需对患病动物进行客观检查。以诊断为目的,应用于临床实际的各种检查方法,称为临床检查法。兽医临床检查的基本方法主要包括问诊、视诊、触诊、叩诊、听诊和嗅诊。这些方法简便易行,能较为准确、直接地判断病理变化,是兽医临床检查的第一步。

任务一　问　　诊

问诊,就是以询问的方式,听取动物所有者或饲养、管理人员关于病畜发病情况和经过的介绍。

一、问诊方法

问诊采用交谈和启发式询问方法。一般在着手检查病畜之前进行,也可以边检查边询问,以便尽可能全面地了解发病情况及经过。

二、问诊内容

问诊内容十分广泛,主要包括现病史、既往病史及饲养管理、防治情况、畜群群体情况、周边地理环境情况等。

(一)现病史

指本次发病情况及经过,应重点了解如下内容。

1.动物的来源情况

若是刚从外地购回者,应考虑是否带来传染病、地方病,或由于运输、环境因素突变所致的应激反应等。

2.发病

主要询问时间、地点,包括疾病发生的具体日期、发生于饲前或喂后、使役中或休息时、舍饲或放牧中、清晨或夜间、产前或产后等,借以估计致病的可能原因。

3.病后表现

向畜主或饲养人员询问其所见病畜的饮食欲情况、是否呕吐及呕吐物性状、精神状态、排粪排尿状态及粪尿性状变化,有无咳嗽、气喘、流鼻液及腹痛不安、跛行表现,姿势状态,皮肤外观变化以及泌乳量和乳汁物理性状有无改变等。病后表现可作为确定检查方向的重要参考依据。

4.发病经过及治疗情况

现时的症状与开始发病时疾病程度的比较,症状的变化,又出现了什么新的症状或原有的什么症状消失;病后是否进行过治疗,用过什么药物、用药量及次数,效果如何,曾诊断为何病等,以这些信息作为确定检查方向的重要参考依据。

5.畜主所能估计到的发病原因

如饲喂不当、使役过度、受凉、被其他外因所致伤害等。

6.畜群发病情况

同群或附近地区有无类似疾病的发生或流行,同种动物或不同种动物发病的数量、死亡情况等,借以推断是否为传染病、寄生虫病、营养缺乏或代谢障碍病等。

(二)既往病史

1.以往发病情况

该动物在过去还有哪些疾病,有没有类似疾病的发生,当时诊断结果如何,采用了哪些药物治疗,效果如何。对于普通病,动物往往易复发或习惯性发生。如果有类似疾病的发生,对诊断和治疗大有帮助。

2.疾病预防情况

过去什么时候发生过流行病,当时采用了哪些治疗措施;动物免疫接种的疫苗种类、生产厂家、接种日期、方法、免疫程序等,周边同种动物是否也接种了疫苗。

通过对疾病预防情况的了解,兽医可以知道该动物对某种或某些流行病的免疫能力,避免误诊。

(三)饲养管理、使役情况

重点了解饲料的种类、数量、质量及配方、加工情况以及饲喂制度、畜舍卫生、环境条件、使役情况、生产性能等。

1.饲料日粮的种类、数量与质量,饲喂制度与方法

饲料品质不良与日粮配合不当,经常是营养不良、代谢性疾病的根本原因。饲喂中缺乏钙磷与钙磷比例失调常是奶牛(母猪)骨质软化症的发病原因;长期饲喂劣质粗硬且难以消化的粗料,常引起奶牛前胃弛缓或其他前胃疾病;饲喂发霉、变质或保管不当而混入毒物的饲料,加工或调制方法失误等也有造成饲料中毒的可能。在放牧条件下,则应问及牧地与牧草的组成情况。饲料与饲养制度的突然改变,常引起牛的前胃疾病、猪的下痢等。

2.畜舍卫生和环境条件

光照、湿度、通风、保暖、废物排出、设备、畜床与垫草、畜栏设置、运动场、牧地情况,以及附近三废(废气、废水及废渣)的污染和处理情况,周边植物情况,是否存在有毒植物(如青杠树叶)。

3.动物使役情况及生产性能

对动物过度使役、运动不足等,也可能是致病的因素。例如,短期休闲后剧烈运动可促进肌红蛋白尿的发生;奶牛产后立即完全榨取乳汁易发生产后瘫痪;运动不足可诱发多种疾病。

由此可见,问诊的内容十分广泛,要根据病畜的具体情况适当地选择和增减。问诊的顺序,也应该根据实际情况灵活掌握,可先询问后检查,也可边检查边询问。

三、问诊注意事项

1.语言要通俗,态度要和蔼,以便得到很好的配合。

2.对问诊所得资料不要简单地肯定或否定,并结合现症临床检查结果,进行综合分析。

3.根据临床主要表现,有针对性的问,但又要兼顾全面。

任务二　视　诊

视诊是通过用肉眼或借助简单器械(如额镜等)观察动物的各种外在表现来判断动物是否正常或寻找诊断线索。视诊时,要结合问诊得到的线索有目的、有重点地观察。

一、视诊方法

(一)个体

对个体视诊时,检查者应与病畜一般保持 2～3 m 的距离,先观察全貌,而后由前向后,从左到右,观察病畜的头、颈、胸、脊柱、四肢。当观察到正后方时,应注意尾、肛门及会阴部,并对照观察两侧胸、腹部及臀部的状态和对称性,再从右侧观察到前方。最后可进行牵遛,观察其运动状态。

(二)群体

对群体视诊时,可深入畜群进行巡视,留心观察那些精神沉郁、离群呆立或卧地不起、饮食异常、腹泻、咳嗽、喘息及被毛粗乱无光、消瘦衰弱的病畜,并从群中挑出作进一步个体检查。

二、视诊应用范围

1.观察其整体状态,如体格大小、发育程度、营养状况、躯体结构、胸腹及肢体的匀称性等。

2.判断其精神状态、姿势与运动、行为,如精神沉郁或兴奋,静止时的姿势改变或运动中步态的变化,是否腹痛不安、运步强拘或强迫运动等病理性行为。

3.发现其表被组织的病变,包括被毛状态,皮肤、黏膜颜色及特性,体表创伤、溃疡、疹疱、肿物等病变的位置、大小、形状及特征。

4.某些生理活动异常,如呼吸姿势及咳嗽;采食、咀嚼、吞咽、反刍等消化活动,有无呕吐、腹泻;排粪、排尿姿势及粪便、尿液数量、性状与混合物等。

5.检查某些外在的体腔,如口腔、鼻腔、咽喉、阴道等。注意其黏膜的颜色改变及完整性的破坏程度,并确定其分泌物或排泄物的数量、性状及其混合物。

视诊是深入畜舍巡视畜群时的重要内容,也是在畜群中早期发现病畜的重要方法。视诊顺序一般先群体后个体,先整体后局部,先一般后重点。

三、视诊注意事项

视诊最好在自然光照的宽敞场所进行。对病畜一般不需保定,使其保持自然状态。

任务三　触　　诊

触诊是用手或借助探管、探针等检查器具对被检部位组织、器官进行触压和感觉,以判断其有无病理变化。

一、触诊方法

(一)外部触诊法

外部触诊法又可分为浅表触诊法和深部触诊法

1.浅表触诊法

浅表触诊法适用于检查躯体浅表组织和器官。按检查目的和对象的不同,可采用不同的手法,如检查皮肤温度、湿度时,将手掌或手背贴于体表,不加按压而轻轻滑动,依次进行感触;检查皮肤弹性或厚度时,用手指捏皱皮肤并提起检查;检查淋巴结等皮下器官的表面状况、移动性、形状、大小、软硬及压痛时,可用手指加压滑推检查。

2.深部触诊法

从外部检查内脏器官的位置、形状、大小、活动性、内容物及压痛。常用的方法如下:

(1)双手按压法　从病变部位的左右或上下两侧同时用双手加压,逐渐缩短两手间的距离,以感知小动物或幼畜内脏器官、腹腔肿瘤和积粪团块。如对小动物腹腔双手按压感知有香肠状样物体时,可疑为肠套叠;当小动物发生肠阻塞时,可触摸到阻塞的肠段。

(2)插入法　以并拢的2~3个手指,沿一定部位插入或切入触压,以感知内部器官的性状。适用于肝、脾、肾脏的外部触诊检查。

(3)冲击法　用拳或并拢垂直的手指,急促而强烈地冲击被检查部位,以感知腹腔深部器官的性状与腹腔积液状态。适用于腹腔积液及瘤胃、网胃、皱胃内容物性状的判定。(图2-1、图2-2)。如腹腔积液时,可呈现荡水音或击水音。

图 2-1　腹部触诊　　　　　　　　图 2-2　牛网胃"二人抬杠触诊"

(二)内部触诊法

包括大动物的直肠检查以及对食道、尿道等器官的探诊检查。如直肠内触诊检查,瘤胃积食时,呈现捏粉样或坚实感;瘤胃臌气时,瘤胃壁紧张而有弹性。再如探诊检查,当食道或尿道阻塞,探管无法进入;炎症发生时,动物则表现敏感不安。

二、触诊应用范围及触感

(一)触诊应用范围

触诊一般用于检查动物体表状态,如皮肤的温度、湿度、弹性、皮下组织状态及浅表淋巴结;检查动物某一部位的感受能力及敏感性,如胸壁、网胃及肾区疼痛反应及各种感觉机能和反射机能;感知某些器官的活动情况,如心搏动、脉搏;检查腹腔内脏器官的位置、大小、形状及内容状态。

(二)触感

由于触诊部位组织、器官的状态及病理变化不同,可产生触感如下:

1. 捏粉样(面团样)

感觉稍柔软,如压生面团,指压留痕,除去压迫后慢慢复平,是组织中发生浆液浸润或胃肠内容物阻滞所致。常见于皮下水肿、瘤胃积食时出现。

2. 波动感

柔软而有弹性,指压不留痕,进行间歇压迫时有波动感。为组织间有液体潴留的表现。常于血肿、脓肿、淋巴外渗时出现。

3. 坚实感

感觉坚实致密,硬度如肝。常于组织间发生细胞浸润(如蜂窝织炎)或结缔组织增生时出现。

4. 硬固感

感觉组织坚硬如骨,常见于骨瘤。

5. 气肿感

感觉柔软而稍有弹性,并随触压而有气体向邻近组织窜动感,同时可听到捻发音。为组织间有气体积聚的表现。常见于皮下气肿、气肿疽。

三、触诊注意事项

1. 触诊时,应注意安全,必要时应适当保定。

2. 触诊检查牛的四肢和下腹部时,要一手放在畜体适当部位作支点,另一手按自上而下,从前向后的顺序逐渐接近欲检部位。

3.检查某部位敏感性时,应本着先健区后病区、先周围后中心、先轻触后重触的原则进行,并注意与对应部位或健区进行比较。

任务四　叩　　诊

叩诊是叩击动物体表某一部位,使之发生振动并产生声音,根据所产生音响的特性来推断被检查组织、器官的状态及病理变化的方法。

一、叩诊方法

(一)直接叩诊法

用手指或叩诊槌直接叩击被检查部位,以判断病理变化。

(二)间接叩诊法

在被检部位先放一振动能力较强的附加物,如手指、叩诊板等。然后向附加物叩击检查。又可分为指指叩诊法和槌板叩诊法(图2-3)。

图2-3　牛心脏的叩诊检查

1.指指叩诊法

将左手中指平放于被检部位,右手中指或食指的第二指关节处呈90°屈曲,并以腕力垂直叩击平放于体表手指的第二指节处。适用于中小动物的叩诊检查。

2.槌板叩诊法

通常以左手持叩诊板,平放于被检部位,用右手持叩诊槌,以腕力垂直叩击叩诊板。适用于大动物的叩诊检查。

二、叩诊的应用范围

多用于胸、肺部及心脏、副鼻窦的检查;也用于腹腔器官,如肠臌气和反刍兽瘤胃臌气时的检查。

(一)叩诊音

由于被叩诊部位及其周围组织器官的弹性、含气量不同,叩诊时常可呈现下列3种基本的叩诊音,各种叩诊音的特性如表2-1所示。

1.清音

叩击具有较大弹性和含气组织器官时所产生的比较强大而清晰的音响,如同叩诊正常肺区中部所产生的声音。

2.浊音

叩击柔软致密及不含气组织器官时所产生一种弱小而钝浊的音响,如同叩诊臀部肌肉时所产生的声音。

3.鼓音

鼓音是一种音调比较高朗、振动比较规则的音响。如同叩击正常牛瘤胃上 1/3 部时所产生的声音。

表 2-1 三种基本叩诊音的特性

声音的特性	基本叩诊音		
	清音	浊音	鼓音
强度	强	弱	强
持续时间	长	短	长
高度	低	高	低或高
音色	非鼓性	非鼓性	鼓性

(二)比较

叩诊音调之间,有程度不同的过渡阶段。如清音与浊音之间有半浊音,当肺、胃肠等含气器官的含气量发生病理性改变(如减少或增多)或胸腹腔出现病理性产物(如积液或积气)时,叩诊音也会发生病理性变化。

三、叩诊的注意事项

1.叩诊必须在安静的环境中进行。

2.间接叩诊时,手指或叩诊板必须与体表贴紧,其间不能留有空隙,对被毛过长的动物,宜将被毛分开,使叩诊板与体表皮肤接触。检查胸部时,叩诊板应与肋骨平行,以免横放在两条肋骨上而与胸壁之间产生空隙,但又不能过于用力压迫。

3.为了正确地判断声音及有利于听觉印象的积累,应在每点连续叩击 2～3 次后再行移位。

4.叩诊用力适当,一般对深部器官用强叩诊,对浅表器官用轻叩诊。

5.叩诊对称性器官发现异常叩诊音时,则应左右或与健康部对照叩诊,加以判断。

任务五 听　　诊

听诊是听取体内某些器官机能活动所产生的声音,借以判断其病理变化。

一、听诊方法

(一)直接听诊法

在听诊部位先放置一块听诊布,而后将耳直接贴于被检查部位听诊。此法所得声音真切,但不方便(图 2-4)。

(二)间接听诊法

借助听诊器进行听诊(图 2-5)。

二、听诊应用范围

听诊主要用于心、肺、胃、肠的检查以及咳嗽、磨牙、呻吟、气喘等。

1.对心血管系统,主要是听取心音。判定心音的频率、强度、性质、节律,以及是否有附加的心杂音。

2.对呼吸系统,听取呼吸音,如喉、气管及肺泡呼吸音;附加的如胸膜摩擦音等。

3.对消化系统,听取胃肠蠕动音,判定其频率、强度和性质以及当腹腔积液、瘤胃或真胃积液时的拍水音。

三、听诊注意事项

1.听诊必须在安静的环境中进行。

2.听诊时应注意区别动物被毛的摩擦音和肌肉的震颤音,防止听诊器胶管与手臂或衣服接触。

3.检查者应注意力集中,注意观察动物的行为,如听诊呼吸音时,应同时观察其呼吸活动,以便准确判断肺脏活动情况。

4.听诊器的接耳端,要适当插入检查者外耳道;接体端(听头)要紧密地放在动物体表被检部位,但不应过于用力压迫。

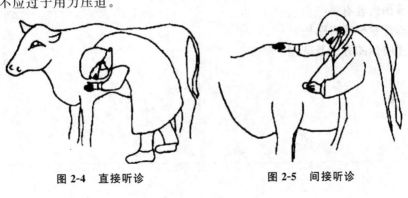

图 2-4　直接听诊　　　　　　　图 2-5　间接听诊

任务六　嗅　诊

嗅诊是嗅闻、辨别动物呼出气、口腔气味以及病畜排泄物、分泌物及其他病理产物等有无异常气味。来自病畜皮肤、黏膜、呼吸道、胃肠道、呕吐物、排泄物、分泌物、脓液和血液等气味,根据疾病的不同,其特点和性质也不一样。例如病畜呼出气体及鼻液有特殊腐败臭味,是提示呼吸道及肺脏的坏疽性病变的重要线索;呕吐物出现粪便味可见于长期剧烈呕吐或肠结石;尿液及呼出气息有烂苹果味,可疑有牛、羊酮尿症;阴道分泌物的化脓、腐败臭味,可见于子宫蓄脓症或胎衣滞留;尿呈浓烈氨味,可见于膀胱炎或尿毒症,由尿液在膀胱内被细菌发酵所致等。

嗅闻方法:用手掌扇动气味到自己鼻前来嗅闻。

【测试模块】

1. 简述问诊的方法。
2. 问诊的主要内容是什么？
3. 问诊要注意什么？
4. 简述视诊的方法。
5. 视诊的范围有哪些？
6. 简述触诊的方法。
7. 触诊的范围有哪些？
8. 触诊的触感表现有哪些？
9. 触诊的注意事项有哪些？
10. 简述叩诊的方法。
11. 叩诊的应用范围有哪些？
12. 简述 3 种基本叩诊音及其特性。
13. 简述听诊的方法。
14. 听诊的内容有哪些？
15. 听诊注意事项有哪些？
16. 简述嗅诊的方法及范围。

项目三 一般临床检查

【知识目标】

1. 掌握整体状态观察的内容及检查临床意义(即病理变化)。
2. 掌握被毛皮肤检查的内容及检查临床意义。
3. 掌握眼结膜检查的临床意义。
4. 掌握浅表淋巴结检查的临床意义。
5. 掌握家畜的体温、呼吸频率、脉搏(心率)的正常范围及检查的临床意义。

【技能目标】

1. 掌握整体状态观察的方法。
2. 掌握被毛及皮肤检查的方法。
3. 掌握眼结膜检查的方法。
4. 掌握下颌淋巴结、肩前颌淋巴结、膝上淋巴结检查的部位及方法。
5. 熟悉体温、呼吸频率、脉搏(心率)的检查方法。

一般临床检查是对病畜进行临床诊断的初步阶段。通过检查可以了解病畜全貌,并可以发现疾病的某些重要症状,为进一步的系统检查提供线索。

一般临床检查的内容主要包括整体状态的观察,被毛及皮肤的检查,眼结膜的检查,浅表淋巴结的检查,体温、脉搏及呼吸数的测定等。

任务一 整体状态的观察

一、精神状态检查

精神状态的检查,可根据动物对外界刺激的反应能力及其行为表现来判定。主要观察病畜的行为、面部表现和眼耳动作。健康动物两眼有神,反应敏捷,动作灵活,行为正常。如表现过度兴奋或抑制,则表示中枢神经机能紊乱。精神状态检查主要病理表现及临床意义为:

(一)兴奋状态

病畜呈现惊恐不安、前冲后撞、竖耳刨地,甚至攀登饲槽。牛则暴眼怒视、哞叫,甚至攻击人畜;猪有时伴有癫痫样动作。主要见于脑及脑膜炎症、日射病与热射病以及某些中毒病、传染病等。典型的狂躁行为是狂犬病的特征。

(二)抑制状态

病畜精神沉郁,重则嗜睡,甚至呈现昏迷状态。沉郁时可见离群呆立,萎靡不振,头低耳眸,对刺激反应迟钝。猪多表现为独居一隅或钻入垫草;鸡常缩颈闭眼,两翅下垂。主要见于各种热性病、消耗性疾病、衰竭性疾病及濒死期动物等。

二、营养状况检查

动物的营养状况主要是根据肌肉的丰满程度、皮下脂肪的蓄积量及被毛的状态和光泽,可将动物的营养分为良好、营养中等和营养不良等3级。

营养良好的动物,肌肉丰满,皮下脂肪充盈,结构匀称,骨不显露,皮肤富有弹性,被毛有光泽。营养不良的动物消瘦,毛焦欣吊,皮肤松弛缺乏弹性,骨骼显露明显。常见于消化不良、长期腹泻、代谢障碍和慢性传染病和寄生虫病(如结核病及肝片形吸虫病、胃肠道寄生虫病等)。营养中等的表现则介于两者之间。

三、姿势与步态

健康动物的自然姿势,各有其不同的特点。如猪食后喜卧,生人接触时即迅速起立;牛站立时常低头,饲喂后四肢集于腹下而伏卧,起立时先起后肢;马多站立。临床上常见异常姿势如下。

(一)强迫姿势

其特征为头颈平伸、背腰僵硬、四肢僵直、尾根举起,呈典型的木马样姿势,常见于破伤风。

(二)异常站立

如单肢疼痛则患肢提起,不愿负重;两前肢疾病则两后肢极力前伸;两后肢疼痛则两前肢极力后移,以减轻病肢负重,多见于蹄叶炎。风湿症时,四肢频频交替负重,站立困难。鸡两腿前后叉开,则为马立克氏病的表现(图3-1)。

(三)站立不稳

躯体歪斜,倚柱靠壁站立,常见于脑病或中毒。

鸡扭头曲颈,可见于鸡新城疫、维生素 B_1 缺乏等(图3-2)。

图3-1　鸡马立克氏病　　　　　　　　图3-2　鸡维生素 B_1 缺乏

(四)骚动不安

骚动不安常为腹痛病的特有症状。

(五)异常躺卧

病畜躺卧不能站立,常见于奶牛生产瘫痪(图3-3)、佝偻病的后期、仔猪低糖血症等(图3-4);后躯瘫痪见于脊髓损伤、肌麻痹。

图 3-3　奶牛生产瘫痪

图 3-4　仔猪低血糖症

（六）运步异常

病畜呈现跛行，常见于四肢病，如蹄病、牛肩胛骨移位、习惯性髌骨脱位，关节扭伤等；步态不稳多为脑病或中毒，也可见于垂危病畜。

任务二　被毛及皮肤的检查

一、被毛检查

主要采用视诊和触诊。主要观察毛、羽的清洁、光泽及脱落情况。健康动物的被毛平顺而富有光泽，每年于春、秋两季脱换新毛。

被毛松乱、失去光泽、容易脱落，见于营养不良、某些寄生虫病、慢性传染病。局部被毛脱落，可见于湿疹、疥癣、脱毛癣（皮肤真菌病）等皮肤病。鸡的啄羽症脱毛，多为代谢紊乱和营养缺乏所致。

二、皮肤检查

（一）颜色

主要对浅色猪检查有重要意义。猪皮肤上出现小出血点或弥漫性出血斑块，常见于败血性传染病，如猪瘟、猪败血性链球菌病；出现较大的红色疹块，见于疹块型猪丹毒；仔猪耳尖、鼻盘发绀，常见于仔猪副伤寒。

（二）温度

检查皮温，常用手背触诊。对猪可检查耳及鼻端；牛、羊检查鼻镜，正常时鼻镜发凉，角根（正常时基部有温感）、背腰部及四肢，禽可检查肉髯及两爪。

全身皮温增高，常见于发热性疾病，如猪瘟、猪丹毒等；局限性皮温增高是局部炎症的结果。全身皮温降低见于衰竭症、濒死期、大失血及牛产后瘫痪；局部皮肤发凉，可见于该部水肿或神经麻痹。皮温不均，可见于心力衰竭及虚脱。

（三）湿度

皮肤的湿度与汗腺分泌有关。发汗增多，除因气温过高、湿度过大或运动之外，多属于病态。临床上表现为全身性和局限性湿度过大（多汗）。全身性多汗，常见于热性病、日射病与热射病，以及剧痛性疾病，内脏破裂；局限性多汗为局部病或神经机能失调的结果。皮肤干燥见于脱水性疾病，如严重腹泻。

(四)弹性

检查皮肤的弹力时,将颈侧或肩前(小动物在背部)皮肤提起使之成皱襞状,然后放开,观察其恢复原状的快慢。健康动物提起的皱襞很快恢复。皮肤弹性降低时,皱襞恢复很慢,多见于大失血、脱水、营养不良及疥癣、湿疹等慢性皮肤病。

(五)疹疱

疹疱是许多传染病和中毒病的早期症状,对疾病的早期诊断有一定意义,多由于毒素刺激或发生变态反应所致。按其发生的原因和形态不同可分为如下几类。

1. 斑疹

疹疱是弥漫性皮肤充血和出血的结果。用手指压迫,红色即褪的斑疹,称为红斑,见于猪丹毒及日光敏感性疾病;小而呈颗粒状的红斑,称为蔷薇疹,见于绵羊痘;皮肤上呈现密集的出血性小点,称为红疹,指压红色不褪,见于猪瘟及其他有出血性素质的疾病。

2. 丘疹

呈圆形的皮肤隆起,由米粒状到豌豆状不等,皮肤乳头层发生浸润所致。

3. 水疱

为豌豆大,内含透明浆液性液体的小疱,因内容物性质的不同,可分别呈淡黄色、淡红色或褐色。在口腔黏膜上及蹄裂间的急发性水疱,是牛、羊、猪口蹄疫的特征。患痘病时,水疱是其发病经过的一个阶段,其后转为脓疱。

4. 脓疱

为内含脓液的小疱,呈淡黄色或淡绿色。见于痘病、犬瘟热等。

5. 荨麻疹

皮肤表面散在的鞭痕状隆起,由豌豆大至核桃大,表面平坦,常有剧痒,急发急散,不留任何痕迹。常由于接触荨麻而发生,故称荨麻疹。在动物受到昆虫刺蜇、突然变换高蛋白性饲料等,均可能出现荨麻疹。多由于变态反应引起毛细血管扩张及损伤而发生真皮或者表皮水肿所致。

(六)皮肤及皮下组织肿胀

皮肤及皮下有肿胀时,应用视诊观察肿胀部位的形态、大小并用触诊判定其内容物性状、硬度、温度,以及可动性和敏感性等。临床上常见的肿胀如下。

1. 皮下浮肿

特征为局部无热、无痛反应,指压如捏面团并留指压痕(炎性肿胀则有明显的热痛反应,一般较硬,无指压痕)。皮下浮肿依发生原因主要分为营养性浮肿、肾性浮肿及心性浮肿。

猪眼睑或面部浮肿,常见于水肿病;牛、羊下颌浮肿可见于肝片形吸虫病;牛下颌或胸前浮肿,常见于创伤性心包炎;臀部、尾根、肛门、会阴等部浮肿,见于牛青杠叶中毒;雏鸡皮下浮肿可见于渗出性素质(如当硒或维生素E缺乏时),表现为腹下、胸下、腿内侧等部位皮下变为蓝绿或蓝紫色肿胀,触诊时感觉稍硬。

2. 皮下气肿

触诊时出现捻发音,颈、胸侧及肘后的窜入性皮下气肿,局部无热痛反应;牛、羊患气肿疽,局部有热痛反应,呈气性肿胀,切开局部可流出带泡沫状腐败臭味液体;牛的颈侧皮下浮肿,也可由于食管破裂后气体窜入皮下引起。

3.脓肿、水肿及淋巴外渗

多呈圆形突起,触诊多有波动感,见于局部创伤或感染,穿刺抽取内容物即可予以鉴别。

4.其他肿物

(1)疝 用力触压可复性疝病变部位时,疝内容物即可还纳入腹腔,并可摸到疝孔,如腹壁疝、脐疝、阴囊疝。

(2)体表局限性肿物 如触诊坚实感,则可能为骨质增生、肿瘤、肿大的淋巴结;牛下颌附近的坚实性肿物,则提示为放线菌病。

任务三 眼结膜的检查

一、眼结膜的检查方法

检查眼结膜时,着重观察其颜色,其次要注意有无肿胀和分泌物。眼结膜的检查方法因动物种类的不同而不同。

(一)牛的眼结膜检查

用一手或两手的拇指及食指中指配合打开上下眼睑进行检查;或用一手握住鼻中隔,并向检查人的方向牵引,另一手持同侧角,向外用力推,如此使头转向侧方,即可露出结膜。也可两手分别握住两角,将头向侧方扭转,进行眼结膜检查(如图 3-5)。健康牛的眼结膜颜色呈淡粉红色。

图 3-5 牛眼结膜检查

(二)羊、猪、犬等中小动物的眼结膜检查

用两手的拇指打开上下眼睑进行检查。猪、羊的眼结膜颜色较牛的稍深,并带灰色。犬的眼结膜为淡红色,但很易兴奋而变红色。

二、眼及眼结膜的病理变化

眼结膜包括眼睑结膜及眼球结膜。

(一)眼睑及分泌物

眼睑肿胀并伴有羞明流泪,是眼炎或结膜炎的特征。轻度的结膜炎症,伴有大量的浆液性眼分泌物,可见于流行性感冒、羊传染性结膜角膜炎;黄色、黏稠性眼眵,是化脓性结膜炎的标志,常见于某些发热性传染性疾病,如犬瘟热。猪眼大量流泪,可见于流行性感冒。猪眼窝下方有流泪痕迹,提示传染性萎缩性鼻炎。仔猪眼睑水肿,应注意为水肿病。

(二)眼结膜颜色的病理变化

1.苍白

结膜苍白表示红细胞的丢失或生成减少,是各种贫血的表现。急速发生苍白的,见于大失血、肝脾破裂等;逐渐苍白的,见于慢性消耗性疾病,如牛羊肠道寄生虫病、营养性贫血、原虫感染性红细胞溶解。

2.潮红

潮红是血液循环障碍的表现,也见于眼结膜的炎症和外伤。根据潮红的性质,可分为弥漫性潮红和树枝状充血。弥漫性潮红是指整个眼结膜呈均匀潮红,见于各种急性热性传染病等;树枝充血是由于小血管高度扩张、显著充盈而呈树枝状,常见于脑炎及伴有高度血液回流障碍的心脏病。

3.黄染

结膜呈不同程度的黄色,是由于胆色素代谢障碍,致使血液中胆红素浓度增高,进而渗入组织所致,以巩膜及瞬膜处较易发现。引起黄疸的原因为肝脏实质的病变;胆管被结石或寄生虫所阻塞;大量红细胞被破坏(如猪附红细胞体病、牛梨形虫病等)。

4.发绀

即结膜呈蓝紫色,主要是由于血液中还原血红蛋白的绝对值增多所致,是机体严重缺氧的表现。见于肺呼吸面积减少和大循环瘀血的疾病,如各型肺炎、心力衰竭、中毒(如亚硝酸盐中毒或药物中毒),某些传染病等。

5.结膜有出血点或出血斑

结膜呈点状或斑块出血,是由血管壁通透性增大所致。也见于眼结膜的炎症和外伤。

(三)眼角膜的变化

正常眼角膜为黑色、有光泽。病理变化主要有:

1.眼角膜表面变成灰白色浑浊,无光泽,严重者为白色灰雾状,失明,见于外伤性眼角膜炎、传染性结膜角膜炎。

2.眼角膜出现深在性云雾状小白点,见于深在性角膜炎。

任务四　浅表淋巴结的检查

一、常检查的浅表淋巴结

由于淋巴结体积较小并深埋在组织中,故在临床上只能检查少数浅表淋巴结。

(一)牛

常检查下颌、肩前、膝上及乳房上淋巴结。见图3-6。

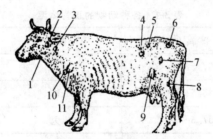

图 3-6　牛的淋巴结

1.下颌淋巴结;2.耳下淋巴结;3.颈上淋巴结;4.髋上淋巴结;5.髋内淋巴结;

6.坐骨淋巴结;7.髋外淋巴结;8.腘淋巴结;9.膝上淋巴结;10.颈浅淋巴结;11.肩前淋巴结

(二)猪

常检查腹股沟浅淋巴结。

二、浅表淋巴结的检查方法

淋巴结的检查主要用触诊和视诊的方法进行,必要时采用穿刺检查法。检查时主要注意淋巴结位置、形态、大小、硬度、敏感性及移动等。

三、浅表淋巴结常见的病理变化

(一)急性肿胀

淋巴结体积急性增大,有热痛反应,质地较硬。可见于急性热性传染病如炭疽、腺疫等。

(二)慢性肿胀

淋巴结慢性逐渐增大,多无热痛反应,质地坚硬,表面不平,活动性较差。常见于牛结核病。

(三)化脓

淋巴结肿胀隆起,皮肤紧张,有波动。

任务五　体温、脉搏及呼吸数的测定

一、体温测定

(一)测定部位

动物的体温在直肠内测量,禽类在翅膀下测量。

(二)测定方法

将体温计用力甩几次,将高水银柱甩到 35 ℃以下,然后将体温计插入肛门或放在翅膀(禽)下,3～5 min 后取出体温计,读取读数。

(三)正常体温

各种动物的正常体温如表 3-1 所示。

表 3-1 　各种动物的正常体温

动物种类	体温（℃）	动物种类	体温（℃）
黄牛	37.5～39.5	犬	37.5～39.0
水牛	36.5～38.5	猫	38.5～39.5
牦牛	37.6～38.5	兔	38.0～39.5
绵羊	38.5～40.0	银狐	39.0～41.0
山羊	38.5～40.5	豚鼠	37.5～39.5
猪	38.0～39.5	鸡	40.5～42.0
骆驼	36.0～38.5	鸭	41.0～43.0
鹿	38.0～39.0	鹅	40.0～41.0
马	37.5～38.5		

　　受某些生理因素的影响，可引起一定的生理性的体温变动，首先是年龄因素，如幼龄动物体温略偏高，老龄动物略偏低。其次，性别、品种、营养及生产性能、地域等对体温的生理变动也有一定影响，如一般母畜在妊娠后期可稍高；高产乳牛比低产乳牛的体温稍高，泌乳盛期更为明显，动物的兴奋、运动与使役，以及采食、咀嚼活动之后，体温会暂时性升高0.1℃～0.3℃；体温昼夜的变动一般为早晨较低，午后稍高；西南地区的山羊体温多在 39℃～39.8℃。

（四）病理变化

1.体温升高

体温升高即体温超出正常范围。

（1）根据体温升高的程度可分为如下几类：

①微热。体温升高 0.5℃～1℃。如感冒等局限性炎症，急性热性传染病的初期。

②中热。体温升高 1℃～2℃。见于呼吸道、消化道一般性炎症及某些亚急性、慢性转染病、急性热性传染病的初中期，如小叶性肺炎、急性支气管炎、重剧肠炎及牛出血性败血症、猪弓形虫病等。

③高热。体温升高 2℃～3℃。见于急性感染性疾病与广泛性的炎症，如猪瘟、猪巴氏杆菌病、猪败血性链球菌病、流行性感冒、大叶性肺炎、急性胸膜炎与腹膜炎等。

④极高热。体温升高 3℃以上。提示某些严重的急性传染病，如猪丹毒、猪败血性链球菌病、炭疽、脓毒败血症以及日射病与热射病。

　　同一疾病的不同时期，其体温升高的程度也不一样，如初期体温可能为低热、中期为高热、后期末期下降为低热或正常甚至低于正常范围。

　　（2）将每日测温结果绘制成热曲线，根据热曲线特点，一般分为稽留热、驰张热、间歇热和不定型热。

①稽留热。其特点是体温升高到一定高度，可持续数天，而且每天的温差变动范围较小，一般不超过 1℃（图 3-7）。见于猪瘟、炭疽、大叶性肺炎。

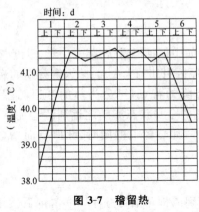

图 3-7 稽留热

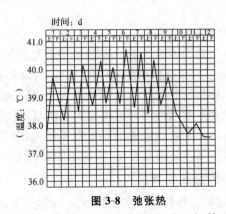

图 3-8 弛张热

②弛张热。其特点是体温升高后，每天的温差变动范围较大，常超过1℃，但体温并不降至正常（图 3-8）。见于败血症、化脓性疾病、支气管肺炎。

③间歇热。其特点是体温升高持续一定时间后，体温下降到正常温度，而后又重新升高，如此有规律地交替出现（图 3-9）。见于慢性结核病及梨形虫病等。

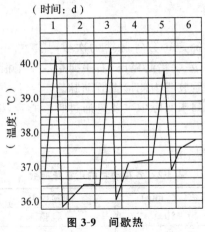

图 3-9 间歇热

④不定型热。体温曲线变化无规律，如发热的持续时间长短不定，每天日温差变化不等，有时极其有限，有时则波动很大。多见于一些非典型经过的疾病，如非典型腺疫和渗出性胸膜炎。

（3）根据发热病程的长短，发热可分为如下两类：

①急性发热。一般发热期延续一周至半月，如长达1月有余则为亚急性发热，可见于多种急性传染病。

②慢性发热。持续数月甚至一年有余，多提示为慢性传染病，如结核病。

一时性热：又称暂时性热，体温1天内暂时性升高，常见于注射血清、疫苗注射后的一时性反应，或由于暂时性的消化紊乱。

临床上体温检测极为重要，是判断疾病的重要依据及用药的重要参考。病畜体温升高，多见于生物性因素（病原微生物感染），除了应用退热药物外，要针对病原应用抗菌素类药物。体温升高偶见于物理性因素（如日射病及热射病、烧伤烫伤等）及应激性反应（保定、注射疫苗等），可结合外因及症状作出判断。

病畜体温在正常范围内,则提示多为内科病、中毒病、慢性寄生虫病等,以及濒死期的过渡期。

2.体温降低

体温降低即体温低于正常范围,主要见于某些如中枢神经系统疾病、中毒、重度营养不良、严重衰竭症、仔猪低血糖症、顽固性下痢,以及各种原因引起的大失血、陷入濒死期的病畜。

发热持续一定阶段之后则进入降热期。依下降的特点,可分为热的渐退与骤退两种。前者表现为在数天内逐渐下降至正常体温,且病畜的全身状态亦随之逐渐改善而恢复;后者在短期内迅速降至正常体温或正常体温范围以下。如热骤退的同时,脉搏反而增数且病畜全身状态不见改进甚至恶化,多提示为预后不良。

(五)测温注意事项

测温前,应将体温计水银柱甩至35℃以下,用碘酒棉球消毒并涂以润滑剂后使用。测温时,应注意人、畜安全,通常需对病畜施行简单保定。体温计插入深度适宜,大动物插入其全长的2/3,小动物则不宜过深。勿将体温计插入宿粪中,应在排出积粪后进行测定。

二、脉搏数的测定

(一)测定方法

应用触诊检查动脉脉搏,测定每分钟脉搏的次数,用"次/min"表示。牛通常检查尾动脉,兽医人员站在牛的正后方,左手抬起尾巴,右手拇指放于尾根背面,用食指与中指贴着尾根腹面进行检查;猪和羊可在后肢股内侧检查股动脉。

脉搏数与心率是一致的,临床实际中主要是通过听诊心音,根据其心率来判断。

(二)正常脉搏数(心率)

各种动物正常脉搏数见表3-2。

表3-2　各种动物的正常脉搏数

动物种类	脉搏数(次/min)	动物种类	脉搏数(次/min)
黄牛(乳牛)	40～80	骆驼	30～60
水牛	40～60	猫	110～130
羊	60～80	犬	70～120
猪	60～80	兔	120～140
马	26～42	禽(心跳)	120～200
鹿	36～78		

(三)病理变化

1.脉搏增数

见于热性病(热性传染病及非传染性疾病)、心脏病(如心脏衰弱、心肌炎、心包炎)、呼吸器官疾病(如大叶性肺炎、小叶性肺炎及胸膜炎)、各种贫血及失血性疾病、剧烈疼痛性疾病,以及某些毒物中毒或药物的影响(如交感神经兴奋剂)。

2.脉搏减数

主要见于危重濒死期病畜及某些脑病(如脑脊髓炎、慢性脑室积水)、中毒(如洋地黄中毒)、胆血症(如胆管阻塞性疾病)。

在正常情况下,脉搏数的多少受外界温度、动物的运动及使役、应激、年龄、性别、生产性能等多种因素的影响而有所变动。如外界温度升高、动物运动及使役、幼龄、母畜、高产乳用动物等脉搏数均有所偏高。

(四)注意事项

脉搏检查应待病畜安静后进行。如无脉感,可用手指轻压脉管后再放松即可感知;当脉搏过于微弱而不感于手时,可用心跳次数代替脉搏数。某些生理性因素或药物的影响,如外界温度、动物运动和使役时、恐惧和兴奋时、母畜妊娠后期或使用强心剂等,均可引起脉搏数改变。

三、呼吸数的测定

(一)测定方法

检查者站于病畜一侧,观察胸腹部起伏动作,一起一伏即计算一次呼吸。在冬季冷天气可观察呼出气流,还可用听诊器放在鼻孔前或放在喉气管处进行听诊测数。鸡可观察肛门周围羽毛起伏动作计数。呼吸次数以"次/min"表示。

(二)正常呼吸数

各种动物的正常呼吸数如表 3-3 所示。

表 3-3　各种动物的正常呼吸数

动物种类	呼吸数(次/min)	动物种类	呼吸数(次/min)
黄牛(乳牛)	10～30	骆驼	6～15
水牛	10～40	猫	10～30
羊	12～30	犬	10～30
猪	18～30	兔	50～60
鹿	15～25	禽	15～30
马	8～16		

(三)病理变化

1. 呼吸数增多

多见于呼吸器官本身的疾病,如各型肺炎、主要侵害呼吸器官的传染病(如牛结核、牛肺疫、巴氏杆菌病、羊传染性胸膜肺炎、猪流行性感冒、猪支原体病)、寄生虫病(如猪肺线虫病)以及多数发热性疾病、心力衰竭、贫血、腹内压增高性疾病、剧痛性疾病、某些中毒症(如亚硝酸盐中毒)。

2. 呼吸数减少

见于颅内压明显升高(如脑水肿)、某些中毒及重度代谢紊乱及处于濒死期的家畜。

(四)注意事项

宜于病畜休息后测定。某些因素可引起呼吸次数增多,如外界温度过高(特别是犬)、动物运动和使役时、母畜妊娠及兴奋等。

【测试模块】

1. 简述整体状态检查的内容及病理表现。
2. 简述被毛及皮肤检查的方法、检查的内容及病理表现。
3. 简述眼结膜检查的方法。
4. 简述眼结膜病理表现及临床意义。
5. 简述浅表淋巴结检查的部位、检查的方法及浅表淋巴结检查的病理表现。
6. 简述体温检查的方法、常见动物正常的体温范围。
7. 简述体温检查的临床意义。
8. 简述脉搏检查的方法、常见动物正常的脉搏频率范围。
9. 简述脉搏频率检查的临床意义。
10. 简述呼吸数检查的方法及常见动物正常的呼吸频率范围。
11. 简述呼吸频率检查的临床意义。

项目四　分系统检查

【知识目标】

1. 掌握常见动物各系统检查的主要内容。

2. 掌握各种动物各系统检查的部位、方法、步骤及临床意义。

【技能目标】

1. 能够正确找到心脏、肺脏、胃肠、肝脏、肾脏、膀胱等的体表检查位置。

2. 能够确定各种动物心脏、肺脏的叩诊、听诊区。

3. 能够正确听取各种动物正常的心音、呼吸音、胃肠音。

4. 能够辨别清音、浊音、半浊音、鼓音等音响。

5. 能够正确判断各种动物的精神状态是健康还是患病。

任务一　消化系统的检查

消化系统由消化道和消化腺组成,其中消化道包括口腔、食道、胃、小肠、大肠至肛门的管道;消化腺包括唾液腺、胃腺、肠腺、肝脏和胰腺。消化系统的主要功能包括采食、咀嚼、吞咽、分泌、消化、吸收和排泄。功能正常与否,对动物的营养、代谢、生长发育和生产性能有较大的影响。

消化系统的检查方法以问诊和临床检查为主,可视具体情况进行胃管探诊、胃液的理化检查、内腔镜检查、超声探查、金属探测器检查及穿刺(腹腔、瘤胃、瓣胃、皱胃、肝脏等)检查。另外,还可进行血液(血常规、血液生化)和粪便的实验室检查。

一、采食和饮水检查

(一)食欲和饮欲

在临床检查时,一般先进行问诊,可能的话,应亲自深入厩舍进行观察,主要根据采食量、时间的长短,咀嚼的力量及腹围的大小等判断饮食欲的状态。检查时应注意饲料的种类和质量、饲养制度、饲喂方式及环境是否有改变。在病理情况下,饮食欲可能发生减退、废绝、亢进和异嗜等。

1. 食欲减退或废绝

这种情况是动物患病的共同表现。主要见于消化器官疾病,另外中毒性疾病、发热性疾病、代谢性疾病及神经系统疾病等均可引起食欲减退,甚至废绝。食欲废绝是消化机能的高度障碍,也是病情严重的标志。

2. 食欲亢进

主要见于发热疾病或疾病的恢复期以及长期饥饿的动物,可出现短暂性的食欲亢进。

长期食欲亢进,常见于内分泌代谢障碍性疾病(如甲状腺机能亢进、糖尿病等)、肠道寄生虫病和慢性消耗性疾病等。

3. 异嗜

异嗜是食欲紊乱的另一种表现,特征是病畜喜食正常饲料以外的物质,如灰渣,泥土,粪水,被毛及污物等。主要见于幼畜,提示的疾病有营养代谢病、胃肠机能紊乱和寄生虫病等。

4. 饮欲增加

除环境和饲料因素等引起的外,主要见于发热性疾病、腹泻、大量出汗、渗出性病理过程及食盐中毒等。

5. 饮欲减退

主要见于意识障碍性疾病和严重性胃肠道疾病。

(二)采食和咀嚼

动物因品种不同,采食和咀嚼的方式有所不同。发生采食和咀嚼障碍,主要表现为采食不灵活,采食迟钝、缓慢,或不能用唇、舌采食,咀嚼时费力、困难或疼痛。见于唇、舌和口黏膜疾病、牙齿疾病、下颌疾病、面神经麻痹等。另外,在发生脑与脑膜疾病、胃肠疾病、中毒疾病、寄生虫病也会出现采食和咀嚼障碍。

(三)吞咽

吞咽障碍根据疾病的性质和部位不同,其程度有轻重差异。主要表现为动物摇头、伸颈、屡次企图吞咽,但半途而废或伴有咳嗽及大量流涎。

1. 轻度的吞咽障碍

主要表现为吞咽时动物出现明显的疼痛反应,见于咽炎、食道炎、食道狭窄及咽部的其他疾病。

2. 严重的吞咽障碍

主要表现为饲料及饮水经鼻口返流,并随吞咽时发生剧烈的咳嗽,见于严重的咽炎、咽部异物阻塞、食道阻塞等。另外,在动物患有脑炎、咽神经麻痹及狂犬病等症状时,动物对饲料及饮水完全不能吞咽。

(四)反刍

反刍的变化可作为患病动物疾病严重程度的指标之一。反刍动作一般在饲喂后 30～60 min 开始,每次持续时间为 30～60 min(平均为 40～50 min),每个返回口腔中的食团咀嚼 30～50 次,每昼夜反刍 4～10 次(周期性次数)。绵羊、山羊和鹿的反刍动作比牛轻快而灵活(牛每天反刍时间可达 6～8 h),反刍活动常因外界环境而暂时中断。检查反刍时应注意采食后反刍出现的时间、每次反刍持续的时间、每一个食团咀嚼的次数及一昼夜内反刍的周期性次数。

动物前胃机能障碍可引起反刍功能减弱,常见于前胃弛缓、瘤胃积食、瘤胃臌气、创伤性网胃炎、瓣胃及真胃阻塞或扭转、引起前胃功能障碍的全身性疾病(如高热性疾病、代谢紊乱、中毒病及多种传染病等)以及神经系统疾病。

反刍完全停止是病情严重的标志之一,顽固性的反刍功能障碍或在长期的病程经过中反复出现,多提示为前胃弛缓及创伤性网胃炎或为严重的全身性慢性消耗性疾病(如结核病的晚期、恶病质等)。

(五)嗳气

嗳气是反刍动物的一种生理现象,病理情况下嗳气可发生不同程度的紊乱。

1.嗳气频繁和增多

主要是瘤胃内容物异常发酵,产生大量的游离气体,见于瘤胃臌气的初期。

2.嗳气减少

主要是由于瘤胃机能障碍或其内容物干燥,使瘤胃微生物群系的活动减弱,内容物发酵不足或停止。多见于前胃弛缓、瘤胃积食、瓣胃阻塞、真胃疾病、创伤性网胃炎及发热性疾病和某些传染病等。

3.嗳气停止

此症状为嗳气的高度障碍,见于食道完全阻塞和瘤胃臌气的后期。此时应采取紧急措施,防止动物窒息死亡。

除反刍动物以外的其他动物,在正常消化过程中由于胃内形成少量气体可随食物进入下段肠管,故不表现嗳气现象。如因过食、幽门痉挛或胃酸过少,致使胃内有过量的气体蓄积而出现嗳气时,则为病理状态。如马渐有嗳气现象,多提示急性胃扩张。

(六)呕吐

各种动物的呕吐都是一种较为常见的病理现象,是胃内容物不自主地经口或鼻反排出来。引起呕吐的病因一般有中枢性呕吐和末梢性呕吐(又称反射性呕吐)。中枢性呕吐是由于毒素或毒物直接刺激呕吐中枢引起,提示的疾病主要有脑病(脑膜炎、脑肿瘤、脑震荡等)、中毒(内中毒和药物中毒等)、某些传染病(猪瘟、犬瘟热、猫瘟热、细小病毒病、传染性胃肠炎及猪丹毒等)。

反射性呕吐,是由于呕吐中枢以外的组织器官受刺激反射引起中枢兴奋而发生的。提示的疾病主要有消化道疾病(咽喉异物、食道疾病、过食、肠管疾病)和腹膜疾病(腹膜炎)及其他器官疾病,如犬的子宫炎等。呕吐的检查,主要检查呕吐物的量、性状和呕吐的时间及频度。

二、口腔、咽、食管及嗉囊的检查

(一)口腔的检查

检查口腔,一般以视诊、触诊、嗅诊为主,必要时用开口器辅助检查。

1.口腔的外部检查

(1)口唇　健壮动物的上下口唇紧闭。病理情况下,口唇的紧张性可降低或增高。口唇的紧张性降低时,表现口唇下垂,有时口腔不能闭合,见于面神经麻痹、昏迷、某些中毒病(如马的霉玉米中毒)。口唇的紧张性增高时,表现为双唇紧闭,口角向后牵引,口腔不易或不能打开。多见于脑膜炎和破伤风。

唇部出现明显肿胀或坏死,常见于口黏膜的深层炎症、马传染性脑脊髓炎、饲料中毒以及牛瘟等。唇部疹疱可见于口蹄疫、牛瘟、马传染性脓疱口炎。唇部出现结节、溃疡及瘢痕,可见于马鼻疽或流行性淋巴管炎。

(2)流涎　流涎是指口腔的分泌物流出口外。主要是由于吞咽障碍或唾液腺分泌增多引起。见于口炎、咽炎、唾液腺炎和食道阻塞。

2. 口腔的内部检查

(1)口腔气味　健康家畜口内无臭味,但在卡他性口炎及胃卡他时口腔呈甘臭味;在齿槽炎、齿龈炎、骨坏疽时,呈腐败臭味;酮血病时,有烂苹果味。

(2)口腔黏膜　检查口腔黏膜主要用视诊和触诊。主要检查以下几方面:

①口腔温度:过高见于所有热性病。过低见于大失血、虚脱和频死期。

②口腔湿度:干燥见于热性病、疝痛和重度脱水;异常湿润见于口炎、咽炎。触诊口腔黏膜敏感是口炎的特征。

③口腔颜色:健康动物口腔黏膜呈淡红色而有光泽。病理情况下,口腔黏膜颜色可表现为苍白、潮红、黄染、发绀等变化,其诊断意义除局部炎症可引起潮红外,其余与其他部位的可视黏膜(如眼结合膜、鼻黏膜、阴道黏膜)颜色变化的意义相同。口黏膜的极度苍白或发绀,提示预后不良。

④口腔黏膜出血斑点(出血点乃至出血斑):可见于出血性素质(如血斑病等);舌下部的小出血点,常见于马传染性贫血。

⑤口腔黏膜完整性:动物患口膜炎、水疱病、口蹄疫、痘疮、维生素 C 缺乏症及念珠菌病等时,口腔黏膜的完整性常遭到不同程度的损伤,表现为红肿、结节、水疱、脓疱、溃烂等。

由于口腔黏膜崩解而形成局限性溃疡,可见于牛瘟、恶性卡他热、球虫病、副伤寒、犊白痢、猪化脓杆菌病、犬钩端螺旋体病等。在鸡和犊牛的白喉、牛坏死杆菌病及犬念珠菌病时,口腔黏膜上常附有伪膜状物。雏禽口腔黏膜有炎症或白色针尖大小的结节,见于维生素 A 缺乏症和烟酸缺乏症。鹅口腔黏膜形成黄白色、干酪样伪膜或溃疡,常见于霉菌性口炎(鹅口疮)。

(3)舌　舌的病理变化主要有:

①舌肿胀:见于刺伤,异物和勒伤。

②舌苔:舌上皮细胞脱落在舌背上形成的一层附着物。常见于胃肠卡他和热性病。

(4)牙齿　牙齿磨灭不整,牙齿的色斑不整齐,提示有骨质疾病。如马的牙齿磨灭不整,常见于骨质疾病(如纤维性骨营养不良),并可成为口腔损伤、发炎的原因。牛的切齿动摇,多为矿物质缺乏的症状。老龄的马匹,多见有臼齿过长或斜状齿,致使咀嚼功能发生紊乱,并常成为采食过程中口吐草团的原因。动物发生氟中毒时,切齿的釉质失去正常的光泽,出现黄褐色的条纹,并形成凹痕,甚至牙龈磨平。

(二)咽和食管的检查

1. 咽的检查

咽部的检查主要采用外部视诊和触诊。

(1)视诊　咽部发生炎症时,动物表现头颈伸直、咽区肿胀、吞咽障碍。小动物及禽类的咽内部视诊比较容易,大动物咽内部视诊必须借助喉镜。当怀疑有咽部异物阻塞或麻痹性病变时,则应进行咽的内部检查。

(2)触诊　大动物触诊应站在颈侧,以两手同时由两侧耳根部向下逐渐滑行并随之轻轻按压以感知其周围组织状态。如出现有明显肿胀和热感并引起敏感反应(疼痛反应或咳嗽时),多为急性炎症过程。如附近淋巴结弥漫性肿胀,可见于耳下腺炎、腮腺炎、马腺疫等,但吞咽障碍的表现不甚明显。局限性肿胀,可见于咽后淋巴结化脓、牛结核病和放线菌性肉芽肿。猪咽部及其周围组织肿胀,并有热、痛反应,除见于一般咽炎外,应注意急性猪肺疫、咽炭疽、仔猪链球菌病等。咽麻痹时,黏膜感觉消失,触诊无反应且不出现吞咽动作。

2.食管检查

颈部食管可进行外部视诊、触诊及探诊,而胸部食管只能进行胃管探诊。

(1)视诊　当食管憩室、扩张时,在动物采食过程中,可见颈沟部(颈部食管)出现界限明显的局限性膨隆。此时将食物向头部方向按摩、推送,可引起嗳气和呕吐动作,当食物被排出,膨隆即可消失。马患急性胃扩张时,有时可出现食管的逆蠕动现象。

(2)触诊　触诊食管时,检查者应站在动物的左颈侧,面向动物后方,左手放在右侧颈沟处固定颈部,用右手指端沿左侧颈沟直至胸腔入口,轻轻按压,以感知食管状态。当食管发炎时,可引起疼痛反应及痉挛性收缩。食管阻塞时,可感知阻塞物的大小、形状及其性质;阻塞物上部继发食管扩张且有大量液体时,触摸局部有波动感。当颈部食管被块根饲料(马铃薯、甜菜、红薯、萝卜等)阻塞时,膨隆部触诊坚硬,在反刍动物可并发瘤胃臌气及流涎、不安。

(3)食管(包括胃)的探诊　食管探诊的目的在于根据探管深入的长度和动物的反应,确定食管阻塞、狭窄、憩室及炎症的发生部位,并可作为胃扩张的鉴别方法之一。另外,根据需要可借探管抽取胃内容物进行实验室检查。食管及胃的探诊可兼有治疗作用,一方面可通过胃管投服药物,另一方面在急性胃扩张时,可通过胃管排出内容物及气体。

(三)禽类嗉囊的检查

检查禽类嗉囊主要采用视诊和触诊,嗉囊的病理变化可表现为软嗉和硬嗉。

1.软嗉

软嗉的特征为视诊嗉囊膨大,凸出于颈下部。触诊呈气球感并有波动,如将头部倒垂同时压迫嗉囊时,可从口腔中排出少量液状或黏性黄色含有气泡,并带酸臭味的内容物,多伴有呼吸困难,主要见于摄入发霉、变质和容易发酵的饲料,尤以雏鸡多见,也见于鸡新城疫及嗉囊卡他。当鸡发生有机磷中毒时,嗉囊可明显膨大。

2.硬嗉

硬嗉又称为嗉囊秘结或嗉囊食滞,其特征是视诊嗉囊显著膨大,触诊坚硬或呈捏粉状,压迫时可排出少量未经消化的饲料,多见于雏鸡采食多量粗纤维饲料。

三、马属动物的胃肠检查

(一)胃的检查

马属动物的胃体积小,位置较深,体表投影在腹腔中部偏左侧第 14 至 17 肋骨之间,相当于髋节结水平线附近,不与腹壁接触,悬空在腹腔。临床上以视诊、听诊、胃管探诊、直肠内部触诊为主或采取胃内容物进行实验室检查。

患幽门痉挛及急性胃扩张时,动物表现不安(起卧、转滚或呈现犬坐姿势)、呼吸困难、呕吐;由后方正中进行左、右侧对比观察,有时可见左侧胸廓中部第 15 至 17 肋骨间稍显隆起。此时,用强力叩诊局部可呈明显的鼓音(当胃内有一定量气体及液体、固体内容物混在时)。

胃扩张时,在安静条件下,特别是当肠音减弱或消失时,在胃区有时可能听到短促而微弱的沙沙声、流水声或金属声,3～5 次/min。患急性胃扩张时,当以胃导管放出大量积滞的胃内容物或气体之后,患病动物随之安静,病情即好转。

对于体躯较小的马(或驹)站立或采取横卧保定,进行直肠内部触诊。当发生胃扩张时,可在左肾前下方摸到紧张而有弹性的胃后壁,呈半圆形并随呼吸动作而前、后移动。随胃囊扩张的程度不同,脾脏可呈不同程度的向后移位。

(二)肠管的检查

马属动物肠管的检查方法主要以听诊和直肠检查为主。

听诊可确定肠蠕动的频率、性质、强度、持续时间,从而判定肠管的运动机能及内容物的性状。听诊的位置为左右腹胁区,或在各肠段体表相对投影区听诊。右腹胁区可听到大结肠音,主要是盲肠音。沿右肋骨弓可听到右结肠音,左腹胁区可听到小肠和小结肠的声音。

健康马小肠蠕动音明显、清朗,类似含漱音或流水音,8～12 次/min。大肠音低沉、钝浊,类似雷鸣音或远炮音,4～6 次/min。肠音的强度可因肠壁的紧张度、饲料的质量、肠内容物的硬度、使役情况等而不同。一般放牧的动物肠音响亮,长期饲喂粗纤维饲料或多喂精料的舍饲动物,肠音较稀而弱。病理情况下,肠音的异常表现有以下几种:

1. 肠音增强

特征为肠音高朗、连续不断,有时站在动物旁侧即可听到。主要是肠道受寒冷(冷水、冰冷的饲料)或化学物质(腐败发霉的饲料、污水)等刺激的结果,见于肠痉挛、各种类型的肠炎及胃肠炎,某些伴发肠炎的传染病,某些毒物中毒、急性腹膜炎以及肠臌气的初期等。

2. 肠音减弱或消失

特征为肠音稀少、短促而微弱,主要是迷走神经兴奋性减低、肠道弛缓;肠音消失是受害肠段麻痹的结果,为疾病严重的标志。见于肠弛缓、长期腹泻、慢性消化不良、便秘、肠阻塞及除肠痉挛以外的其他各种腹痛性疾病的后期。另外,在某些发热性疾病、中枢神经系统疾病(如脑及脑膜炎症)和严重的中毒性疾病时,肠音减弱甚至消失。

3. 肠音不整

表现为时快时慢,时强时弱,主要见于慢性胃肠卡他,由于腹泻与便秘可交替出现,在病程经过中可出现肠音快慢不均、强弱不一的现象。

4. 金属音

当肠内充满大量气体时,多数肠音带有金属响,称为金属音。其发生是液体落到充满气体且很紧张的肠壁上所致,为肠臌气的特征。

四、反刍动物的胃肠检查

(一)前胃检查

偶蹄目反刍亚目动物(牛、羊、鹿等)的胃分瘤胃、网胃、瓣胃和皱胃,前三部分(瘤胃、网胃和瓣胃)合称前胃。

1. 瘤胃检查

(1)触诊　通过触诊,可准确判断瘤胃的运动机能、内容物的数量和性质及瘤胃的敏感度。健康动物瘤胃饲喂前左肷窝松软而有弹性,上 1/3 积薄层气体,中部和下部触诊坚实,饲喂后瘤胃充满,左肷窝平坦,触诊内容物呈生面团样硬度,轻压后可留压痕,随胃壁缩动而将检手抬起,蠕动强而有力。瘤胃收缩时,其中食团沿胃表面呈波浪状散布,互相混合。食团在胃上囊中混合时,肷窝膨起,此时手可感知腹壁显著变紧张并隆起,将检手抬起,然后逐渐降下。

瘤胃臌气时,触诊腹壁上部紧张而有弹性,甚至用力强压亦不能感到胃中坚实的内容物。瘤胃积食时,腹壁紧张,触诊内容物坚硬、黏硬或粥样,如其中混有气体和液体时,则呈半液状,触之有波动感;如内容物较干涸,则压之留有指痕,不易平复,蠕动减弱或消失。

（2）听诊　听诊的目的是判断瘤胃蠕动的次数、强度和每次蠕动持续的时间,听诊和触诊联合应用,能正确判断瘤胃的运动机能。瘤胃蠕动音呈粗大的"吹风声"或"沙沙声"或"远雷声"。每次蠕动波出现,强度由弱变强,达到高峰后,又逐渐减弱直至消失,随瘤胃蠕动左肷窝逐渐隆起、变硬,又逐渐平复。健康牛 1～3 次/min,羊为 2～4 次/min,强而有力,持续时间为 15～45 s/次。瘤胃蠕动强度和次数以食后 2h 为最旺盛,食后 4～6 h 后逐渐减弱,饥饿时蠕动次数减少。病理状态下,瘤胃蠕动次数稀少,力量减弱,持续的时间缩短,则标志瘤胃机能衰弱。常见于前胃弛缓、瘤胃积食以及引起瘤胃机能障碍的慢性前胃病、热性病、全身性疾病与传染病等。瘤胃蠕动音完全消失,为运动机能高度紊乱的表现,见于瘤胃臌气和积食的末期以及其他严重的全身性疾病。

2. 网胃检查

网胃位于胸骨后缘、腹腔的左前下方剑状软骨突起的后方,相当于第 6～8 肋间,前缘紧接膈肌而靠近心脏。网胃向后上方通过瘤网孔与瘤胃相通。网胃检查,临床上以触诊最为重要,主要用于诊断创伤性网胃炎。

触诊时,检查者采取蹲位姿势,用一手握拳,自胸下剑状突起部向上强压触诊检查,同时观察其反应。如病牛表现呻吟、疼痛不安、躲闪、反抗或企图卧下等行为时,则为网胃敏感反应的标志,常为创伤性网胃炎的特征。

3. 瓣胃检查

瓣胃位于腹腔右侧,体表投影在第 7～10 肋间,肩端线附近(上下约 3 cm),中点在第 9 肋。临床上主要用触诊和听诊检查,必要时可用瓣胃穿刺检查。

（1）触诊　在瓣胃区用手指重压触诊时,如动物表现疼痛不安、呻吟、张口伸舌、抗拒等敏感反应,可提示瓣胃阻塞或创伤性炎症。

（2）听诊　一般在牛右侧第 7～10 肋沿肩关节水平线上下 3 cm 的范围内进行听诊。正常时可听到微弱的蠕动音,类似细小的捻发音,常在瘤胃蠕动之后出现,于采食后更为明显。瓣胃蠕动音显著减弱或消失,见于瓣胃阻塞或发热性疾病。

（二）真胃检查

真胃(皱胃)位于右下腹部第 9～11 肋,沿肋弓区直接与腹壁接触。真胃黏膜有腺体,能分泌胃液。真胃内容物为酸性(pH1～4),无纤毛虫。真胃的检查方法主要以触诊和听诊为主。

（1）触诊　沿肋骨弓后下方或与膝关节水平位仔细触诊,除保护性反应外,如动物表现回顾、躲闪、呻吟、后肢踢腹,乃真胃区敏感的标志,见于真胃炎、真胃溃疡和真胃扭转等。触诊时,真胃区有明显的坚实感或坚硬,呈长圆形面袋状,伴有疼痛反应,则为真胃阻塞的特征。冲击触诊有波动感,并能听到击水音,提示真胃扭转或幽门阻塞、十二指肠阻塞。此时应与瘤胃积液和腹腔积液相鉴别。

（2）听诊　真胃蠕动音类似肠蠕动音,呈流水声或含漱音。真胃蠕动音增强,见于真胃炎。真胃蠕动音稀少、微弱,则表示胃内容物干涸或机能减弱,见于真胃阻塞。当听到带金属音调的蠕动音时,见于真胃变位。

（三）肠管检查

肠管的检查主要采用触诊、叩诊和听诊,必要时可配合直肠检查。

触诊时,正常为软而不实之感。若触之有充实感,多为肠便秘。如在右侧肷窝部触之有胀满感,或同时有击水音,而且叩之呈鼓音,可疑为小肠或盲肠变位,应结合直肠检查进行鉴别。若发现某段小肠变硬,形如香肠,触压时敏感疼痛,见于肠套叠。在右侧肷窝部或腹胁部听诊,呈混合性肠音,短而稀少。肠音的频率和强度与肠管的运动机能及内容物的状态有关。肠蠕动迟缓、肠道不通时,肠音减弱甚至消失。肠音频繁似流水状,见于肠炎及肠痉挛。

五、猪的胃肠检查

猪胃肠临床检查以触诊、视诊和听诊为主。触诊胃区有不安、呻吟反应,见于胃炎、胃食滞。当胃扩张、胃食滞时行强压触诊可引起呕吐。当左肋下区紧张而抵抗明显,见于胃臌气或过食。腹部触诊可感知肠内容物性状,当结肠套叠或肠便秘时,可感知坚硬的粪串或呈块、盘状,同时伴有疼痛反应。

当过食或饲喂多汁饲料(如三叶草)时,易发生臌气。此时,视诊可发现右腹肋部膨大,患病动物呈犬坐姿势,呼吸急促、呻吟,两前肢频频交换负重。

听诊肠音高朗、连绵,可见于各种类型肠炎及伴发肠炎的传染病(如副伤寒、大肠杆菌病、猪瘟、流行性腹泻及传染性胃肠炎等)。肠音低沉,微弱或消失,见于肠便秘。

六、犬和猫的胃肠检查

(一)胃的检查

犬和猫的胃检查以视诊、触诊、叩诊、探诊等为主。视具体情况还可作胃镜检查、胃液检查、X 射线检查等。

1. 视诊

腹围扩大是发生胃扭转、胃扩张、胃肿瘤等疾病引起。

2. 触诊

胃胀满、坚实见于急性胃扩张。当胃内有异物时,触诊有疼痛反应。胃扭转时,腹部可摸到一个紧张的球状囊袋。此外,在急性胃卡他、胃炎、胃溃疡时,触诊有疼痛反应。

3. 叩诊

一般取仰卧姿势进行叩诊。当空腹叩诊时,从剑状软骨后直到脐部呈鼓音;采食后则呈浊音。在发生食滞性胃扩张时,浊音区扩大。发生气胀性胃扩张时,出现大面积鼓音区。发生胃扭转时,腹部臌胀,叩诊呈鼓音或金属音。

4. 探诊

经鼻腔或口腔将胃管(小犬和猫用人的导尿管)插入食管和胃进行探诊。当发生气胀性胃扩张时,从胃管内排出较多的酸臭气体。在发生胃扭转时,插入的胃管停顿于贲门附近,或者当用力而能推进于胃内时,则有带臭味的气体和带血的液体从管内逸出。

(二)肠管检查

犬和猫的肠管检查以用视诊、触诊、叩诊和听诊为主。此外,可视情况作结肠镜检查和X 射线检查。

1. 视诊

腹围增大见于肠臌气和腹腔积液。当较瘦的犬发生降结肠便秘时,在骨盆口前方的左侧腹壁可看到由结粪引起的局限性隆起。腹围缩小见于急剧腹泻、慢性胃肠卡他、长期营养不良及慢性消耗性疾病等。

2. 触诊

将两手置于两侧肋弓后方,逐渐向后上方移动,让肠管等内脏器官滑过各指端进行触诊。肠便秘时,可在相应的肠段触摸到坚实或坚硬的腊肠状粪条或粪块。肠缠结时,可以发现局部的触痛和臌气的肠管。肠扭转时,可以发现局部的触痛和臌气的肠管。肠套叠时,可以触摸到一个坚实而有弹性、弯曲的圆柱形肠段,触压该部时,患病动物表现剧痛。此外,当腹膜炎时,腹壁紧张度增高,触压腹壁有疼痛反应。

3. 叩诊

肠臌气时,叩诊呈现鼓音。

4. 听诊

肠音可在左右两侧腹壁进行听诊。病理性肠音主要有以下几种:

(1)肠音增强　肠音响亮、高亢,次数增多。见于急性肠卡他、胃肠炎的初期,肠便秘初期,以及引起腹泻的各种传染病和寄生虫病,如传染性肝炎、犬瘟热、细小病毒病等疾病初期。

(2)肠音减弱或消失　肠音短促而微弱,次数减少。见于胃肠炎和肠便秘的中后期,肠变位(肠扭转、肠缠结、肠嵌闭和肠套叠)以及发热性疾病而伴有消化机能紊乱时。

(3)肠音不整　肠音时强时弱,时快时慢,见于慢性胃肠卡他。

(4)金属音　如水滴滴落在金属薄板上产生的声音,见于肠臌气。

七、直肠检查

直肠检查对于大动物(马属动物和牛等)的妊娠诊断、发情鉴定、腹痛病的诊断是一种比较可靠的方法,同时还可用于肾脏、膀胱、腹股沟管及骨盆等的检查。此外,直肠检查还可作为一种治疗的手段,如用隔肠破结术来治疗马的小结肠阻塞、骨盆曲阻塞等疾病。

(一)马直肠检查的临床应用

1. 胃肠疾病的诊断

直肠检查是肠道检查中最重要的一种方法,特别是在马腹痛性疾病的诊断上具有特殊价值。

(1)直肠　直肠膨大部空虚时,说明肠内容物后送停止,见于肠便秘或肠变位。直肠紧缩,把手臂束得很紧,同时有大量浓厚黏液蓄积时,见于肠变位。直肠内温度增高,见于直肠炎。检手沾有血液,见于直肠黏膜出血或直肠破裂。直肠破裂多发生在直肠狭窄部的侧壁或上壁,并发现黏膜有裂孔。直肠便秘时,手入直肠即可摸到阻塞物。

(2)小结肠　小结肠阻塞时,通常于耻骨前缘的水平线上或体中线的左侧(有时偏向右侧)可触到拳头大或鹅蛋大的粪块。

(3)左侧大结肠　左下大结肠较粗且有纵带及肠袋,左上大结肠较细并无肠袋,内容物呈捏粉样。左侧大结肠阻塞时,可在左腹腔中下部摸到左腹侧结肠或左背侧结肠内的坚实或坚硬结粪。当左侧大结肠扭转时,可摸到臌气的盲肠,并摸到较光滑的左背侧结肠在下方,而左腹侧结肠在其上方,或者两者平行并列,沿此肠段向前可摸到螺旋状的扭转部,触及时患病动物表现剧痛。

(4)骨盆曲　骨盆曲阻塞时,可在骨盆腔前缘下方摸到肘样弯曲的粗肠管,其内有硬结粪。有时阻塞的骨盆曲伸向腹腔的右方或向后伸至骨盆腔,在临床上应注意此种现象。

（5）十二指肠　十二指肠阻塞时，在前肠系膜根后下方，右肾附近触摸到约有手腕粗、表面光滑、质地坚硬、呈块状或圆柱状的阻塞肠管，触压时患病动物表现不安。

（6）空肠　空肠缠结时，可摸到臌气的空肠，缠结处的肠管、肠系膜或韧带缠结成绳结状。当空肠发生肠套叠时，常可在发生套叠处摸到如同前臂粗的圆柱肉样肠段，触压该部时，患病动物表现剧痛。

（7）回肠　回肠阻塞时，可在盲肠底部内侧摸到左右走向的腊肠样硬固体，其左端游离，可被牵动，右端位置较为固定，空肠普遍膨胀。

（8）胃　胃扩张时，在左肾前下方可摸到膨大的胃后壁，胃壁紧张而富有弹性者，为气胀性胃扩张。若触之胃壁有坚硬感，压之留痕，则是食滞性胃扩张。

（9）盲肠　在右肷部，触诊盲肠底及盲肠体，呈膨大的囊状，并有明显的纵带。盲肠阻塞时，可摸到充满粪便的盲肠。

（10）胃状膨大部　为右上大结肠与小结肠的连接处，位于盲肠底的前下方。胃状膨大部阻塞时，可在腹腔右前方摸到随呼吸而略有前后移动的半球状阻塞物。

2. 泌尿生殖系统的检查

（1）膀胱　膀胱位于骨盆腔底部，母马需隔着阴道或子宫颈触摸膀胱。膀胱无尿时，膀胱为拳头大的梨状物；膀胱积尿时，膀胱呈囊状，其内充满尿液，触压有波动感。发生膀胱炎时，触压有疼痛反应。膀胱高度膨大、充满尿液，提示膀胱括约肌痉挛或膀胱麻痹、尿道结石或阻塞。

（2）左肾　在腹主动脉左侧，第2～3腰椎横突的下方，触摸时可摸到左肾后缘，呈半圆形坚实体。急性肾炎时，肾脏肿大并有压痛。

（3）卵巢　在发情期可根据卵泡的大小、形状、质地等进行发情鉴定和确定排卵时间。成熟卵泡表面光滑、紧张，有轻度的波动感。另外，还可诊断卵巢囊肿及卵巢肿瘤。

（4）子宫　通过检查子宫，可进行妊娠诊断及判断胎儿发育状况，还可判断子宫内膜炎及子宫积脓等。

在兽医临床上，直肠检查必须结合问诊、临床症状和腹腔穿刺液检查等进行综合分析，才能得出正确的诊断。

（二）牛直肠检查的临床应用

牛直肠检查主要用于判断卵泡发育状况、妊娠检查以及卵巢疾病、子宫疾病、胃肠道疾病的诊断。牛的直肠黏膜容易出血，直肠检查时应特别小心。

1. 直肠

肠便秘时，直肠内空虚而干涩。肠套叠或肠扭转时，直肠内可发现大量黏液或带血的黏液。

2. 膀胱

膀胱积尿时，膀胱膨大，充满整个骨盆腔。膀胱破裂时，膀胱空虚无尿，有时还能触到破裂口。膀胱炎时，触压膀胱病牛有疼痛反应。

3. 瘤胃

上半部完全占据腹腔的左侧，下部可延伸至腹腔的右侧，呈捏粉样的硬度。瘤胃积食时，可发现瘤胃扩张，容积增大，充满坚实或坚硬内容物。在皱胃左方变位时，可发现瘤胃背囊明显右移和左肾出现中度变位。

4.皱胃

正常情况下,直肠检查不能触及皱胃。当皱胃阻塞对,直肠内有少量粪便和成团的黏液,对于体形较小的黄牛,在骨盆腔前缘右前方,瘤胃的右侧,于中下腹区,能摸到向后伸展扩张呈捏粉样硬度的部分皱胃体。发生皱胃扭转时,可在右腹部触摸到膨胀而紧张的皱胃。

5.盲肠

发生盲肠扭转时,可发现一高度积气的肠段横于骨盆腔入口的前方。当盲肠向前方折转时,在骨盆腔入口前方常不能触及盲肠。

6.结肠

发生结肠便秘时,可感到结肠内容物坚实而有压痛。

7.空肠和回肠

肠套叠时,可触及如同前臂粗的圆柱肉样肠段,触之则患病动物表现剧痛。肠扭转时,可触及螺旋状的扭转部,触及时患病动物剧痛不安。

8.左肾

肾盂肾炎时,可发现肾脏肿大,触压时患病动物表现疼痛。发生肾脓肿时,可发现肾小叶大小不等,触压有局限性波动。

此外,直肠检查尚可发现雌性动物子宫、卵巢的病理变化,如卵巢囊肿、永久性黄体、子宫蓄脓等。在公牛还可发现副性腺的病理变化,如前列腺肿大等。

八、排粪动作及粪便检查

(一)排粪动作障碍

排粪动作障碍主要见于以下几种情况:

1.排粪减少(便秘)

正常情况下,马、骡排粪8～12次/d,牛10～18次/d,羊3～8次/d,猪2～5次/d,犬1～3次/d。若动物排粪次数减少、排粪费力、排粪量少,粪便质地干硬而色暗,呈小球状,常被覆黏液,临床上称排粪迟缓或便秘。见于严重的发热性疾病、腰脊髓损伤、肠弛缓、大肠便秘、反刍动物的前胃弛缓或瘤胃积食、犬前列腺炎等疾病。肠管完全阻塞时,排粪停止。

2.排粪失禁

动物无排粪姿势就不自主地排出粪便,主要是由于肛门括约肌松弛或麻痹所致。见于荐部脊髓损伤和炎症,也见于大脑的疾病。

3.排粪增加(腹泻或下痢)

特征为动物排粪次数增多,排粪量也增加,同时粪便不成形,质地改变,如不断排出粥样、液状或水样稀粪,并带有黏液,有时还带有脓液和血液,即为腹泻。见于急性肠卡他、肠炎、大肠杆菌病、传染性胃肠炎、沙门菌病等。

4.排粪痛苦

动物排粪时,表现疼痛不安、惊恐、呻吟,拱腰努责。常见于腹膜炎、胃肠炎、创伤性网胃炎、直肠炎及直肠嵌入异物等。

(二)粪便的感观检查

1.粪便的形状和硬度

健康动物粪便的形状和硬度取决于饲料的种类、含水量、脂肪和纤维素含量,而与饮水量无关。不同种属动物,其粪便的正常形状各异。当腹泻时,粪便稀薄,呈稀粥状,甚至呈水样。当便秘时,粪便干硬而色暗;病程较长的便秘,粪便可呈算盘珠样。

2.粪便的颜色

常见的粪便颜色病理变化有:当前部肠管或胃出血时,粪便呈褐色或黑色(沥青样便)。后部肠管出血时,血液附着在粪便表面而呈红色。阻塞性黄疸时,粪便呈淡黏土色(灰白色)。发生犊牛白痢及仔猪白痢时,粪便呈白色糊糊状。

3.粪便的气味

一般健康草食动物的粪便无恶臭气味。当肠内容物发酵过程占优势时,粪便呈现酸臭味,见于酸性肠卡他、幼畜单纯性消化不良等。当肠内容物腐败时,粪便呈现腐败臭味,见于碱性肠卡他、幼畜中毒性消化不良等。

4.粪便的异常混杂物

健康动物的粪便表面有薄层的黏液,使粪便表面具有特别的光泽。病理情况下,粪便中常见的混杂物有黏液、黏液膜、伪膜、血液、脓液、异物、寄生虫等。若出现饲料碎渣,见于消化不良;有血细胞,见于出血性肠炎;有浓汁,见于化脓性肠炎;有虫体、虫卵,见于寄生虫病。

九、肝脏的检查

肝脏的临床检查主要采用触诊和叩诊。必要时,可进行肝脏穿刺作活组织检查和肝功能检查。中小动物还可进行超声波检查。

(一)马的肝脏检查

健康马的肝脏深藏于腹腔前部,右叶向后达第15肋间(右上端位置最高,与右肾前端相接触),左叶向后达第8肋骨的胸骨端,左右两叶都不超过肺叩诊界。因此在正常时,利用叩诊不能发现肝浊音区。只有肝脏显著肿大时,才可能在肺叩诊界后缘出现肝浊音区。肝脏肿大见于急性实质性肝炎和肝硬变初期,此时用手掌平贴在右侧第12~14肋骨的中1/3部进行冲击式触诊,患病动物有疼痛反应。

(二)牛、羊的肝脏检查

健康牛的肝脏位于右季肋部,最前方达第6肋间;其长轴向后向上倾斜,达最后肋间的背侧端。正常肝脏的浊音区在第10~11肋间的上部,呈近长方形(图4-1)。当肝脏肿大时,肝脏浊音区扩大,在坐骨结节水平线上可达第12肋间,向下可抵达肩关节水平线下方。肝脏浊音区扩大见于急性实质性肝炎、肝硬变初期、肝脏结核、棘球蚴病、肝片吸虫病、肝癌等。肝脏高度肿大时,外部触诊可感到硬固物,并随呼吸而前后移动。

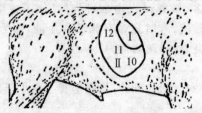

图4-1 牛肝脏浊音区增大

Ⅰ.正常肝脏浊音区;Ⅱ.增大的肝脏浊音区

10、11、12表示第10、11、12肋骨位置,虚线表示肋弓

健康羊的肝脏位于右季肋部,正常肝脏的浊音区在右侧第8～12肋间。肝脏浊音区扩大见于急性实质性肝炎、肝片吸虫病等。

(三)小动物的肝脏检查

犬、猫的肝脏位于左、右季肋部。因腹壁薄,利用外部触诊可以确定肝脏的大小、厚度、硬度及疼痛性。触诊时,首先可行站立位置触诊,从左右两侧用两手的手指于肋弓下向前上方进行触压,可以触及肝脏,为了避免腹肌的收缩,应逐渐加压触诊。然后再以侧卧或背位进行触诊。当右侧卧时,由于肝脏贴靠腹壁,则容易在肋下感知肝脏的右缘。犬的正常肝脏叩诊浊音区为:右侧第7～12肋间、左侧第7～10肋间。被肺脏掩盖部分呈半浊音,未被肺脏掩盖部分呈浊音。但在病理情况下,由于动物的营养和胃、肠内含气,肝脏浊音区可以有变动。

在病理情况下(如急性实质性肝炎、肝硬变的初期、白血病等),触诊时可发现肝脏肿大、变厚、变硬,疼痛明显。叩诊则肝脏浊音区扩大。

任务二 呼吸系统的检查

呼吸系统包括鼻腔、咽喉、气管、支气管等呼吸道和肺,其主要功能是进行机体与外界环境之间的气体交换。呼吸系统的检查以详细询问病史和临床基本诊断法为主,其中以听诊最为重要,X射线检查对肺部和胸膜疾病具有重要价值。此外,在诊断肺和胸腔疾病时,还可应用超声波检查。必要时进行实验室检查,包括血液常规检查、鼻液及痰液的显微镜检查、胸腔穿刺液的理化及细胞检查等。

一、呼吸运动的检查

呼吸运动包括吸气运动和呼气运动。检查呼吸运动时应注意呼吸频率、呼吸类型、呼吸节律、有无呼吸困难及呼吸对称性。

(一)呼吸类型

病理性的呼吸类型主要有以下几种:

1.胸式呼吸

主要由肋间外肌收缩、舒张为主的呼吸称为胸式呼吸。其特征为患病动物呼吸时,以胸部或胸廓的活动占优势,腹部的肌肉活动微弱或消失,表现胸壁的起伏动作明显大于腹壁,表明病变在腹壁和腹腔器官。主要见于引起腹肌和膈肌运动障碍的疾病,如急性胃扩张、瘤胃臌气、急性腹膜炎、创伤性网胃—膈肌炎、腹腔积液等。

2.腹式呼吸

主要由膈肌收缩和舒张产生的呼吸,因腹壁起伏故称为腹式呼吸。其特征为患病动物呼吸时,腹壁的起伏动作特别明显,而胸廓的活动很轻微,提示病变在胸部。主要见于引起胸壁运动障碍和肺泡壁弹性降低的疾病,如急性胸膜炎、胸膜肺炎、胸腔大量积液、肋骨骨折以及慢性肺泡气肿等。

临床上单纯的胸式呼吸或腹式呼吸比较少见,在疾病过程中以一种呼吸类型占优势的混合式呼吸较为常见。

（二）呼吸节律

健康动物的呼吸运动呈现一定的节律性，即每次呼吸之间间隔的时距相等，并且具有一定的深度和长度，如此周而复始的呼吸称为节律性呼吸。临床上常见的病理性呼吸节律有以下几种：

1.吸气延长

由于空气进入肺脏发生障碍，使得吸气时间明显延长，见于上呼吸道狭窄（如鼻炎、喉和气管的炎症及有异物）、膈肌收缩运动受阻等。

2.呼气延长

呼吸延长是由于肺泡内气体排出受阻的结果。正常的呼气动作，不能将气体顺利排出，主要见于细支气管炎、慢性肺泡气肿和膈肌舒张不全等。

3.间断性呼吸

间断性呼吸表现为吸气过程中因胸部疼痛而突然中断呈断续性的浅而快的呼吸运动，患病动物不敢深呼吸和咳嗽，主要由于患病动物先抑制呼吸，然后进行补偿所引起。见于急性胸膜炎、肋骨骨折及胸部严重外伤等。

4.陈-施二氏呼吸

其特征是患病动物呼吸由浅慢逐渐加强、加深、加快，当达到高峰后，又逐渐变弱、变浅、变慢，然后呼吸出现 15～30 s 的暂停后，又重复如上变化的周期性呼吸，形式似海潮涨退，故又称为潮式呼吸。这种呼吸节律的变化多发生于中枢神经系统疾病，也是疾病危重的表现。见于脑炎、脑膜炎、中毒、心力衰竭、大失血及尿毒症等。

5.毕欧特氏呼吸

这种呼吸的特点是，深度基本正常或稍加深，呼吸过程中出现有规律的间歇期（暂停）。也就是说，稍深长的呼吸与呼吸暂停交替出现，有人称之为间歇性呼吸。这是由于呼吸中枢兴奋性显著降低的结果，多提示病情危重。

6.库斯摩尔氏呼吸

其特点是呼吸不中断但是明显深长，频率变慢，而且带有明显的呼吸杂音，通常又称此呼吸为深长呼吸或大呼吸。这种呼吸的出现，说明呼吸中枢极度衰竭，多提示预后不良。

（三）呼吸的对称性

呼吸对称性也称匀称性，是指呼吸时，两侧胸壁起伏强度一致。当一侧胸部有病，该侧胸壁起伏运动受到限制减弱或消失，而健侧则出现代偿性增强，见于一侧性胸膜炎、肋骨骨折、胸腔积液、积气等。若两侧同时患病，病重一侧减弱明显。

（四）呼吸困难

呼吸困难是呼吸器官疾病的一个重要症状，但在其他器官患有严重疾病时，亦可出现呼吸困难。临床上将呼吸困难分为吸气性呼吸困难、呼气性呼吸困难和混合性呼吸困难 3 种类型。

二、上呼吸道的检查

上呼吸道的检查内容主要包括鼻部的检查、副鼻窦和喉囊的检查、咳嗽的检查、喉及气管的检查以及上呼吸道杂音的检查。

(一)鼻部的检查

鼻部检查以视诊、触诊为主,重点观察鼻腔的外部状态、鼻黏膜的异常变化、呼出气体及鼻液等。

1.鼻腔外部状态的检查

主要检查鼻腔形态变化、鼻黏膜等。检查鼻黏膜应注意其颜色以及有无肿胀、水疱、脓疱、结节、溃疡、瘢痕、肿瘤及损伤等。

2.呼出气体的检查

检查呼出气体时,检查者应将手背或手掌接近鼻端进行感觉,同时用手将呼出气扇向自己鼻部嗅之进行检查。应注意两侧鼻孔的气流强度是否相等,呼出气体的温度是否有变化,呼出气体的气味是否有异常。

3.鼻液的检查

检查鼻液时,应注意其数量、性状、颜色、气味、黏稠度及有无混杂物。

(二)副鼻窦的检查

副鼻窦包括额窦、上颌窦、蝶腭窦和筛窦,它们均直接或间接与鼻腔相通。临床上主要检查额窦和上颌窦,以视诊、触诊和叩诊检查为主,亦可配合应用骨针穿刺术、X 射线检查或圆锯术探查等方法。

(三)咽鼓管囊的检查

咽鼓管囊是马属动物特有的器官,位于耳根和喉头中间的凹陷窝内,在腮腺的上内侧,下颌支的后方。健康马的咽鼓管囊区叩诊呈鼓音。检查咽鼓管囊可采用视诊、触诊、叩诊、听诊和穿刺术等方法。

(四)喉和气管的检查

喉和气管的检查分为外部检查和内部检查,可采用视诊、触诊、听诊及喉气管镜检查等方法。

1.外部检查

主要包括视诊、触诊、听诊。视诊重点注意喉部和气管区有无肿胀。当喉部发生严重肿胀时,则表现呼吸和吞咽困难。喉及气管区的肿胀还见于结核病、放线菌病和羊的寄生虫病。触诊主要用于判定喉及气管有无疼痛和咳嗽,并可确定肿胀的性质。急性喉炎时,局部触诊有热、痛感,易诱发咳嗽。听诊时在病理情况下,喉和气管呼吸音可出现各种变化,如喉狭窄音、喘鸣音、啰音、鼾声等。

2.内部检查

喉和气管的内部检查主要采用视诊法,对小动物(羊、猪、犬)和禽类可采用直接视诊,对大动物需借助于喉气管镜,必要时实施气管切开术,从切口观察气管黏膜的变化。应注意检查喉和气管黏膜有无充血、肿胀以及有无异物和肿瘤等。

(五)上呼吸道杂音

健康动物呼吸时,一般听不到任何异常声音。在病理情况下,患病动物常伴随着呼吸运动而出现特殊的呼吸杂音,由于这些杂音均来自上呼吸道,故统称为上呼吸道杂音。上呼吸道杂音包括鼻呼吸杂音、喉狭窄音、喘鸣音、啰音和鼾声。

(六)咳嗽的检查

检查咳嗽时,可听取自发性咳嗽。必要时,可用人工诱咳方法。咳嗽检查应注意咳嗽的频度、性质、强度及疼痛。

三、胸廓的视诊和触诊

胸廓的视诊和触诊主要检查胸廓的大小、外形、对称性及胸壁的敏感性。

(一)视诊

检查时注意观察胸廓的形状和对称性,胸壁有无损伤、变形,肋骨及肋间隙有无异常,胸前、胸下有无浮肿等。健康动物因品种、年龄、营养和发育状态不同,胸廓的大小和形状有较大差异。但胸廓两侧对称,脊柱平直,胸壁完整,肋间隙宽度均匀。

(二)触诊

触诊的目的在于检查胸壁的温度、敏感性及胸膜摩擦感。

四、胸、肺的叩诊

叩诊为检查胸部的重要方法之一,通过叩诊音的变化,可判断肺脏和胸膜腔的物理状态;通过叩诊的刺激,可判断动物胸壁的敏感性及疼痛。大动物用槌板叩诊法,小动物用指指叩诊法。

(一)正常叩诊音

叩诊健康大动物的肺区呈清音,其特点为音调低、音响大、振动持续时间长。叩诊小动物(小犬、猫和兔等)时,由于肺内空气柱的振动较小,故叩诊音清朗,在清音的基础上略带鼓音性质。肺区叩诊音由3部分组成,即叩诊槌叩击叩诊板所产生的声音,胸壁受到叩诊冲击所发出的胸壁振动声音,胸壁振动引起肺组织和肺泡内空气柱共鸣而产生的声音。因此,产生肺区正常叩诊音应具备以下的条件:①有一定的叩诊力量。②胸壁厚度一定,胸壁到肺之间的介质状态正常。③肺泡内含有一定量的气体,肺泡壁具有一定的紧张度(弹性)。上述3个条件中缺少任何一种或任何一种发生变化时,均不能产生清音。

(二)肺叩诊区

叩诊健康动物的肺区,发出清音的区域,称为肺叩诊区。肺叩诊区仅表示肺可以检查到的部分,即肺的体表投影区域,并不完全与肺的解剖界线相吻合。这是由于肺的前部为发达的肌肉和骨骼所掩盖,使叩诊无法检查。因此,健康动物的肺叩诊区比肺本身约小1/3。

肺叩诊区因动物种类不同而有很大差异。一般是根据3条假定水平线与肋间交点的连接线来确定动物肺叩诊区的界线。这3条假定水平线分别为髋结节水平线、坐骨结节水平线和肩端水平线,见表4-1。

表4-1 各种动物肺叩诊区后界的确定方法

畜种	肋骨数	与髋结节水平线相交的肋骨	与坐骨结节水平线相交的肋骨	与肩端水平线相交的肋骨	终点(肋间)
牛、羊	13	11		8	4
马	18	16	14	10	5
犬	13	11	10	8	6

畜种	肋骨数	与髋结节水平线相交的肋骨	与坐骨结节水平线相交的肋骨	与肩端水平线相交的肋骨	终点(肋间)
猪	14	11	9	7	4
双峰驼	12	10		8	6

(三)肺叩诊区的病理变化

肺叩诊区的病理变化主要表现为扩大或缩小。其变动范围与正常肺叩诊区相差 2～3 cm 以上时,才可认为是病理现象。

1.肺叩诊区扩大

肺界扩大表现为肺叩诊区后界后移。急性肺气肿时,肺后界后移常达最后一个肋骨,心脏绝对浊音区缩小或消失。大动物患慢性肺气肿时,肺界可后移 2～10 cm,心脏浊音区因右心室肥大而缩小不明显。

2.肺叩诊区缩小

表现为肺叩诊区后界前移,主要是腹内压增高性疾病导致对膈的压力增强,见于急性胃扩张、急性肠臌气、急性瘤胃臌气等。

(四)肺叩诊音的病理变化

在病理情况下,胸肺叩诊音的性质可能发生显著的变化。其性质和范围取决于胸肺病变的性质、大小以及病变的深浅。一般对于较深在的病灶(距离胸部表面约 7 cm 以上)和范围较小的病灶(直径小于 2～3 cm)或仅有少量胸腔积液时,肺叩诊音常没有明显的改变。病理性肺叩诊音一般包括浊音、半浊音、水平浊音、鼓音、过清音、金属音和破壶音。

1.浊音或半浊音

见于叩击不含空气的肺组织所听到的声音。主要是肺泡内充满炎性渗出物,肺泡内含气量减少,使肺组织发生实变,密度增加所致。

2.水平浊音

当胸腔积液(渗出液、漏出液、血液等)达一定量时,叩诊积液部位则呈现浊音。由于液体上界呈水平面,故浊音区的上界亦呈水平线,称为水平浊音。

3.鼓音

胸肺叩诊时呈现鼓音的原因较多,主要见于浸润部位围绕着健康肺组织、肺空洞、气胸、含气的腹腔器官、胸腔积液、皮下气肿等。

4.过清音

为清音和鼓音之间的一种过渡性声音,其音质类似敲打空盒的声音,故亦称空盒音或高朗音。表示肺组织弹性显著减低,气体过度充盈,主要见于肺气肿。

5.金属音

类似敲打空的金属容器所发出的声音,其音调比鼓音高朗。

6.破壶音

类似敲打破瓷壶所发出的声音。

病理性叩诊音的病理变化如图 4-2 所示。

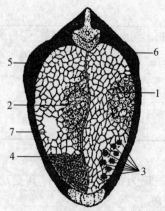

图 4-2 病理性叩诊音示意图

1.接近胸壁的大炎症灶—呈浊音；2.深部的大炎症灶—呈半浊音；3.分散的小炎症灶—呈半浊音；4.胸腔积液—呈水平浊音；5.胸壁明显增厚—呈浊音；6.胸壁不明显增厚—呈半浊音；7.肺空洞—呈鼓音

肺部病理性叩诊音的病理变化和临床意义见表 4 -2。

表 4-2 肺部病理性叩诊音的病理变化及临床意义

叩诊音	病理变化	临床意义
浊音	肺组织含气量减少或浸润、实变等	各型肺炎、肺坏疽、肺脓肿、肺结核等
	肺内形成实体组织	肺肿瘤、肺结核、鼻疽、肺棘球蚴囊肿等
半浊音	胸膜黏连、增厚和胸壁肿胀	胸膜炎合并粘连和增厚、胸膜结核、胸膜肿瘤、胸壁炎症和浮肿
水平浊音	胸腔积液	渗出性胸膜炎、胸水、血胸
鼓音	浸润周围的健康组织及肺泡内同时有气体和液体	各型肺炎浸润区周围，大叶性肺炎的充血期及消散期
	肺内空洞形成	肺脓肿、肺坏疽、肺结核、肺棘球蚴
	胸腔积气、积液	气胸、渗出性胸膜炎、胸水
	膈破裂（充气的肠管进入胸腔）	膈疝
过清音	肺组织弹性降低，气体过度充盈	肺气肿、气胸
破壶音	肺空洞与支气管相通	肺空洞
金属音	肺内有四壁光滑的大空洞，胸腔和心包积液、积气而达一定的紧张度	肺空洞、胸膜炎合并气胸、心包炎（心包积气）

五、胸、肺的听诊

听诊是检查胸和肺部最重要的方法，主要在于查明支气管、肺和胸膜的机能状态，确定呼吸音的强度、性质及病理性呼吸音。肺部听诊区和叩诊区基本一致。听诊时，首先从肺叩诊区中 1/3 开始，由前向后逐渐听取，其次为上 1/3，最后听诊下 1/3，每个部位听 2～3 次呼吸音,并应两侧胸部对照听诊。

(一)生理性呼吸音

在正常肺部可听到两种不同性质的呼吸音,即肺泡呼吸音和支气管呼吸音。肺泡呼吸音是由于空气在细支气管和肺泡内进出,导致肺泡弹性的变化及气流的振动产生的声音。肺泡呼吸音为柔和的吹风样"呼"音。在正常情况下,肺泡呼吸音的强弱和性质与动物的种类、品种、年龄、营养状况和胸壁的薄厚等有关。犬和猫的肺泡呼吸音最强,其次是绵羊、山羊和牛,而马属动物的肺泡呼吸音最弱。

支气管呼吸音是动物呼吸时,气流通过喉部的声门裂隙产生的旋涡运动,以及气流在气管、支气管内形成涡流所产生的声音。故支气管呼吸音实为喉呼吸音和气管呼吸音的延续,但较气管呼吸音弱,比肺泡呼吸音强。支气管呼吸音的性质类似舌尖顶住上腭呼气所发出的"赫"音。特征为吸气时弱而短,呼气时强而长,声音粗糙而高。这是由于呼气时声门裂隙较吸气时更为狭窄的缘故。健康马由于解剖生理的特殊性,其肺部听不到支气管呼吸音,如果听到支气管呼吸音则为病理现象。其他健康动物的肺区尤其是中前区(有较大的支气管接近肺表面,称为支气管区),可以听到支气管呼吸音,但并非纯粹的支气管呼吸音,而是带有肺泡呼吸音的混合呼吸音,吸气时肺泡呼吸音较明显,呼气时支气管呼吸音较明显。

(二)病理性呼吸音

临床上常见的病理性呼吸音有以下几种:

1. 病理性肺泡呼吸音

病理性肺泡呼吸音可分为增强、减弱或消失及断续性呼吸音。

(1)肺泡呼吸音增强 临床上主要表现普遍性增强和局限性增强两种。

普遍性增强:其特征为患病动物的两侧整个肺区可听到明显增强的肺泡呼吸音,如"呼"音变得粗而快。这主要是呼吸中枢兴奋、呼吸运动和肺换气功能增强的结果。见于发热性疾病、贫血、代谢性酸中毒及支气管炎、肺炎或肺充血的初期。

局限性增强:由于一侧肺或一部分肺组织有病变而使其呼吸机能减弱或消失,引起健侧或无病变部分的肺组织呼吸机能代偿性增强的结果,亦称为代偿性增强。见于大叶性肺炎、小叶性肺炎、肺结核、渗出性胸膜炎等疾病时的健康肺区。

(2)肺泡呼吸音减弱或消失 特征为肺泡呼吸音变弱或听不清楚,可在局部、单侧或双肺出现。发生的原因有进入肺泡的空气量减少、肺组织发生病变、呼吸音传导障碍。

(3)断续性呼吸音 特征为吸气时有短促的不规则间歇,将一次肺泡呼吸音分为两个或两个以上的分段,又称为齿轮呼吸音,常见于肺炎、肺结核等。在寒冷、兴奋或疼痛时,呼吸肌出现断续性不均匀的收缩,也可听到肺泡呼吸音的断续现象。

2. 病理性支气管呼吸音

马属动物的肺部听到支气管呼吸音,其他动物正常范围(支气管区)以外的其他部位出现支气管呼吸音,均为病理性支气管呼吸音。其特征为支气管呼吸音显著增强,呈强的"赫"音。其产生的原因有肺组织实变、肺组织空洞、压迫性肺不张等。

3. 病理性混合呼吸音

特征为吸气时主要是肺泡呼吸音,而呼气时则主要为支气管呼吸音,近似"呼—赫"的声音。吸气时较为柔和,呼气时较粗厉。常见于支气管肺炎、大叶性肺炎初期、肺结核及胸腔积液上方肺膨胀不全区域。

4. 啰音

啰音是呼吸音以外的附加音响，根据其性质不同可分为两种。

（1）湿啰音　为气流通过呼吸道内稀薄的分泌物（如渗出液、痰液、血液、黏液及脓液等），形成的水泡破裂或液体移动所产生的声音，又称为水泡音。湿啰音是支气管疾病最常见的症状，亦为肺部许多疾病的重要症状之一。常见于支气管炎、细支气管炎、各型肺炎、肺脓肿、肺坏疽、肺结核、肺水肿、肺淤血、肺出血等。

（2）干啰音　是由于气管、支气管或细支气管狭窄或部分阻塞，空气吸入或呼出时发生湍流所产生的声音。干啰音是慢性支气管炎的典型症状之一，提示支气管内没有炎性渗出液，仅有少量的黏稠分泌物存在。干啰音遍布全肺时，可见于弥漫性支气管炎、支气管肺炎、慢性肺气肿、慢性细支气管炎。局限性而经常存在的干啰音，为局限性炎症、局部支气管狭窄的特征，见于肺结核、支气管瘢痕、肺肿瘤、间质性肺炎等。

5. 捻发音

捻发音是由于肺泡内有少量渗出物（黏液），使肺泡壁或毛细支气管壁互相黏连在一起，当吸气时气流使黏连的肺泡壁或毛细支气管壁突然被冲开所发出的一种爆裂音。特征是仅在吸气时可听到，在吸气之末最为清楚。捻发音比较稳定，不因咳嗽而消失。捻发音表明肺实质（肺泡）发生了病变，常见于细支气管和肺泡的炎症或充血，如毛细支气管炎、肺炎、肺结核、肺水肿、肺充血的初期。

6. 胸膜摩擦音

正常的胸膜腔内有少量浆液起润滑作用，故呼吸运动时胸膜的壁层和脏层之间湿润而光滑，相互摩擦不产生任何声音。当胸膜发炎，特别是有纤维蛋白沉着时，使胸膜面变得粗糙不平，呼吸时两层粗糙的胸膜面互相摩擦所发出的声音，即为胸膜摩擦音。常见于马纤维蛋白性胸膜炎、大叶性肺炎、马传染性胸膜肺炎、牛肺疫、猪肺疫及肺结核等。

7. 拍水音

特征为类似心包拍水音，或半瓶水振荡发出的声音，故又称振荡音或击水音。吸气和呼气时均能听到。常见于渗出性胸膜炎、血胸及脓胸等。

8. 空瓮音

特征为类似吹狭口空瓶或空保温瓶所发出的声音，声音柔和而深长，常带有金属性质。常见于肺脓肿、肺坏疽及肺结核的破溃期。

任务三　泌尿系统的检查

泌尿系统是机体最重要的排泄器官，泌尿器官与心脏、肺脏、胃肠、神经及内分泌系统有着密切联系，当这些器官和系统发生机能障碍时，也会影响肾脏的排泄机能和尿液的理化性质。因此，掌握泌尿系统的临床检查，不仅对泌尿器官本身，而且对其他各器官、系统疾病的诊断和防治都具有重要意义。泌尿系统的检查方法，主要有问诊、视诊、触诊（外部或直肠内触诊）、导管探诊、肾脏机能试验及尿液的实验室检查。必要时还需应用膀胱镜、X射线和超声波等特殊检查法。

一、排尿状态及尿液的感官检查

排尿是一种反射动作，膀胱感受器、传入神经、排尿中枢、传出神经或效应器官等排尿反射弧的任何一部分异常,腰段以上脊髓受损伤使排尿初级中枢与大脑高级中枢之间传导中断,或大脑高级中枢机能障碍,均可引起排尿障碍。家禽的泌尿器官由一对肾脏和两条输尿管组成,没有肾盂和膀胱,生成的尿液经输尿管直接进入泄殖腔,随粪便排出体外。临床检查时,注意了解和观察动物的排尿姿势、排尿次数和尿量、尿液的感观变化及排尿障碍等。

(一)排尿状态

1. 排尿姿势

由于动物种类和性别不同,其正常的排尿姿势也不尽相同。例如母牛和母羊排尿时,后肢展开、下蹲、举尾、背腰拱起。公牛和公羊排尿时不做准备动作,阴茎也不需伸出包皮外,腹肌也不参与收缩,只靠会阴部尿道的脉冲运动,尿液呈股状一排一停地断续流出,故可在行走中或采食时排尿。

2. 排尿次数和尿量

24h 内健康动物的排尿次数和尿量如下:牛 5～10 次,尿量 6～12 L,最多达 25 L。绵羊和山羊 2～5 次,尿量 0.5～2 L。马 5～8 次,尿量 3～6 L,最多达 10 L。猪 2～3 次,尿量 2～5 L。猫 3～4 次,尿量 0.1～0.2 L。犬 3～4 次,尿量 0.25～1 L,但公犬常随嗅闻物体而产生尿意,短时间内可排尿 10 多次。

3. 排尿障碍

在病理情况下,泌尿、储尿和排尿的任何环节出现病理性改变时,都可表现出排尿障碍,临床检查时应注意下列情况:

(1)频尿和多尿　频尿多见于膀胱炎,膀胱受机械性刺激(如结石),尿液性质改变(如发生肾炎时尿液在膀胱内异常分解等)和尿路炎症。动物发情时也常见频尿。多尿见于慢性肾功能不全(如慢性肾小球肾炎、慢性肾盂肾炎等)、糖尿病、应用利尿剂、注射高渗液、大量饮水之后以及渗出液的吸收期等。

(2)少尿或无尿　少尿或无尿是指动物 24h 内排尿总量减少甚至接近没有尿液排出。临床上表现排尿次数和每次尿量均减少或甚至很久不排尿。此时,尿色变浓,尿比重增高,有大量沉积物。按其病因可分为 3 种:肾前性少尿或无尿、肾原性少尿或无尿、肾后性少尿或无尿。

(3)尿闭　分为完全尿闭和不完全尿闭,多由于排尿通路受阻所致,见于结石、炎性渗出物或血块等导致尿路阻塞或狭窄。此外,膀胱括约肌痉挛或膀胱麻痹时,脊髓腰荐段病变导致后躯不全瘫痪或完全瘫痪时,也可引起尿闭。

(4)尿淋沥　尿淋沥是指排尿不畅,尿呈点滴状或细流状排出,见于急性膀胱炎、尿道和包皮的炎症、尿石症、牛的血尿症、犬的前列腺炎和急性腹膜炎等。

(5)排尿困难和疼痛　排尿困难和疼痛是指某些泌尿器官疾病可使动物排尿时感到非常不适,排尿用力而需经过的时间长,同时用很大的腹压,并伴有明显的腹痛症状,又称为痛尿。见于膀胱炎、膀胱结石、膀胱括约肌痉挛引起的膀胱过度充满、尿道炎、尿道阻塞、阴道炎、前列腺炎、包皮疾病等。

(6)尿失禁　尿失禁是指动物未采取一定的准备动作和相应的排尿姿势,而尿液不自主地经常自行流出。见于脊髓损伤、某些中毒性疾病、昏迷或长期躺卧的患病动物。

(二)尿液的感观检查

尿液检查不仅对泌尿器官疾病的诊断极为重要,而且对物质代谢以及与此有关的各器官的疾病、血液的理化性质和心脏血管机能状态的判断和分析也具有重要意义。尿液的检查以感观检查为主,化学检查和显微镜检查为辅。

1. 尿色

健康动物因品种、饲料、饮水、出汗和使役条件等不同而尿色不同,新鲜尿液均呈深浅不一的黄色,马尿为较深的黄色,黄牛尿为淡黄色,水牛和猪尿呈水样外观。陈旧尿液则色泽变深。尿量增多,尿色较淡。尿量减少,则尿色较深。

尿色常会因尿液中含有血液、血红蛋白、胆色素、饲料色素及药物色素等而不同。其中红色尿是最常见的,包括血尿、血红蛋白尿和肌红蛋白尿等。

尿呈黄色是因尿中含有尿黄素和尿胆原。其黄色深浅因这些成分的浓度高低而不同。尿黄素的排出一般是稳定的,其在尿中的浓度则主要因尿液多少而定。尿量增加时,尿色变淡,尿量减少,则尿色变深。尿中含有多量的胆色素时,尿呈棕黄色或黄绿色,振荡后产生黄色泡沫,见于各种类型的黄疸。

动物用药后有时也使尿液变色,例如呋喃类药物、核黄素等可使尿变为黄色。

2. 透明度

正常情况下,马属动物尿中因含有大量悬浮在黏蛋白中的碳酸钙和不溶性磷酸盐,因此刚刚排出时混浊不透明,尤其终末尿明显。尿液暴露于空气中后,因酸式碳酸钙释放出二氧化碳后变成难溶的碳酸钙,使尿混浊度增加。静置时,在尿表面形成一层碳酸钙的闪光薄膜,而在底层出现黄色沉淀。正常反刍动物的新鲜尿液清亮透明,但放置不久即因磷酸盐沉淀而变混浊。肉食动物尿液正常时清亮透明。马尿的混浊度增加或其他动物新鲜尿混浊不透明者,均为异常现象。

3. 黏稠度

各种动物的尿液均呈水样,但马属动物尿中因含有肾脏、肾盂和输尿管内腺体分泌的黏蛋白而带有黏性,有时黏稠如糖浆样,可拉成丝缕。当肾脏、肾盂、膀胱或尿道有炎症时,尿中混有炎性产物,如大量黏液、细胞成分或蛋白质时,尿黏稠度增高,甚至呈胶冻状。

4. 气味

不同动物新排出的尿液,因含有挥发性有机酸而具有一定气味。病理情况下,尿的气味可有不同改变。例如膀胱炎、长久尿潴留,由于尿素分解形成氨,使尿具有刺鼻的氨臭味。膀胱或尿道有溃疡、坏死、化脓或组织崩解时,由于蛋白质分解,尿带腐败臭味。尿中存在某些内源性物质或某些药物、食物成分时,可使尿有特殊气味,例如羊妊娠毒血症、牛酮病或消化系统某些疾病,由于尿中含酮体而发出一种苹果酸味。

二、泌尿器官的检查

泌尿器官由肾脏、肾盂(盏)、输尿管、膀胱和尿道组成。肾脏是形成尿液的器官,其余部分则是尿液排出的通路,简称尿路。

（一）肾脏检查

1.肾脏的位置

肾脏是一对实质性器官，位于脊柱两侧的腰下区，包于肾脂肪囊内，右肾一般比左肾稍靠前。

2.肾脏的检查方法

肾脏的检查一般用视诊和触诊的方法，必要时应配合尿液的实验室检查。

（1）视诊　某些肾脏疾病（如急性肾炎、化脓性肾炎等）时，由于肾脏的敏感性增高，肾区疼痛明显，患病动物常表现出腰背僵硬、拱起，运步小心，后肢向前移动迟缓。牛有时腰肾区呈膨隆状。猪患肾虫病时，拱背、后躯摇摆。此外，应特别注意肾性水肿，通常多发生于眼睑、腹下、阴囊及四肢下部。

（2）触诊　触诊为检查肾脏的重要方法。大动物可行外部触诊、叩诊和直肠触诊。通过直肠进行触诊，体格较小的大动物可触得左肾的全部，右肾的后半部。直肠触诊时，马肾脏触之坚实，表面光滑，无疼痛反应；牛肾脏表面分叶结构明显。小动物通常以站立姿势进行外部触诊，用两手拇指压于腰区，其余的手指向下压于髋结节之前、最后肋骨之后的腹壁上，然后两手手指由左右挤压并前后滑动，即可触及肾脏。猪因皮下脂肪沉积，难于进行触诊。触诊时，注意肾脏的大小、形状、硬度、敏感性、活动性、表面是否光滑等。病理情况下，常见的异常表现有肾脏压痛、肾脏肿胀、肾脏变硬、肾萎缩等。

（二）肾盂及输尿管的检查

健康动物的输尿管很细，经直肠难于触及。在肾盂积水时，可能发现一侧或两侧肾脏增大，有波动感，有时可发现输尿管扩张。输尿管严重发炎时，在肾脏至膀胱的径路上可感到输尿管粗如手指，呈紧张而有压痛的索状物。严重的肾盂或输尿管结石的病例，直肠触诊时可发现肾脏的触痛。

（三）膀胱的检查

大动物的膀胱检查，只能进行直肠触诊。小动物可通过腹壁触诊，或将食指伸入直肠，另一只手通过腹壁将膀胱向直肠方向压迫进行触诊。膀胱疾病的主要临床症状为尿频、尿痛、膀胱压痛、排尿困难、尿潴留和膀胱膨胀等。因此，检查膀胱时应注意其位置、大小、充满度、膀胱壁的厚度、压痛及膀胱内有无结石、肿瘤等。

在膀胱的检查中，较好的方法是膀胱镜检查，借此可以直接观察到膀胱黏膜的状态及膀胱内部的病变，也可根据观察输尿管口的情况，判定血尿或脓尿的来源。此外，小动物也可用 X 射线造影术进行检查。

（四）尿道的检查

尿道可通过外部触诊、直肠内触诊和导尿管探诊进行检查。

雌性动物的尿道开于阴道前庭的下壁，特别是母牛的尿道，宽而短，检查最为方便。检查时可将手指伸入阴道，在其下壁可触摸到尿道外口。此外，可用金属制、橡皮制或塑料制导尿管进行探诊。

雄性动物的尿道因解剖位置的不同，位于骨盆腔内的部分，连同储精囊和前列腺可在直肠内触诊。位于骨盆及会阴以外的部分，可行外部触诊。雄性反刍动物和公猪的尿道，因有乙状弯曲，用导尿管探诊较为困难，而公马的尿道探诊则较为方便。

尿道的病理状态最常见的是尿道炎、尿道结石、尿道损伤、尿道狭窄以及尿道被脓块、血块或渗出物阻塞,有时尚可见到尿道坏死。雌性动物很少发生尿道结石和狭窄,却多发生尿道外口和尿道的炎症。母犬、猫的膀胱结石随尿排出时可阻塞尿道。

三、外生殖器官的检查

(一)雄性动物生殖器官的检查

临床检查中,凡是雄性动物外生殖器官局部有肿胀、排尿障碍、尿血、尿道口有异常分泌物、疼痛等症状时,应考虑有生殖器官疾病的可能。

检查雄性动物外生殖器官时应注意阴囊、睾丸和阴茎的大小、形状、尿道口炎症、肿胀、分泌物或赘生物等。

1.睾丸和阴囊

阴囊内有睾丸、附睾、精索和输精管。检查时应注意睾丸的大小、形状、硬度以及有无隐睾、压痛、结节和肿物等。

2.阴茎及龟头

雄性动物阴茎损伤、阴茎麻痹、龟头局部肿胀较为多见。龟头肿胀时,局部红肿、发亮,有的发生糜烂,甚至坏死,有多量渗出液外溢,尿道可流出脓性分泌物。

(二)雌性动物生殖器官的检查

1.外生殖器

雌性动物外生殖器主要指阴道和阴门。检查时可借助阴道开张器扩张阴道,详细观察阴道黏膜的颜色、湿度、损伤、炎症、肿物及溃疡,同时注意子宫颈的状态及阴道分泌物的变化。健康雌性动物的阴道黏膜呈淡粉红色,光滑而湿润。雌性动物发情期阴道黏膜和黏液可发生特征性变化,此时阴唇呈现充血、肿胀、松软,阴道黏膜充血、潮红;子宫颈及子宫分泌的黏液流入阴道,黏液多呈无色、灰白色或淡黄色,透明,其量不等,有时经阴门流出,常吊在阴唇皮肤上或黏着在尾根部的毛上,变为薄痂。在病理情况下,较多见的为阴道炎。

2.乳房

乳房检查对乳腺疾病的诊断具有重要的意义。检查方法主要用视诊(乳房大小、形状,乳房和乳头的皮肤颜色)和触诊(乳房皮肤的厚薄、温度、软硬度及乳房淋巴结的状态,有无脓肿及其硬结部位的大小和疼痛程度),并注意乳汁性状(乳汁颜色、黏稠度等)所发生的变化。

任务四　心血管系统的检查

心血管系统是维持生命活动的重要器官,它主要参与机体的血液循环代谢,因此与其他系统关系极为密切,在动物的生命活动中具有重要的作用。兽医临床上心脏和血管的原发性疾病并不多见,但在许多疾病的发生过程中都会造成循环系统机能和结构的损伤,甚至发生心脏衰竭而危及动物的生命。因此,兽医临床上除进行心脏的物理检查外,有条件的还可进行心电图描记、动脉压测定、中心静脉压测定、X射线和超声波等检查。

一、心脏检查

心脏的临床检查,主要通过视诊、触诊、叩诊和听诊等基本的检查方法判断心脏的活动状态。

(一)视诊

心脏的视诊就是从外部观察心区,通常在左侧胸壁进行。胸部皮下肌肉较薄或显著消瘦的动物,心搏动较强。动物因剧烈的活动后心搏动较明显。大动物因皮肤和胸壁较厚,心脏视诊意义不大。

(二)触诊

心脏的触诊就是用手掌触压心尖部以感知心搏动的状态。正常情况下,心脏的收缩力量不变,胸壁与心脏之间的介质状态无异常,触诊时只因动物的营养、胸壁的厚度不同而略有差异。此外,当动物剧烈活动之后、外界高温、惊恐、兴奋等均会引起生理性的心搏动增强。

触诊一般在左侧进行,必要时可在右侧。马的心搏动,在左侧胸廓下1/3部的第3~6肋间,以第5肋间最明显。牛、羊的心搏动,在肩端线下1/2部的第3~5肋间,以第4肋间最明显。犬的心搏动,在左侧第4~6肋间的胸廓下1/3处,以第5肋间最明显。

触诊心脏时,应注意心搏动的位置、频率和强度的变化。病理情况下心搏动的异常变化有:心搏动移位、心搏动减弱、心搏动增强、心区压痛、心区震颤等。

(三)叩诊

心脏本身由肥厚肌肉构成,叩诊时呈浊音。心脏浊音区包括相对浊音和绝对浊音区两部分。心脏被肺脏所遮盖的部分叩诊呈相对浊音,相对浊音区反映心脏的实际大小。而不被肺脏遮盖的部分则叩诊呈绝对浊音,绝对浊音区呈一不等边的三角形,比实际心脏尺寸要小得多。

1.叩诊方法

从肩胛骨后角沿肘肌向下叩击,确定心脏的相对和绝对浊音区上界,然后沿髋结节与肘关节的连线由后向前叩诊,以确定心脏浊音区的后界。叩诊时,最好先将动物的左前肢略向前举起或拉向前,使心区完全暴露,以利于叩诊(图4-3)。

图 4-3　马的正常心浊音区

1.绝对浊音区;2.相对浊音区

2.心脏叩诊的病理变化

心脏浊音区扩大或缩小,心区叩诊疼痛感增强。

(四)听诊

心脏的听诊在心脏检查中最为重要。心脏听诊的内容包括心率、心律、心音强度、额外心音及心杂音等。

1.心音的形成

(1)心音的概念　心音是指心室的收缩和舒张活动而产生的声音现象,心肌、瓣膜和血液等的振动是心音发生的主要原因。包括第一心音(发生于心室收缩时,又称缩期心音)、第二心音(发生于心室舒张的初期,又称张期心音)。

(2)心音的鉴别　听诊心脏时,其鉴别要点为:①第一心音持续时间长,音调低,声音的末尾拖长,以心尖部最响,与心尖搏动同时出现。第二心音音调较高而短促,清脆,末尾突然终止,以心基部最清楚,出现于心尖搏动之后。②第一心音与第二心音之间的间隔期较短,而第二心音与下次第一心音之间则有较长的休止期。

心音的性质和听诊特点因动物品种不同而有一定差异,黄牛、奶牛、山羊的心音较为清晰,尤其第一心音明显,但第一心音持续时间较短,山羊的第二心音较弱。水牛的心音甚为微弱。马第一心音的音调较低,持续时间较长且尾音拖长,第二心音响亮、短促、清脆。猪的心音较钝浊,且两个心音的间隔大致相等。犬的心音清晰,且两心音的音调、强度、间隔及持续时间均大致相等。

(3)心音的最强听取点　在临床上,常利用心音的最强听取点来确定某一心音增强或减弱以及判断心脏杂音产生的部位等,见表4-3。

表4-3　各种动物的心音最强听取点

动物	第一心音		第二心音	
	二尖瓣口	三尖瓣口	主动脉瓣口	肺动脉瓣口
马	左侧第5肋间,胸廓下1/3的中央水平线上	右侧第4肋骨,胸廓下1/3的中央水平线上	左侧第4肋间,肩端线下方1~2指处	左侧第3肋间,胸廓下1/3的中央水平线下方
牛	左侧第4肋间,主动脉瓣口的略下方	右侧第3肋间,胸廓下1/3的中央水平线上	同马	同马
猪	同马	右侧第4肋间,肋骨和肋软骨结合部稍下方	同马	左侧第3肋间,接近胸骨处
犬	左侧第5肋间,胸壁下1/3的中央水平线上	右侧第4肋间,肋骨与肋软骨结合部一横指上方	左侧第4肋间,肩端线下方;或肋骨与肋软骨结合部上2~3横指处	左侧第3肋间,接近胸骨处;或肋骨与肋软骨结合处

(4)心律　指心脏跳动的节律。健康动物心脏发出的自律性兴奋向外传播,顺次引起心房、房室交界、房室束、浦肯野纤维和心室肌的兴奋,导致整个心脏的兴奋和收缩。因此,正常起源于窦房结的心脏节律称为窦性心律,特点是以一定的频率从窦房结发出冲动,使每次心音的间隔时间均等,强度一致,次序一定。重度的、顽固性的心律失常,多提示心肌的损害,常见于心肌的炎症、心肌营养不良或变性、心肌硬化等。兽医临床常见的心律失常有窦性心律不齐、期前收缩、阵发性心动过速、心房颤动。

2.心音的变化及临床意义

（1）心音增强

①第一心音增强：主要因心脏收缩力加强和瓣膜的紧张度增高，听诊时第一心音强大而有力，音响震耳，在心尖部最为清楚，严重者胸壁震颤很明显。常见于发热性疾病、贫血、脱水、心脏肥大、心内膜炎及某些中毒性疾病。

②第二心音增强：主要是主动脉或肺动脉压升高所致，在心基部比较明显。见于肾炎、肺气肿、肺脏纤维化、胸膜肺炎、左心室肥大等。

（2）心音减弱

①第一心音减弱：见于二尖瓣关闭不全时血液逆流，使瓣膜的振幅变小所致。见于心肌炎、心肌变性及心脏扩张等。特征为心音很弱，用心听才能听到，同时可能出现心杂音。

②第二心音减弱：由于体循环或肺循环阻力降低、压力降低或血流量减少均可导致第二心音减弱，见于各种原因引起的心搏快速、贫血、休克等，也见于主动脉瓣和肺动脉瓣关闭不全。当第二心音显著减弱甚至完全听不到，同时心动过速，并有明显的心律失常，常提示预后不良。

（3）心音性质的变化　常见心音性质的变化是心音混浊和金属样心音。心音混浊，即心音低浊，含混不清，两心音缺乏明显的界限，主要是由于心肌变性或心脏瓣膜有一定病变，使瓣膜振动能力发生改变所致，见于某些高热性疾病、严重贫血、衰竭症、马鼻疽、马传染性贫血、牛肺疫、牛结核、猪瘟、猪肺疫等。金属样心音，即心音异常高朗、清脆而带有金属样音响，在破伤风或心脏附近形成含空气的大空腔时可听到。

（4）心音分裂

①第一心音分裂或重复：主要是二尖瓣和三尖瓣的关闭时间明显不同步，在心尖部听诊较清楚。见于一侧性心室衰弱或肥大（健侧心室收缩较快）及一侧束支传导阻滞。

②第二心音分裂或重复：主要是主动脉瓣和肺动脉瓣不能同时关闭，使一侧心室排血量过多或排血时间延长所致，通常在肺动脉瓣区听诊比较清楚。见于二尖瓣狭窄或房间隔缺损所致的肺动脉高压。

（5）额外心音　指在正常心音之外听到的附加心音，与心脏杂音不同。临床最常见的为奔马律，主要出现在第二心音之后，特征是在原有的两个心音之外，可以听到一个附加的心音连续而来，组成了一种特殊的韵律，类似于马奔跑时的蹄声，听诊时呈一种短促而低调的音响，且3个心音其时间间隔大致相等，性质近似，并多在心搏动快的情况下出现。常见于心肌炎、创伤性心包炎、心室扩张等。

3.心脏杂音

心脏杂音是伴随着心跳而产生的心音以外持续时间较长的声音，它可与心音分开或相连续，甚至完全遮盖心音。根据杂音的不同特性，对某些心脏疾病的诊断具有重要意义。

（1）心脏杂音的分类　一般根据杂音发生的部位不同分为心内杂音和心外杂音两种。心内杂音指发生于心内，占心杂音的大部分。心外杂音指发生于心外的杂音。心内杂音按发生的原因不同分为：

①器质性心内杂音：是指瓣膜和心脏内部具有解剖形态学变化而发生的杂音。

②机能性心内杂音，是瓣膜和心脏内部未发现有明显的病理学变化而出现的杂音。还可根据杂音发生的时期分为缩期杂音（心脏收缩期发生的杂音）和张期杂音（心脏舒张期发生的杂音）。

（2）心内杂音产生的机理　正常血流呈层流状态，不发出声音。当血流加速、血流通道异常引起血流紊乱或血液黏稠度改变等均可使层流转变为湍流或旋涡而冲击心壁、大血管壁、瓣膜等，使之振动而在相应部位产生杂音。常见的原因有血流通道狭窄、瓣膜闭锁不全、血流加速、异常血流通道、心腔内异物等。

（3）心内杂音的特性及听诊要点　临床上如果听到杂音，应根据其出现的时期、最清楚部位、性质、传导方向、强度和杂音与呼吸、运动及体位的关系等进行综合分析。

①最清楚部位与传导方向：杂音最清楚部位常与病变的部位有关。根据杂音的最清楚部位和传导方向，可判断杂音的来源及其病理性质。

②性质：杂音性质与病变程度密切相关。临床上将杂音的音色形容为吹风样、雷鸣样、拉锯样、捏雪样等。

③强度：杂音的强度与狭窄程度、血流速度和狭窄口两侧的压力差有关。一般认为，狭窄越重，杂音越强。但当极度狭窄通过的血流极少时，杂音反而减弱或消失。血流速度越快，狭窄口两侧的压力差越大，杂音越强。收缩期杂音一般分为4级（见表4-4）。

表 4-4　杂音强度分级

级别	响度	听诊特点	震颤
I	微弱	声音微弱，用心听才能听到，随机体运动或一般状态改变而消失	无
II	轻度	在短时间内比较容易听到，声音柔和、不太响亮，持续时间不长	无
III	响亮	杂音比较强大、响亮，有震耳感，听诊器离开胸廓即听不到	无
IV	最响	杂音特别响亮，声音强大，胸廓振动感非常明显，听诊器微离开胸壁仍可听到	无

一般 I、II 级杂音多为机能性改变，III、IV 级杂音多为器质性变化，但仍需要结合杂音的性质及粗糙程度进行综合判断。

（4）心外杂音　主要包括心包摩擦音、心包拍水音和心肺性杂音等。

二、血管检查

血管检查包括动脉检查、静脉检查和毛细血管检查。下面简单介绍动脉脉搏和浅表静脉的检查。

（一）动脉脉搏的检查

临床上脉搏检查主要用触诊，根据脉搏的频率和性质往往可判断心脏和血液循环状况，甚至可判断疾病的预后等。但脉搏的频率和性质并无绝对独立的诊断意义，应将脉搏检查和全部的临床资料综合考虑。检查时应注意脉搏的频率、节律、紧张度和动脉壁的弹性、强弱和波形的变化等。

（二）静脉检查

应用视诊和触诊的方法检查体表浅在静脉的充盈状态和静脉搏动。

任务五　神经系统的检查

神经系统主要包括大脑、小脑、脑干、脊髓和周围神经等，其不仅保持机体与外界的平衡,而且还维持机体各器官的协调和统一。神经系统功能的检查,无论对神经系统本身的疾病,还是对机体其他系统的许多疾病,如中毒性疾病、代谢性疾病、血液供应或成分的改变、某些遗传性疾病等都具有相当重要的意义。神经系统的检查主要包括意识障碍、运动功能、感觉功能、神经反射和自主神经功能的检查。临床上主要以问诊和视诊的方法进行诊断。必要时可配合使用脑脊穿刺液的实验室检查、X射线、CT、MRI、眼底镜、脑电波等诊断方法。

一、意识障碍

动物意识障碍提示中枢神经系统机能发生改变,表现为精神兴奋或精神抑制。检查动物精神状态,除通过问诊外,还需注意观察和检查动物的面部表情及眼、耳、尾、四肢和皮肌的动作,身体的姿势,运动时的反应。

(一)精神兴奋

精神兴奋是中枢神经机能亢进的结果。临床上表现不安、易惊,对轻微刺激即产生强烈反应,甚至挣扎脱缰,横冲直撞,有时攀登饲槽或顶撞墙壁,暴眼凝视,乃至攻击人畜等。常伴有心率增快、心律不齐,呼吸急促加快等症状。精神兴奋是因意识发生严重的障碍,功能紊乱,表示大脑有器质性改变。常见于脑膜脑炎、颅内压升高、流行性脑脊髓炎、反刍动物酮病、中毒病、狂犬病、日射病或热射病等。

(二)精神抑制

精神抑制为中枢机能障碍的另一种表现形式,是大脑皮层和皮层下网状结构占优势的表现,根据程度不同可分为精神沉郁、昏睡、昏迷。

临床上,中枢神经机能紊乱时的兴奋和抑制这两种基本方式不仅随病程发展而有程度上的加重或减轻,而且在一定条件下,可随病程改变而互相转化。例如,脑炎初期,由于病原毒素刺激使脑部充血、发炎,脑细胞缺氧出现兴奋,随着炎症发展,脑血管通透性增加,脑内血液循环障碍,导致脑组织水肿、缺氧、颅内压增高而转入昏迷状态。也有先抑制,后兴奋,或二者交替出现的现象。

二、头颅和脊柱的检查

头颅和脊柱的检查,可采用视诊、触诊和叩诊的方法。

(一)头颅部检查

应注意检查其形态和大小的改变、温度、硬度以及有无浊音等。头颅局限性隆突,可由于局部外伤、脑和颅壁的肿瘤所致。头颅部异常增大,多见于先天性脑室积水。头颅部位骨骼变形,多因骨质疏松、软化、肥厚所致,常提示某些骨质代谢疾病,如骨软病、佝偻病、纤维性骨炎等。头颅部局部增温,除因局部外伤、炎症所致外,常提示热射病、脑充血、脑膜和脑的炎症,如猪乙型脑炎、马传染性脑脊髓炎、牛结核性脑膜炎、恶性卡他热等。头颅部压痛,见于局部外伤、炎症、肿瘤及多头蚴病。头盖部变软,提示为多头蚴病或颅壁肿瘤。

头颅部叩诊,在小动物可用指端或弯曲的中指背部,在大动物可用叩诊槌的背部直接叩击。叩诊力量大小依动物种类及头盖骨厚薄而不同。头颅部浊音,可见于脑肿瘤或多头蚴病。当骨质变薄时(如骨软病),则抵抗明显降低。

(二)脊柱检查

脊柱变形是临床上比较重要的症状。脊柱上弯、下弯或侧弯是因支配脊柱上下或左右的肌肉不协调所致,最常见的原因为脑膜炎、脊髓炎、破伤风以及骨软病等骨质代谢障碍疾病或骨质剧烈疼痛性疾病。脊柱局部肿胀、疼痛,常为外伤结果。如有骨折,则可出现哔啵音(外部触诊或直肠检查时)。脊柱僵硬在动物较少见,是由于椎间隙骨质增生和硬化所致。但破伤风、腰肌风湿病、肾炎、肾虫病等,也会出现腰脊僵硬。

三、运动功能的检查

动物的运动是在大脑皮层的控制下,由运动中枢、传导径、外周神经元及运动器官(如骨骼、关节、肌肉等)等共同完成的。当以上神经和器官受损导致机能障碍时,会出现各种形式的运动障碍。检查运动功能,主要观察强迫运动、共济失调、不随意运动、瘫痪等。

(一)强迫运动

强迫运动是指不受意识支配和外界环境因素的影响而出现的不随意运动。检查时应将患病动物缰绳、鼻绳等松开,任其自由活动,以便客观地观察其运动情况。病理情况下,常见的强迫运动有回转运动、盲目运动、暴进、暴退、滚转运动。临床上马属动物打滚属正常生理现象,但应与腹痛性疾病及共济失调的滚转运动相区别。腹痛性疾病临床上所表现的倒地或滚转,并非每次一致地向一侧滚倒,而共济失调时的倾跌,则并不以背、腹着地打滚。

(二)共济失调

躯体运动是动物对外界反应的主要活动。健康动物借小脑、前庭、椎体束及椎体外系以调节肌肉张力,协调肌肉的动作,从而维持姿势的平衡和运动的协调。视觉也参与维持体位平衡和运动协调。在疾病过程中,肌肉收缩力正常,而在运动时肌群动作相互不协调,导致动物体位和各种运动的异常表现,称为共济失调。按其性质分为静止性失调(常见于小脑、小脑脚、前庭神经或迷走神经受损害)和运动性失调(见于大脑皮层、小脑、前庭或脊髓受损伤等)。其中运动性共济失调按病灶部位不同分为脊髓性、前庭性、小脑性以及皮质性失调4种。

(三)痉挛

肌肉的不随意收缩称为痉挛。大多由于大脑皮层受刺激,或大脑皮质抑制,脑干或基底神经受损伤所致。按肌肉不随意收缩的形式,可将痉挛分为阵发性痉挛、强直性痉挛和癫痫性痉挛。

阵发性痉挛的特征为单个肌群发起短暂、迅速,一个跟着一个重复的收缩。其提示大脑、小脑、延髓或外周神经遭受侵害。见于病毒或细菌感染性脑炎,化学物质(如士的宁、有机磷、氯化钠)、植物及毒素中毒,低钙血症和青草搐搦等代谢疾病,膈痉挛等。尤其当发生脑循环障碍和脑贫血以及在难产和新陈代谢障碍时多见,马钱子碱中毒具有代表性。

强直性痉挛特征为肌肉长时间均等地持续收缩。其常发生于一定的肌群,如头部肌肉强直性痉挛所致的头向后仰。颈肌痉挛使颈部硬如板状。背腰上方肌肉痉挛凹背、脊柱下弯(后反张或角弓反张)。以上各种局限于一定肌群的强直性痉挛,统称为挛缩。当全身肌肉均发生痉挛时,称为强直。最典型的强直性痉挛,见于破伤风,此外有机磷中毒、脑炎、脑脊髓炎、士的宁中毒及肉毒中毒,反刍动物酮病、生产瘫痪、青草搐搦等也可见到。

癫痫性痉挛在临床上平时不见任何症状而发作时表现为强直－阵发性痉挛,同时感觉与意识也暂时消失,动物极少见。动物有时因大脑皮质器质性变化而出现癫痫样现象,称为症候性癫痫或癫痫样发作,与上述两种痉挛不完全相同。癫痫性痉挛乃是突然发生、为时短暂、反复发作。发作时表现为强直性痉挛,瞳孔扩大,流涎,大小便失禁,意识丧失。乃因脑部感染、脑肿瘤、大脑皮层额叶部病变、中毒和代谢性疾病所致,例如脑炎、尿毒症、仔猪维生素 A 缺乏症、仔猪副伤寒、仔猪水肿病、犊牛副伤寒等。

(四)瘫痪

瘫痪是指动物随意运动性减弱或丧失,也称为麻痹。健康动物骨骼肌的随意运动是借椎体系统和椎体外系统的运动神经元(上运动神经元)及脊髓腹角和脑神经运动核的运动神经元(下运动神经元)的协调作用而实现的。因此,无论上、下神经元的损伤导致肌肉与脑之间的传导中断,还是运动中枢障碍,均可发生骨骼肌的随意运动减弱或丧失。

四、感觉功能的检查

感觉是神经系统的基本功能,各种刺激作用于感受器,由传导系统传递到脊髓和脑,最后到达大脑皮层的感觉区,经过分析和综合,产生相应的感觉。感受器分布于动物体表、内脏或深部,能感受内外环境的刺激,并将其转化为神经冲动。因此,感觉是神经系统反映机体内外环境变化的一种特殊功能。当感觉发生障碍时,也就说明这种传导结构发生了某种损害。动物的感觉,除了特殊感觉,如视觉、嗅觉、听觉、味觉及平衡感觉外,还包括浅感觉、深感觉,它们都有各自的感受器和传入神经,产生各自的感觉。

(一)浅感觉的检查

浅感觉是指皮肤和黏膜感觉,包括触觉、痛觉、温觉等。在动物主要检查其触觉和痛觉。检查时要尽可能先使动物安静,动作要轻,应在体躯两侧对称部位和欲检部的左、右、前、后等周围部分反复对比。四肢则从末梢部开始逐渐检查向脊柱部,以确定该部感觉是否异常以及范围的大小。检查时,可用针刺、拔被毛、轻打、毛端轻轻按摩和踏压蹄冠等方法。浅感觉障碍根据临床表现分为感觉过敏、感觉减弱、感觉消失、感觉异常。

(二)深感觉的检查

深感觉是指位于皮下深处的肌肉、关节、骨骼、肌腱和韧带等的感觉,也称本体感觉。其作用是通过传导系统,将关于肢体的位置、状态和运动等的信息传到大脑,产生深部感觉,借以调节身体在空间的位置、方向等。检查深感觉时,强制性地使动物的四肢采取不自然的姿势,健康动物便能自动地迅速恢复原来的自然姿势。在深感觉发生障碍时,可在较长的时间内保持人为的姿势。深感觉障碍多与浅感觉障碍同时出现,同时也伴有意识障碍,提示大脑或脊髓被侵害,例如慢性脑室积水、脑炎、脊髓损伤、严重肝病及中毒等。

(三)特种感觉

特种感觉是由特殊的感觉器官所感受,如视觉、听觉、嗅觉等。某些神经系统疾病,可使感觉器官与中枢神经系统之间的正常联系被破坏,导致相应感觉机能障碍。故通过感觉器官的检查,可以帮助发现神经系统的病理过程。

1.视觉

视器官(眼球和眼的辅助器官)和有关神经(主要是视神经)共同支配动物的视觉。

动物视力减弱甚至完全消失，即所谓的目盲，表现为动物通过障碍时，冲撞于物体上。或用手在动物眼前晃动时，动物不躲闪，也无闭眼反应。除因某些眼病所致外，也可因视神经异常引起。见于山道年、萱草根等中毒。动物视觉增强，表现为羞明，除发生于结膜炎、牛结膜－角膜炎等眼科疾病外，偶尔见于颅内压升高、脑膜炎、日射病和热射病、牛恶性卡他热、牛瘟等。

2. 听觉

耳与有关神经（主要是听神经）共同支配动物的听觉。动物的听觉不易像人那样容易仔细检查。听觉迟钝或完全缺失（聋）只是对一定频率范围内的音波听力减少或丧失。除因耳病所致外，也见于延脑或大脑皮层额叶受损伤。听觉过敏可见于脑和脑膜疾病、反刍动物酮病等。

3. 嗅觉

嗅神经、嗅球、嗅纹和大脑皮层是构成嗅觉装置的神经部分。当这些神经或鼻黏膜患病（如鼻炎）时则引起嗅觉迟钝甚至嗅觉缺失，如马传染性脑脊髓炎、犬瘟热、猫瘟热等。

五、反射功能的检查

反射是神经系统活动的基本形式，是指在中枢神经系统的参与下，机体对内、外环境刺激的应答性反应。反射由皮肤、黏膜或皮下组织，即肌腱、肌膜和骨膜等处的神经受刺激而引起，也就是外周刺激的冲动，通过反射弧的传入神经到达反射中枢脑和脊髓的灰质，由传出神经将冲动传出，引起不随意的反射运动。当反射弧的任何一部分发生异常或高级中枢神经发生疾病时，都可使反射机能发生改变。通过反射检查，可以判定神经系统损害的部位。

（一）反射的种类及检查方法

神经反射的种类较多，一般分为浅反射、深反射和器官反射等。不同反射的检查，其诊断意义也不同。反射检查对神经系统受损部位的确定具有一定价值，但兽医临床上反射检查常难以收到满意的结果，应结合其他检查结果进行综合分析。

神经反射的种类较多，下面主要介绍兽医临床上常见反射的检查方法以及与其有关神经作为参考。

1. 浅反射（指皮肤和黏膜反射）

浅反射包括耳反射（反射中枢在延髓和脊髓的第 1、2 颈椎段）、鬐甲反射（反射中枢在脊髓第 7 颈椎段和第 1~2 胸椎段）、腹壁反射（反射中枢在脊髓胸椎、腰椎段）、角膜反射（反射中枢在延脑，传入神经是眼神经（三叉神经上颌支）的感觉纤维，传出神经为面神经的运动纤维）、瞳孔反射（反射中枢在中脑四叠体，传入神经为视神经，传出神经为动眼神经的副交感纤维（收缩瞳孔）和颈交感神经（舒张瞳孔））、眼睑反射（反射中枢在延脑，传入神经为三叉神经，传出神经是面神经）。

2. 深反射（指肌腱反射）

包括膝反射（反射中枢在脊髓第 4~5 腰椎段）、跟腱反射（反射中枢在脊髓荐椎段）。

（二）反射机能的病理变化

在病理状态下，反射可有减弱或消失、亢进等变化。

1. 反射减弱或消失

由反射弧的传导径路受损伤所致。临床检查发现某种反射减弱、消失,常提示其有关传入神经、传出神经、脊髓背根(感觉根)、腹根(运动根),或脑、脊髓的灰、白质受损伤,或中枢神经兴奋性降低,如意识丧失、麻醉、虚脱等。

2. 反射增强或亢进

由反射弧或中枢兴奋性增高或刺激过强所致,或因大脑对低级反射弧的抑制作用减弱、消失所引起。常提示其有关脊髓节段背根、腹根或外周神经过敏、炎症、受压和脊髓膜炎等。在破伤风、士的宁中毒、有机磷中毒、狂犬病等常见全身反射亢进。

当大脑和丘脑下部受损伤或脊髓横贯性损伤以致上神经元失去对损伤以下脊髓节段控制时,则与其下段脊髓有关的反射亢进,且活动形式也有所改变。因此,上运动神经元(椎体束)损伤时,可出现腱反射增强。

六、自主(植物)神经功能的检查

自主神经控制着不随意运动,调节一些最重要的生命过程,如物质代谢、热的产生和发散、血液循环、呼吸、消化、泌尿、造血机能等,它也保证器官和组织的神经营养,以维持机体内外环境的平衡。

自主神经系统分为副交感神经和交感神经两种。它的中枢存在于大脑、脑干和脊髓中。凡具有平滑肌的各个器官、心脏和腺体都同时分布有副交感神经和交感神经。二者具有相反的作用,但它们的机能并不是对抗的而是协调的。在大脑皮质的调节下,健康动物二者之间维持平衡状态。病理状态下,交感神经和副交感神经作用的平衡被破坏,则产生各种状态。

(一)交感神经紧张性亢进

交感神经异常兴奋时,出现心搏动亢进、外周血管收缩、血压上升、肠蠕动减弱、瞳孔散大、出汗增加和高血糖等症状。

(二)副交感神经紧张性亢进

呈现与前者相拮抗作用的症状,即心动徐缓、外周血管紧张性下降、血压降低、贫血、肠蠕动增强、腺体分泌过多、瞳孔收缩、低血糖等。

(三)交感、副交感神经紧张性均亢进

两神经同时发生紧张性亢进时,动物出现恐怖感,精神紧张,心搏动亢进,呼吸加快或呼吸困难,排粪与排尿障碍,子宫痉挛,发情减退等现象。当自主神经系统发生疾病时,不仅导致运动和感觉障碍,而且各器官的自主神经系统机能出现障碍,主要的机能变化为呼吸、心跳的节律,血管运动神经的调节,吞咽、呕吐、消化液、肠蠕动、排泄和视力等方面的调节异常。

【测试模块】

1. 犬腹痛时典型的表现是(　　　)。

　A. 昏睡　　　　　　　　　　　　　B. 前肢刨地

　C. 弓背姿势　　　　　　　　　　　D. 嚎叫

2.健康牛肺叩诊区后界线应经过肩关节水平线与（　　　）。

　　A.第 7 肋间的交叉点　　　　　　　　　　B.第 8 肋间的交叉点

　　C.第 9 肋间的交叉点　　　　　　　　　　D.第 10 肋间的交叉点

3.肺脏听诊时，开始部位宜在肺听诊区的（　　　）。

　　A.前 1/3　　　　　　　B.后 1/3　　　　　　　C.上 1/3

　　D.中 1/3　　　　　　　E.下 1/3

4.犬尿道炎时，尿沉渣检查会大量出现的细胞是（　　　）。

　　A.扁平上皮细胞　　　　　B.尾形上皮细胞　　　　C.非典型性细胞

　　D.大圆上皮细胞　　　　　E.小圆上皮细胞

5.用 B 超检查健康动物的脾脏，扫描位置应在（　　　）。

　　A.左侧 8～10 肋间　　　　　　　　　　　B.右侧 8～10 肋间

　　C.左侧 10～12 肋间　　　　　　　　　　D.右侧 10～12 肋间

6.牛心律不齐提示（　　　）。

　　A.主动脉与肺动脉根部血压差异大　　　　B.左右房室瓣关闭时间不一致

　　C.心肌炎症引起的传导障碍　　　　　　　D.渗出性胸膜炎

7.患畜昏迷时，对外界刺激的表现是（　　　）。

　　A.意识部分丧失　　　　　B.全无反应　　　　　C.轻微反应　　　　　D.迟钝反应

8.治疗牛急性瘤胃臌气时，瘤胃穿刺放气的正确做法是于（　　　）。

　　A.左肷部刺入瘤胃腔　　　　　　　　　　B.左腹壁中 1/3 处刺入瘤胃腔

　　C.右肷部刺入瘤胃腔　　　　　　　　　　D.右腹壁中 1/3 刺入瘤胃腔

　　E.左腹壁下 1/3 刺入瘤胃腔

9.检查眼结膜的颜色应在（　　　）。

　　A.灯光下　　　　　　B.自然光下　　　　　C.月光下　　　　　D.X 光下

10.将手平放在被检部位而不加压力，轻轻滑动进行检查的方法称为（　　　）。

　　A.浅部触诊　　　　　B.深部触诊　　　　　C.听诊　　　　　D.叩诊

11.指指叩诊检查适应于（　　　）的检查。

　　A.马　　　　　　　　B.骆驼　　　　　　　C.牛　　　　　　　D.犬和猫

12.临床进行叩诊检查时，一定要做到（　　　）。

　　A.叩诊板紧贴皮肤

　　B.使用腕部力量进行叩诊，用力均匀

　　C.叩诊力量要根据被检查器官的解剖特点而定

　　D.以上都是

13.精神状态改变的临床判定标准是（　　　）。

　　A.身体的姿势　　　　　　　　　　　　　B.可通过动物面部表情或神态

　　C.对各种反应的动作　　　　　　　　　　D.眼、耳、尾、四肢和皮肌的活动

　　E.以上都是

14.炎性肿胀与浮肿的不同在于（　　　）。

　　A.后者有热痛

　　B.前者无热痛

　　C.后者指压有压痕，较长时间不恢复原状

D. 前者指压有压痕,较长时间不恢复原状

15. 结膜潮红是(　　　)。
   A. 血液中胆红素含量增高的标示　　　　　B. 缺氧的象征
   C. 贫血的象征　　　　　　　　　　　　　D. 充血的象征

16. 眼结膜上出现出血斑点是(　　　)。
   A. 贫血的象征　　　　　　　　　　　　　B. 充血的象征
   C. 出血性素质的特征　　　　　　　　　　D. 缺氧的象征

17. 结膜苍白是(　　　)。
   A. 缺氧的象征　　　　　　　　　　　　　B. 贫血的象征
   C. 血液中胆红素含量增高的标示　　　　　D. 充血的象征

18. 结膜发绀是(　　　)。
   A. 缺氧的象征　　　　　　　　　　　　　B. 充血的象征
   C. 血液中胆红素含量增高的标示　　　　　D. 贫血的象征

19. 结膜黄染是(　　　)。
   A. 缺氧的象征　　　　　　　　　　　　　B. 充血的象征
   C. 血液中胆红素含量增高的标示　　　　　D. 贫血的象征

20. 猪每分钟平均呼吸次数为(　　　)。
   A. 10～40　　　　B. 10～30　　　　C. 20～30　　　　D. 10～50

21. 犬每分钟平均呼吸次数为(　　　)。
   A. 10～20　　　　B. 10～30　　　　C. 15～30　　　　D. 10～15

22. 血压的国际单位是(　　　)。
   A. cmHg　　　　B. Pa　　　　C. kPa　　　　D. mmHg

23. 牛的心跳次数是(　　　)。
   A. 30～50 次/min　　　　　　　　　　　B. 40～70 次/min
   C. 50～90 次/min　　　　　　　　　　　D. 60～90 次/min

24. 牛的呼吸次数是(　　　)。
   A. 10～25 次/min　　B. 15～25 次/min　　C. 20～30 次/min　　D. 30～40 次/min

25. 第一心音增强是由于(　　　)。
   A. 心肌收缩力增强和心室充盈不足　　　　B. 心肌收缩力增强和心室过度充盈
   C. 心肌收缩力减弱　　　　　　　　　　　D. 心肌收缩力增强

26. 马鼻疽时流出黏稠、灰黄色的鼻液,按鼻液性质划分属于(　　　)鼻液。
   A. 脓血性　　　　B. 腐败性　　　　C. 血性
   D. 浆液性　　　　E. 脓性

27. 肺部听诊时,随呼吸过程出现空瓮音,这说明病变是(　　　)。
   A. 支气管　　　　　　　　　　　　　　　B. 毛细支气管
   C. 肺部有大空洞　　　　　　　　　　　　D. 肺泡

28. 怀疑动物肺部有空洞形成,临床叩诊会出现(　　　)。
   A. 破壶音　　　　B. 过清音　　　　C. 金属音
   D. 鼓音　　　　　E. 半浊音

29.正常家畜的肺部叩诊是(　　　)。

    A. 过清音　　　　　　　B. 清音　　　　　　　　C. 鼓音　　　　　　　　D. 浊音

30.正常情况下,马的呼吸音包括(　　　)。

    A. 捻发音　　　　　　　B. 支气管呼吸音　　　　C. 雷鸣音

    D. 清音　　　　　　　　E. 肺泡呼吸音

31.牛瘤胃的正常蠕动次数是(　　　)。

    A. 1～3 次/min　　　　B. 2～4 次/min　　　　C. 2～5 次/min

    D. 3～6 次/min　　　　E. 4～8 次/min

32.正常瘤胃蠕动听诊的声音是(　　　)。

    A. 含漱音　　　　　　　B. 捻发音　　　　　　　C. 雷鸣音　　　　　　　D. 流水声

33.健牛瘤胃触诊硬度(　　　)。

    A. 上下软硬大体相似　　　　　　　　　　　B. 上硬下软

    C. 上软下硬　　　　　　　　　　　　　　　D. 上软下软

34.牛创伤性网胃炎时,驱赶上下坡运动,其表现是(　　　)。

    A. 下坡易上坡难　　　　　　　　　　　　　B. 上坡易下坡难

    C. 上下坡都难　　　　　　　　　　　　　　D. 上下坡都易

35.健牛瘤胃内容物的触感是(　　　)。

    A. 稀软　　　　　　　　B. 石头感觉　　　　　　C. 有弹性　　　　　　　D. 生面团样感觉

36.听诊瘤胃蠕动音减弱,多见于(　　　)。

    A. 网胃积食胃肠炎　　　　　　　　　　　　B. 有机磷中毒

    C. 前胃弛缓　　　　　　　　　　　　　　　D. 瘤胃积食初期

37.触诊网胃敏感,常见于(　　　)。

    A. 胃肠炎　　　　　　　B. 网胃积食　　　　　　C. 创伤性网胃炎　　　　D. 瘤胃臌气

38.直肠检查适用于(　　　)。

    A. 妊娠诊断　　　　　　B. 隔肠破裂　　　　　　C. 发情鉴定　　　　　　D. 以上都是

39.触诊犬腹部有串珠样硬物且敏感,说明该犬患有(　　　)。

    A. 肠便秘　　　　　　　B. 肠臌气　　　　　　　C. 肠扭转　　　　　　　D. 肠炎

40.听诊牛结肠频繁出现流水音,该牛患有(　　　)。

    A. 肠臌气　　　　　　　B. 瘤胃积食　　　　　　C. 肠炎

    D. 网胃积食　　　　　　E. 瓣胃阻塞

41.初生家畜粪便的正常颜色是(　　　)。

    A. 棕绿色　　　　　　　B. 黄绿色　　　　　　　C. 暗红色

    D. 黄褐色　　　　　　　E. 鲜红色

42.健康马的新鲜尿液为(　　　)。

    A. 混浊,深黄色　　　　B. 混浊,淡黄色　　　　C. 清亮,淡黄色　　　　D. 清亮,深黄色

43.尿道阻塞会出现(　　　)。

    A. 肾前性少尿　　　　　B. 肾中性少尿　　　　　C. 肾后性少尿

    D. 肾原性少尿　　　　　E. 无尿

44.临床上应用尿3杯试验,结果是"第一杯有血,其余二杯无血",说明出血在(　　　)。

    A. 肾脏　　　　　　　　B. 输尿管　　　　　　　C. 膀胱　　　　　　　　D. 尿道

45. 不属于多尿的是(　　　　)。

    A. 排尿次数增多,而每次尿量减少

    B. 排尿次数增多不明显,而每次尿量增多

    C. 排尿次数增多,而每次尿量并不减少

    D. 24 h内总尿量增多

46. 当血液中还原性血红蛋白增多时,眼结膜会出现发绀现象,发绀是指呈(　　　　)。

    A. 鲜红色　　　　　　B. 苍白色　　　　　　C. 深红色

    D. 淡黄色　　　　　　E. 蓝紫色

47. 口裂闭锁不全一定会出现的症状是(　　　　)。

    A. 流涎　　　　　　　B. 吞咽困难　　　　　C. 嗳气增多　　　　　D. 反刍减少

48. 总胆红素增高,间接胆红素增高的检测结果说明(　　　　)。

    A. 实质性黄疸　　　　B. 溶血性黄疸　　　　C. 阻塞性黄疸　　　　D. 正常情况

49. 溶血性贫血结膜的颜色是(　　　　)。

    A. 淡白　　　　　　　B. 苍白　　　　　　　C. 苍白且黄染

    D. 黄染　　　　　　　E. 潮红

50. 血液中胆红素增高结膜的颜色是(　　　　)。

    A. 淡白　　　　　　　B. 苍白　　　　　　　C. 发绀

    D. 黄染　　　　　　　E. 潮红

51. 牛右侧第九肋间与肩关节水平线交点上下2cm处施行的穿刺是(　　　　)。

    A. 腹腔穿刺　　　　　B. 胸腔穿刺　　　　　C. 瘤胃穿刺　　　　　D. 瓣胃穿刺

52. 犬静脉注射的部位一般在(　　　　)。

    A. 颈静脉　　　　　　B. 耳静脉　　　　　　C. 前肢正中静脉　　　D. 后肢股外侧
    静脉

53. 一般来说,(　　　　)最易于发生呕吐,并有生理性呕吐。

    A. 鸡　　　　　　　　B. 奶牛　　　　　　　C. 犬和猫　　　　　　D. 马和驴

项目五　实验室检验

【知识目标】
1.掌握血液、尿液、穿刺液及粪便检查的原理、方法、步骤、注意事项。
2.掌握各种检查所需的器材、试剂。

【技能目标】
1.能够进行血液标本、尿液、穿刺液的采集。
2.能够进行血液涂片、染色等。
3.能够正确进行血液、尿液、穿刺液、粪便检查的操作并对检查结果进行判断。

实验室检验主要是运用化学、物理学、生物学等实验室检验技术和方法,对动物的血液、体液、分泌物、排泄物等进行检验,以获得反映机体功能状态、病理变化或病因等的客观资料。将实验室检验的结果与其他各种临床资料进行综合分析,从而对动物疾病作出判断,并为制定防治措施和判断预后提供重要依据。

实验室检验目标是对动物临床疾病的诊断,为防治及预后提供可靠的客观资料的依据。因此,实验室检验是动物临床诊疗中的一个重要组成部分。

实验室检验的内容主要涉及动物血液常规检验;动物尿液理化检验与沉渣检验;胃液和粪便的常规检验,渗出液及漏出液的理化检验;临床免疫学检验,包括免疫功能、临床血清学等的检验;临床病原微生物检验,包括传染病常见的病原检验、细菌耐药性和药敏检验等。

任务一　血液检测

在动物疾病临床诊断中血液检测是疾病诊断过程中重要的辅助手段之一,对大部分系统、器官疾病,尤其是造血功能相关的器官疾病判断具有决定性意义。同时也有助于对动物传染病、内外科病、产科病等疾病的诊断。

一、血液常规检验

血液常规检验项目很多,这里主要介绍以下几种主要的血常规检验方法。

(一)血液标本采集和抗凝

血液标本分为全血、血浆和血清等。全血是由血细胞和血浆组成,主要用于临床血液检验,如血细胞计数、分类和形态学检验。血浆是全血除去血细胞的部分,可分血浆生理和病理性化学成分的测定,主要用于血浆临床生化检验,特别是内分泌激素测定。血清是离体后的血液自然凝固后析出的液体部分,除纤维蛋白原等凝血因子在凝血时消耗外,其他成分与血浆基本相同,适用于多数临床化学和临床免疫学检验。

1.采血方法

(1)不同类型动物的采血方法

①实验小动物(鼠类、兔)的采血:鼠类采血,如需血量较少,可用剪尾采血,即将尾部的毛剪去后消毒,为使尾部血管充盈,可将尾浸在温水中数分钟后擦干,用剪刀剪去尾尖采血。兔可进行耳静脉采血,即将兔的头部固定,选耳静脉清晰的耳朵,局部剪毛消毒,用手指轻轻摩擦兔耳,使静脉扩张,用连接针头的注射器在耳缘静脉末端刺入血管或将针头逆血流方向刺入耳静脉采血。兔也可心脏取血,即将兔仰卧固定,在第3肋间胸骨左缘3 mm处用注射针垂直刺入心脏,血液随即进入针管。

②犬、猫的采血:犬、猫常在后肢外侧小隐静脉和前臂皮下静脉采血。后肢外侧小隐静脉在后肢腔部下1/3外侧浅表的皮下,由前侧方向后行走。采血前,将犬固定,局部剪毛,并用碘酒消毒皮肤。先在剪毛区近心端用乳胶管扎紧,使静脉充盈,用接有注射器的针头刺静脉,将针头固定,以适当速度抽血。采集前臂皮下静脉或前臂正中静脉血的操作方法基本相同。如需采集颈静脉血,则取侧卧位,局部剪毛消毒,将颈部拉直,头尽量后仰。用左手拇指压住近心端颈静脉入胸部位的皮肤,使颈静脉怒张,右手持接有注射器的针头沿血管平行方向远心端刺入血管。颈静脉在皮下易滑动,针刺时除用左手固定好血管外,刺入要快准狠,取血后注意压迫止血。

③禽类翼根静脉与心脏的采血

翼根静脉采血:将翅膀展开,露出腋窝,将羽毛拔去,即可见明显的由翼根进入腋窝的较粗的翼根静脉。用碘酒消毒皮肤,采血时用左手拇指、食指压迫此静脉向心端,血管即怒张,右手持接有注射器的针头,由翼根向翅膀方向沿脉平行刺入血管内,即可采血。

心脏采血:将禽类侧卧保定,于胸外静脉后方约1 cm的三角凹陷处垂直刺入,穿透胸壁,阻力减小,继续刺入感觉有阻力,注射器轻轻摆动时即刺入心脏,徐徐抽出注射器推筒,采集心血5~10 mL。

④马、牛、羊、猪的采血:马、牛、羊一般多在颈静脉采血,在颈部静脉沟的上1/3与中1/3交界处,局部剪毛消毒,用左手拇指压住近心端颈静脉入胸部位的皮肤,使颈静脉怒张,右手持接有注射器的针头,沿血管平行方向远心端刺入血管。成年猪在耳静脉采血。6个月以内的猪在前腔静脉采血,操作方式是:猪仰卧,拉直两前肢使与体中线垂直或使两前肢向后与体中线平行。手持针管,针头斜向后内方与地面呈60度,向右侧或左侧胸前窝刺入,进针2~3 cm即可抽出血液。

(2)采血时应注意的事项　采血方法的选择,主要决定于检验目的所需血量及动物种类。凡用血量较少的检验,如细胞计数、血红蛋白测定、血液涂片以及酶活性微量分析,可刺破组织取毛细血管血。当需血量较多时,可作静脉采血。静脉采血时,若需反复多次,应自远离心脏端开始,以免发生栓塞而影响整条静脉。

采血场所应有充足的光线,室温夏季最好保持25℃~28℃,冬季15℃~20℃。采血用具和采血部位一定要事先消毒,采血用注射器和试管必须保持清洁干燥。若需抗凝全血,则应在射器或试管内预先加入抗凝剂。

2.抗凝剂

使用全血和血浆检验时,通常需要采集静脉血,要加抗凝剂。抗凝是指抑制血液中某凝血因子的活性,以阻止血液凝固。能够阻止血液凝固的物质,称为抗凝剂或抗凝物质。检验项目不同,所用抗凝剂也不同。实验室常用的抗凝剂有以下几种。

（1）乙二胺四乙酸（EDTA）盐　常用钠盐（EDTA-Na$_2$·H$_2$O）或钾盐（EDTA-K$_2$·2H$_2$O），能与血液中钙离子结成螯合物，使钙离子不发生作用，从而阻止血液凝固。EDTA盐对血细胞形态和血小板计数影响很小，可用于多项血液学检验，尤其是血小板计数，要注意钠盐溶解度明显低于钾盐，防止影响抗凝效果。

EDTA-K$_2$特别适用于全血细胞分析及血细胞比容测定，室温下6 h，红细胞体积不变。EDTA-K$_2$可影响血小板聚集，不适合做凝血检验和血小板功能检验。一般血细胞计数可用EDTA-K$_2$作为抗凝剂，其1％溶液0.1 mL可使5 mL血液不凝固。

（2）草酸盐　常用草酸钠、草酸钾和草酸铵。草酸盐溶解后解离的草酸根离子与血液中的钙离子形成草酸钙沉淀，使钙离子失去凝血功能。

草酸盐抗凝的优点是溶解度好、价格便宜。2 mg草酸盐溶液可使1 mL血液不凝固，由于草酸盐对凝血因子Ⅴ保护功能差，不用于检验凝血酶原凝血时间的测定；草酸盐与血液中的钙离子形成草酸钙沉淀，影响自动凝血仪的使用。因此，凝血检验选用枸橼酸钠为抗凝剂更为适宜。

（3）肝素　肝素是生理性抗凝剂，它是一种含硫酸基团的黏多糖。抗凝主要是加强抗凝血酶Ⅲ的作用，从而阻止凝血酶的形成，并有阻止血小板聚集等多种抗凝作用。肝素具有抗凝力强，不影响血细胞体积、不易溶血等优点。0.5％肝素溶液0.1 mL可使5 mL血液不凝固［每毫升血液抗凝需要肝素（15±2.5IU），所用制剂多为肝素的钠盐或钾盐。除某些因素会干扰凝血机制检验项目外，绝大多数的血液检验项目都可用肝素作为抗凝剂，是红细胞渗透脆性检验的理想抗凝剂。尽管肝素可以保持红细胞的自然形态，但由于其常可引起白细胞聚集，并使血涂片在瑞氏染色时产生蓝色背景，因此肝素抗凝血不适合血液涂片检验。

（4）枸橼酸盐　主要为枸橼酸三钠，能与血液中的钙离子结合形成螯合物，从而阻止血液凝固。枸橼酸盐在血中的溶解度低，抗凝力不如前几种抗凝剂，多用于临床血液学检验，一般用于红细胞沉降率和凝血功能测定。因其毒性小，也是输血保养液的成分之一。3.8％枸橼酸钠溶液11 mL可使9 mL血液不凝固。

（二）血液涂片制备与染色

1.血液涂片制备

血液涂片用显微镜检验是血液细胞学检验的基本方法，良好的血液涂片和染色是血液形态学检验的前提。一张良好的血液涂片，厚薄要适宜，头体尾要明显，细胞分布要均匀，血膜边缘要整齐，并留有一定的空隙。制备涂片时，血滴越大，角度越大，推片速度愈快则膜越厚，反之血涂片越薄。血涂片太薄，50％的白细胞集中于边缘或尾部；血涂片过厚，细胞重叠缩小，均不利于白细胞分类计数。引起血液涂片分布不均的主要原因有推片边缘不整齐、用力不均匀、载玻片不清洁等。血液涂片推片方法如图5-1所示。

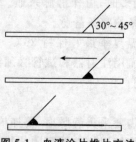

图5-1　血液涂片推片方法

选取一边缘光滑平整的载玻片作为推片，用左手拇指与食指、中指夹持一洁净载玻片，

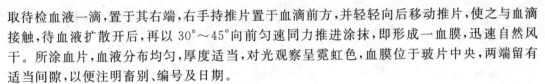

取待检血液一滴,置于其右端,右手持推片置于血滴前方,并轻轻向后移动推片,使之与血滴接触,待血液扩散开后,再以 30°~45°向前匀速同力推进涂抹,即形成一血膜,迅速自然风干。所涂血片,血液分布均匀,厚度适当,对光观察呈霓虹色,血膜位于玻片中央,两端留有适当间隙,以便注明畜别、编号及日期。

2.血液涂片染色

为了观察细胞内部结构,识别各种细胞及其异常变化,要将血液涂片进行染色。血液涂片的染色方法有瑞氏染色法和姬姆萨染色法。

(1)瑞氏染色法　瑞氏染料是由酸性伊红染料和碱性亚甲蓝染料组成的复合染料。血液涂片染色过程是通过物理的吸附作用和化学的亲和作用将染料导入被染物并存留其内部。各种细胞成分化学性质不同,对各种染料的亲和力也不一样。因此,染色后在同一血片上,可以看到各种不同的色彩。例如血红蛋白、嗜酸性颗粒为碱性蛋白质,与酸性染料伊红结合,染成红色,称为嗜酸性物质;细胞核蛋白和淋巴细胞质为酸性,与碱性染料美蓝结合,染成紫蓝色或蓝色,称为嗜碱性物质;中性颗粒呈等电状态,与伊红和美蓝均可结合,染成淡紫红色,称为中性物质。

染色时先用玻璃铅笔在制作好血液涂片的血膜两端各划一线,以防染液外溢,将血液涂片平放于水平支架上;滴加瑞氏染液(目前都采用成品瑞氏染色液)于血液涂片上,直至将血膜盖满为止;待染色 1~2 min 后,再加入等量磷酸盐缓冲液(pH6.4),并轻轻摇动或用口吹气,使染色液与缓冲液混合均匀,再染色 3~5 min;最后用蒸馏水冲洗血液涂片,待自然干燥或用吸水纸吸干后镜检。染色良好的血片呈樱桃红色。

(2)姬姆萨染色法　姬姆萨染液由天青、伊红组成。姬姆萨染色对细胞核和寄生虫(如疟原虫等)着色较好,结构显示更清晰,而胞质和中性颗粒则染色较差。

姬姆萨染色时先将血涂片用甲醇固定 3~5 min,然后置于新配姬姆萨应用液中(姬姆萨染色液的配制:姬姆萨染粉 0.5 g,中性甘油 33.0 mL,中性甲醇 33.0 mL)。先将姬姆萨染粉置于清洁的研钵中,加入少量甘油,充分研磨;然后加入剩余甘油,在 50℃~60℃水溶液中保存 2 h,并用玻棒搅拌,使姬姆萨染粉溶解;最后加入甲醇,混合后装入棕色瓶中,保存 1 周后滤过即成原液。染色时取原液 0.5~1.0 mL,加 pH6.8 磷酸盐缓冲液 10.0 mL,即为应用液。染色 30~60 min,取出血液涂片,蒸馏水冲洗,吸干,镜检。染色良好的血片呈玫瑰紫色。

(3)瑞-姬氏复合染色法　瑞-姬氏复合染色时先向血液涂片的血膜上滴加染液(瑞-姬氏染色液的配制:瑞氏染粉 5.0 g,姬姆萨染粉 0.5 g,甲醇 500 mL。将两种染粉置于研钵中加入少量甲醇研磨,倾入棕色瓶中,用剩余甲醇再研磨,最后一并装入瓶中,保存 1 周后过滤即成),经 0.5~1 min 后,加等量缓冲液,混匀,再染 5~10 min,蒸馏水冲洗,吸干、镜检。

(三)红细胞沉降速度的测定

血液中加入抗凝剂后,一定时间内红细胞向下沉降的毫米数,叫作红细胞沉降速度,简称血沉,用 ESP 表示。

1.原理

细胞沉降速度是一个比较复杂的物理化学和胶体化学过程,与血中电荷量有关。正常时,红细胞表面带负电荷,血浆中白蛋白也带负电荷;而血浆中的球蛋白、纤维蛋白原却带正电荷。动物体内发生异常变化时,血细胞数量及血液中化学成分发生改变,直接影响正、负电荷的相对稳定性。如正电荷增多,则负电荷相对减少,红细胞相互吸附,形成串钱状,由于物理性的重力加速,红细胞沉降速度加快;反之,红细胞相互排斥,其沉降速度变慢。

2.器材

魏氏血沉管与血沉架、六五型血沉管。

3.试剂

3.8%枸橼酸钠溶液、10%乙二胺四乙酸二钠溶液。

4.方法

测定血沉的方法有魏氏血沉测定法、六五型血沉管血沉测定法等。

(1)魏氏血沉测定法　魏氏血沉管全长30 cm,内径约2.5 mm,管壁有0~200刻度,距离为1 mm,容量1 mL,附有特制的血沉架。测定时,取一刻度试管,加入抗凝剂的样品血液,轻轻混合。随后用魏氏血沉管吸取抗凝全血至刻度0处,于室温内垂直固定在血沉架上,记录15 min、30 min、45 min、60 min血细胞沉降数值。

(2)六五型血沉管血沉测定法　六五型血沉管内径为0.9 cm,全长17~20 cm,管壁有100个刻度,自上而下标有0~100,容量为10 mL,适用于大动物区系的血沉测定。测定时,血沉管加入10%EDTA-Na_2 4滴,样品血样加至刻度0处,堵塞管口,轻轻颠倒混合数次,使血液与抗凝剂充分混合。室温中垂直立于试管架上,记录15 min、30 min、45 min、60 min的红细胞沉降数值。记录时,常用分数形式表示,分母代表时间,分子代表沉降数值,即A/15、B/30,C/45,D/60。

$$平均值 = \frac{A + \dfrac{B}{2} + \dfrac{C}{3} + \dfrac{D}{4}}{4}$$

A—15 min 值;B—30 min 值;C—45 min 值;D—60 min 值

5.注意事项

(1)报告血沉数值时应注明所用方法,因为方法不同,结果会有出入。

(2)如送检的是抗凝全血,可直接把被检血装入或吸入血沉管进行测定,血沉管中预先不加抗凝剂。

(3)血沉管必须垂直静立(黄牛及羊的血沉极为缓慢,不易观察结果。为了加速其血沉,可将血沉管倾斜60°,这样可使原来的血沉数值加快10倍左右,以便观察和识别其微小变化),管子稍有倾斜会使血沉加快。

(4)测定时的室温最好是在20℃左右,外界气温25℃可加快血沉,低于12℃可减慢血沉。血液柱面不应覆盖气泡,气泡可使血沉减慢。

(5)采血后应尽快测定,采血后样品与检测的间隔最长不得超过3 h。

(6)夏季经过冷藏的血液样品,应先把血液温度回升到室温后再行测定。

(7)抗凝剂量要与血液量相适应,少了会使血液产生小凝血块,影响血沉结果,多了会使血液中盐分较大,也会影响血沉。

(8)马、骡、驴的抗凝全血,测定血沉之前必须耐心地把血混匀,否则对测试结果影响很大,血沉测定做两次,互为对照,结果更可靠。

表 5-1　部分动物血沉正常参数值

动物	15 min	30 min	45 min	60 min	测定方法
猪	3.00	8.00	20.00	30.00	六五型
牛	0.10	0.25	0.40	0.58	六五型
山羊	0	0.10	0.30	0.50	六五型
绵羊	0.20	0.40	0.60	0.80	六五型
马	31.00	49.00	53.00	55.00	六五型
犬	0.20	0.90	1.20	2.50	魏氏法
猫	0.10	0.70	0.80	3.00	魏氏法

6.临床意义

血沉值对疾病诊断仅有参考意义。

(1)血沉加快

①各种贫血时血细胞减少,血浆回流产生阻逆力也随之减少,红细胞下沉力大于血浆阻逆力,故其血沉加快。

②急性全身性传染病时,因致病微生物作用,机体产生抗体,血液中球蛋白增多,球蛋白带有正电荷,使得血沉加快。

③各种急性局部炎症发生时因局部组织受到破坏,血中球蛋白增多,纤维白质增多,由于两者都带有正电荷,故血沉加快。

④创伤、手术、烧伤、骨折等因细胞受到损伤,血液中纤维蛋白原增加,红细胞容易形成串钱状,故血沉加快。

⑤某些毒物中毒时,毒物破坏了红细胞,红细胞总数下降,红细胞数与周围血浆失去了相互平衡关系,故血沉加快。

⑥肾病时血浆白蛋白流失过多,使得血沉加快。

⑦妊娠后期营养消耗增大,造成贫血,使得血沉加快。

(2)血沉减慢

①脱水时,如腹泻、呕吐(犬、猫)、大出汗、吞咽困难、微循环障碍等,红细胞数相对下降,造成血沉减慢。

②动物患有严重的肝脏疾病时,肝细胞和肝组织受到严重破坏后,纤维蛋白原减少,红细胞不易成串钱状,因而血沉减慢。

③黄疸时因胆酸盐的影响,使得血沉减慢。

④心脏代偿性功能障碍时由于血液浓稠,红细胞相对增多,红细胞胞质相斥性增大,使血沉减慢。

⑤红细胞形态异常时红细胞的大小、厚薄及形状不规则,红细胞之间不易形成串钱状,使血沉减慢。

(3)血沉测定与疾病预后推断

①推断潜在病理过程。血沉增快而无明显症状,表示体内疾病依然存在,或者尚在发展中。

②了解疾病的进展程度。炎症处于发展期,血沉加快;炎症处于稳定期,血沉趋于正常;炎症处于消退期,血沉恢复正常。

③用于疾病的鉴别诊断。如良性肿瘤,血沉基本正常;恶性肿瘤,则血沉加快。

(四)红细胞压积容量测定

红细胞压积容量是指压紧的红细胞在全血中所占的百分率,是鉴别各种贫血的一项不可缺少的指标,简称比容,也称作红细胞比积、红细胞压积,用 PCV 表示。

1. 原理

血液中加入可以保持红细胞体积大小不变的抗凝剂,混合均匀,用特制吸管吸取抗凝全血随即注入温氏测定管中,电动离心,使红细胞压缩到最小体积,然后读取红细胞在单位体积内所占的百分比。

2. 器材

(1)温氏红细胞压积容量测定管 管长 11 cm,内径 2.5 mm,管壁两侧有 0~10 cm 刻度,分度刻度 1 mm。右侧刻度由上到下为 10~0,供红细胞压积容量测定用;左侧刻度由上到下为 0~10,供血沉测定用。

(2)毛细玻璃吸管 毛细玻璃吸管的长度超过温氏管,一端有壶腹并套有胶皮乳头。

(3)离心机 转速 3000~4000 r/min。

(4)电子血细胞计数仪 按仪器使用说明书可直接测定比容。

3. 试剂

10%EDTA-K$_2$。

4. 方法

用毛细玻璃吸管吸满抗凝全血,插入红细胞压积容量测定管,随后轻轻捏胶皮乳头,自下而上挤入血液至刻度"10"处,但吸管口在挤血过程中不要提出液面,以免液面形成气泡,影响结果。将测定管放入电动离心机内,以 3000 r/min 离心 30~40 min(一般马血离心 30~40 min,牛血及猪血离心 40 min)。离心后管内的血柱分为 3 层:上层为淡黄色或白色的血浆;中部一薄层为灰白色,完全不透明,是由白细胞及血小板所组成;下层为红细胞叠积层。读取红细胞柱层的刻度数,即为红细胞压积容量数值,数值用百分率表示。

5. 注意事项

放置或冷藏后的抗凝全血使血液升至室温,测定时,动作必须轻柔并充分地将血液混匀。混合后分别吸取管内的上层血及下层血,各注入一测定管中。离心后,两管数值相同,表示测前被检血液已经混匀。送检的抗凝全血如已经溶血,则不能进行本项检验。

部分动物红细胞压积容量正常参考值(mL/100 mL):马 26~40,骡 27~34,驴 30~39,乳牛 33~50,黄牛 31~50,水牛 32~50,山羊 26~37,绵羊 30~37,猪 38~44,犬 47~59,兔 31~50,猫 37~44,鸡 24~45。

6. 临床意义

(1)红细胞压积增高 生理性红细胞压积增高是由于动物在兴奋、紧张或运动之后,由于脾脏收缩将贮存的红细胞释放到外周血液所致。病理性红细胞压积增高是由于各种性质的脱水,如急性肠炎、马继发性液胀性胃扩张、牛瓣胃阻塞、急性腹膜炎、食管梗塞、咽炎、小动物的呕吐。由于红细胞压积的增高数值与脱水程度成正比,所以根据这一指标的变化可客观反映机体脱水情况,可以推断应补液的数量。

当红细胞压积每超出正常值最上限 1 mm,一天之内应补液 800~1000 mL。如果动物仍在继续失水或饮水困难,则在此补液数量基础上还应酌情增加补液量。

(2)红细胞压积降低 主要见于各种贫血,如营养不良性贫血、寄生虫性贫血、溶血性贫血、出血性贫血。

(五)血液凝固时间测定

血液凝固时间是指血液自血管流出直到完全凝固所需的时间,用以测定血液的凝固能力。

1.原理

按照血液凝固理论,当离体血液与异物表面接触后,激活了血液中有关凝血因子,形成凝血活酶,以至纤维蛋白原转变成纤维蛋白,血液凝固。

2.器材

载玻片、注射针头、刻度小试管(内径 8 mm,管径一致)、秒表、恒温水浴箱。

3.方法

(1)玻片法 采动物一滴血,见到血后立即用秒表记录时间,滴在玻片一端,随即玻片稍稍倾斜,滴血一端向上。此时未凝固血液自上而下流动,形成一条血线,放在室温下的平皿内,防止血液中水分蒸发,静置 2 min 后,每隔 30 s 用针尖挑动血线一次,待针头挑起纤维丝时,即停止秒表,记录时间,这段时间就是血液凝固时间(血凝时间)。

(2)试管法 适用于出血性疾病的诊断和研究。采血前准备刻度小试管 3 支,并预先放在 25℃~37℃恒温水浴箱内。采动物血,见到出血立即用秒表开始计时,随之分别将 1 mL 血液加入 3 支试管内,再将试管放回水浴箱,从采血至放置 3 min 后,每隔 30 s 逐次倾斜试管一次,直到翻转试管血液不能流出为止,并记录时间。3 支小试管的平均时间即为血凝时间。

4.注意事项

所用玻璃器皿必须洁净、干燥,不洁净试管管壁可加快血凝速度;采血针头针锋要锐利,一针见血,以免钝针头损伤组织后致使组织液混入血液,从而防止加速血液凝固,影响真实结果;血液注入试管时,血液应沿管壁自然流下,以免产生气泡。

部分动物血液凝固时间正常参考值如下。

(1)玻片法 马 8~10 min;牛 5~6 min;猪 3.5~5 min;犬 10 min。

(2)试管法 马 13~18 min;牛 8~11 min;山羊 6~11 min;犬 7~16 min。

5.临床意义

在兽医临床上手术时,特别是大手术或肝、脾等穿刺前,最好进行这项测定,以便及早发现出血性素质高者,以防发生大量出血。

(1)凝血时间延长 见于重度贫血、血斑病、某些出血性素质高者、严重肝脏疾病。炭疽病动物的血凝时间很长,甚至几乎不凝血。主要由于凝血因子明显减少或缺乏所致。

(2)凝血时间缩短 兽医临床上较少见,偶见于纤维素性肺炎。

(六)血红蛋白(Hb)含量测定

血红蛋白含量测定是用血红蛋白计测定每 100 mL 血液内所含血红蛋白的克数或百分数,最常用沙利法。

1.原理

血液与 0.1 mol/L 盐酸作用后,血红蛋白变为棕色酸性血红蛋白,与标准色柱比色,求得每 100 mL 血液内所含血红蛋白的百分数或克数。

2.器材

沙利血红蛋白计,包括标准比色架、血红蛋白稀释管和血红蛋白吸管。标准比色架两侧装有两根棕黄色标准色柱,中有空隙供血红蛋白稀释管插入。血红蛋白稀释管两侧各有刻度,一侧表示每100 mL血液内所含血红蛋白克数,另一侧表示所含血红蛋白百分数,国产血红蛋白计以每100 mL血液内含血红蛋白14.5 g为100%。血红蛋白吸管刻有"10"与"20"两种规格。

3.试剂

0.1 mol/L盐酸溶液。

4.测定方法

在血红蛋白稀释管内加入0.1 mol/L盐酸溶液至刻度"10"处;用血红蛋白吸管吸取血液至"20"刻度处,拭净管外附着血液,迅速将吸管内血液缓缓吹入血红蛋白稀释管内的盐酸溶液中,再吸取上层盐酸溶液反复吹洗数次,勿使其产生气泡。移去血红蛋白吸管,要小玻璃棒搅拌或轻轻摇振,使血液与盐酸溶液混合而呈褐色;将测定管插入比色架内,静置10 min;慢慢分次沿测定管壁滴加蒸馏水,边加边混匀,边比色,直至测定管内液体的颜色与标准比色柱一致为止;读取测定管液面凹面最低处的刻度数,即为100 mL血液内所含血红蛋白的克数或百分数,部分动物血红蛋白含量正常参考值见表5-2。

表5-2　部分动物血红蛋白含量正常参考值(g/100 mL)

动物品种	正常血红蛋白值(g/100 mL)	动物品种	正常血红蛋白值(g/100 mL)
马	12.77+2.05	乳牛	11.38±0.73
骡	12.74±2.18	骆驼	11.80±1.03
驴	10.99±3.02	绵羊	11.80±0.87
黄牛	9.55±1.00	山羊	11.82±0.45
水牛	10.93±1.42	猪	11.60±0.99
猫	16.49±1.27	兔	11.72±1.06
犬	17.59±3.40	鸡	12.49±2.86

5.注意事项

用沙利氏吸血管吸取血液应准确;在吸取抗凝血前,应将血液振荡混合均匀后再吸取;吸管中的血柱不应混有气泡;管外黏附的血液应擦去;加盐酸后应放置一定时间,以便血红蛋白完全变为棕色的高铁血红蛋白;比色时宜将比色台朝向光线方检查。

6.临床意义

血红蛋白含量增多,见于机体脱水而使血液浓缩的各种疾病,如腹泻、呕吐、大出汗、多尿等,也见于便秘、反刍动物瓣胃阻塞及某些中毒病。真性红细胞增多及心肺性疾病时,由于代偿作用所导致的红细胞增多,血红蛋白也相应增高。血红蛋白减少,见于各种贫血、血孢子虫病、急性钩端螺旋体病、胃肠寄生虫病及中毒病。

(七)红细胞计数(手工显微镜法)

血细胞计数有两种方法,手工显微镜法和血液分析仪法。手工显微镜法是传统的红细胞计数法,用等渗稀释液将血液稀释一定倍数,充入血细胞计数池,在显微镜下计数一定体积内的红细胞数,经换算求出每升血液中红细胞数量。该法不需要特殊设备。血液分析仪法是利用电阻抗和(或)光散射原理进行测试,其结果比手工显微镜法更精确,但对仪器及操作人员要求较高。因此,在条件不够的地方还是常用手工显微镜法测定。本书主要介绍手工显微镜法测定红细胞含量。

1．原理

用红细胞稀释液将血样在试管内稀释一定倍数，充入红细胞计数池，在显微镜下计数一定体积内的红细胞数，然后再换算出每升血液中的红细胞数。

2．器材

血细胞计数板，盖玻片、移液枪、试管、显微镜等。

3．试剂

红细胞稀释液：氯化钠 1.0 g，结晶硫酸钠 5.0 g，氯化汞 0.5 g，加蒸馏水 200 mL，混合溶解，过滤后加石碳酸品红液 1 滴。

4．计数方法

取一支小试管，精确吸取红细胞稀释液 4.0 mL，置于试管中。用移液枪吸取血液至 20 μL 刻度处，擦去吸管外壁多余的血液，将此血液吹入试管底部，再吸吹数次，以洗出枪头内黏附的血液。然后试管口加盖，颠倒混合数次，即将血液稀释 200 倍。充液时，先将盖玻片紧密盖于计数室上，用毛细吸管吸取或用玻棒蘸取已稀释的血液，滴放于计数室与盖玻片之间的空隙处，自然流入计数室内，静置数分钟，待红细胞下沉后，开始计数。计数时，先用低倍镜，光线不要太强，找到计数室的格子后，把中央大方格置于视野之中，然后转用高倍镜。在此中央大方格内选择四角与中间的 5 个中方格，或用对角线方法计数 5 个中方格。每一中方格有 16 个小方格，所以总共计数 80 个小方格。计数时，要注意将压在左边双线上的红细胞计数在内，压在右边双线上的不要计入；同样，压在上线的计入，压在下线的不计入，此即所谓"数左不数右，数上不数下"的计数法则。

5．计算

$$血液中的红细胞个数/L = X \times 400 \times 200 \times 10 \times 10^6 / 80$$

式中，X 为 5 个中方格即 80 个小方格内的红细胞总数；400 为一个大方格有 400 个小方格，即 1 mm 面积内共有 400 个小方格；200 为稀释倍数；10 为血盖片与计数板间的实际高度是 0.1 mm；10^6 为换算成每升血液中的红细胞个数。

上式简化后为：红细胞个数/L = $X \times 10 \times 10^9$。

6．注意事项

红细胞计数是一项细致工作，关键是防凝、防溶，取样准确。防凝是指采取末梢血时动作要快，防止血液部分凝固。取抗凝血时，抗凝剂的量要合适，不可过少，使血液部分呈小块凝集。采血中及时将血液与抗凝剂混匀。防溶是指防止过分摇振而使红细胞溶解，或是器材、用水不洁而发生溶血，使计数结果偏低。取样准确是指吸血 20 μL 要准确，吸管外的血液要擦去，吸管内的血液要全部吹洗入稀释液中。稀释液充入计数室的量不可过多或者过少，过多可使血盖片浮起使计数结果偏高，过少则在计数室中形成小的空气泡，计数结果偏低或者无法计数。

显微镜载物台应保持水平，否则计数室内的液体流向一侧导致计数不准。

动物红细胞数的正常参考值（X/L）：马 5.13～10.2；驴 4.95～10.2；骡 5.0～7.0；牛 5.5～7.2；猪 3.4～7.9；绵羊 8.8～11.2；山羊 10.3～18.8；兔 5.5～7.7；犬 5.0～8.7；猫 6.6；鹿 8.5～10.5；水貂 7.7～13.1；貉 8.5～10.5。

7．临床意义

红细胞数增高一般为相对性增多，见于各种原因导致的脱水，如急性胃肠炎、便秘、肠变位、牛的瓣胃或真胃阻塞、渗出性胸膜炎、腹膜炎、日射病与热射病、某些传染病及发热性疾病;绝对性增多偶尔见于老年动物,也有由于代偿作用而使红细胞绝对数增多的,可见于代偿性功能不全心脏病及慢性肺部疾患。红细胞数减少见于各种原因引起的贫血、营养代谢病、血孢子虫病、白血病及恶性肿瘤。

(八)白细胞计数

1. 原理

一定量的血液用冰醋酸溶液稀释后,可将红细胞破坏,然后在白细胞计数板的计数室内计数一定体积的白细胞数,然后换算出每升血液中的白细胞数。此项检验需与白细胞分类计数相配合才能正确分析与判断疾病。

2. 器材

血细胞计数板,移液枪,0.5 mL 吸管,小试管,显微镜。白细胞稀释液为 3%(体积分数)的冰醋酸溶液,混合后加 2 滴 10%结晶紫或 1%美蓝染液,使之呈淡紫色,以便与红细胞稀释液相区别。

3. 方法

在小试管内加入白细胞稀释液 0.38 mL。用移液枪吸取血液至 20 μL 刻度处,擦去管外黏附的血液,吹入试管中,反复吸吹数次,以洗净管内黏附的血液,充分振荡混合。

用移液枪吸取被稀释的血液,沿计数板与盖玻片的边缘充入计数室内,静置 1~2 min后,低倍镜观察,计数室四角 4 个大方格内的全部白细胞依次数完,计数法则同样是"数左不数右,数上不数下"。

4. 计算

$$血液中白细胞的个数/L = X/4 \times 20 \times 10 \times 10^6$$

式中,X 为四角 4 个大方格内的白细胞总数;X/4 为一个大方格内的白细胞数;20 为稀释倍数;10 为血盖片与计数板的实际高度是 0.1 mm,乘 10 后则为 1 mm;10^6 为换算成每升血液中的红细胞个数。

上式简化后为:

$$血液中的白细胞个数/L = X/20 \times 10^9$$

5. 注意事项

计数的准确性与操作的规范性关系很大,因此应严格按照白细胞计数的注意事项进行操作。初生幼畜、剧烈劳役、疼痛等都可使白细胞轻度增加。白细胞计数应与白细胞分类计数的结果联系起来进行分析,白细胞总数稍有增多,而分类无大的变化者,不应认为是病理现象。常容易把尘埃异物与白细胞混淆,可用高倍镜观察白细胞形态结构加以区别。

部分动物白细胞数正常值(X/L):马 5.4~13.5;驴 7.0~9.0;骡 6.7~13.4;牛 6.8~9.4;绵羊 6.4~10.2;山羊 4.3~14.7;猪 10.2~21.2;犬 6.8~11.8;猫 5.0~15.0;兔 7.0~9.0;鹿 7.0~10.2。

6. 临床意义

白细胞增多见于细菌和真菌感染、炎症、白血病、肿瘤、急性出血性疾病等。白细胞减少见于某些病毒性传染病、长期使用某些药物或一时用量过大(如磺胺类药物、氯霉素、氨基比林等)、各种病畜的濒死期、某些血液原虫病、营养衰竭症等。

(九)白细胞分类计数

1.原理

将被检血液涂片后,用姬姆萨或瑞氏法染色,根据各类白细胞的形态特点和染色差异将白细胞进行分类计数。通常分类100个白细胞,计算得出各种白细胞所占的百分比。

2.器材

分类计数器、香柏油、显微镜、拭镜纸。

3.试剂

瑞氏染液,磷酸缓冲液(pH6.4～6.8)。

4.操作方法

(1)染色 将血液涂片用瑞氏染液进行染色,镜检计数。

(2)镜检技术 先用低倍镜大体观察白细胞分布情况,如染色是合格的血液涂片,可见白细胞的胞浆中有很多较大的染色颗粒,可换用油镜计数白细胞,通常在血液涂片的一端或中心进行计数。有顺序地移动血片,计数白细胞100～200个细胞总数中各类白细胞,分别记录各类白细胞数,最后算出各类白细胞所占百分比。

染色良好的血液涂片能够分辨白细胞胞浆中染色颗粒和细胞核的形态,各类白细胞胞浆中染色颗粒和细胞核如下:

①嗜中性粒细胞:嗜中性粒细胞比红细胞约大2倍,由于成熟程度不同,各阶段的细胞又各有其特点。嗜中性幼稚核粒细胞:其细胞浆呈蓝色或粉红色,细胞浆中的颗粒为红色或蓝色的微细颗粒;细胞核为椭圆形,呈红紫色,染色质细致。嗜中性杆状核粒细胞:其细胞质呈粉红色,细胞质中有红色、粉红色或蓝色的微细颗粒;细胞核为马蹄形或腊肠形,呈浅紫色,染色质细致。嗜中性分叶核粒细胞:其细胞质呈浅粉红色,细胞浆中有粉红色或紫红色的细胞微细颗粒;细胞核分叶,多为2～3叶,以丝状物将分叶的核连接起来,紫蓝色,染色质粗糙。

②嗜酸性粒细胞:嗜酸性粒细胞的大小和嗜中性粒细胞大致相等或稍大。细胞质呈蓝色或粉红色,细胞质中的嗜酸性颗粒为粗大的深红色颗粒,分布均匀,颗粒在马最大,其他家畜次之。细胞核为杆状或分叶,以2～3叶居多,呈淡蓝色,染色质粗糙。

③嗜碱性粒细胞:其大小与嗜中性粒细胞相似,细胞质呈粉红色,细胞质中的嗜碱性颗粒为较粗大的蓝黑色颗粒,分布不均,大多数在细胞的边缘。细胞核为杆状或分叶,以2～3叶居多,呈淡紫蓝色,染色质粗糙。

④淋巴细胞:有大淋巴细胞(其大小比单核细胞略小)和小淋巴细胞(其大小与红细胞相似或稍大)两种。淋巴细胞的细胞质少,呈天蓝色或深蓝色,细胞质深染时有透明带。细胞质中有少量的嗜天青颗粒,而一般幼稚型的淋巴细胞没有嗜天青颗粒。细胞核为圆形,有的凹陷,呈深紫蓝色,核染色质致密。

⑤单核细胞:单核细胞比其他白细胞都大,细胞质较多,呈灰蓝色或天蓝色,细胞质中有许多细小的淡紫色颗粒。细胞核为豆形、圆形、椭圆形等,呈淡蓝紫色,核染色质细致而疏松。

5.临床意义

(1)嗜中性粒细胞

①嗜中性粒细胞增多:病理性嗜中性粒细胞增多,见于炭疽、腺疫、巴氏杆菌病、猪丹毒等传染病,急性胃肠炎、肺炎、子宫内膜炎、急性肾炎、乳房炎等急性炎症,化脓性胸膜炎、化

脓性腹膜炎、创伤性心包炎、肺脓肿、蜂窝织炎等化脓性炎症,酸中毒及大手术后 1 周内。

②嗜中性粒细胞减少:见于猪瘟、马传染性贫血、流行性感冒、传染性肝炎等病毒性疾病,各种疾病的垂危期,藤类中毒、砷中毒及驴的妊娠中毒。

③嗜中性粒细胞的核象变化:嗜中性粒细胞核左移,当嗜中性杆状核粒细胞超过其正常参考值的上限时称轻度核左移;如果超过其正常参考值上限的 5 倍,并伴有少数嗜中性幼稚粒细胞时,称中度核左移;当其含量超过白细胞总数的 25 倍,并伴有更多幼稚的嗜中性粒细胞时,称重度核左移。嗜中性粒细胞核左移时,还常伴有程度不同的中毒性改变。核左移伴有白细胞总数增高,称为再生性核左移,表示骨髓造血功能加强,机体处于积极防御阶段,常见于感染、急性中毒、急性失血和急性溶血。核左移而白细胞总数不高,甚至减少者,称退行性核左移,表示骨髓造血功能减退,机体抗病力降低,见于严重的感染、败血症等。当白细胞总数和嗜中性粒细胞百分率略微增高,有轻度核左移,表示感染程度轻,机体抵抗力较强;如果白细胞总数和嗜中性粒细胞百分率均增高,有中度核左移及中毒性改变,表示有严重感染,而当白细胞总数和嗜中性粒细胞百分率明显增高,或白细胞总数并不增高甚至减少,但有显著核左移及中毒性改变,则表示病情极为严重。

④嗜中性粒细胞核右移:核右移是由于缺乏造血物质使脱氧核糖核酸合成障碍所致。如在疾病期间出现核右移,则反映病情危重或机体高度衰弱,预后往往不良,多见于重度贫血、重度感染和应用抗代谢药物治疗后。

(2)嗜酸性粒细胞

①嗜酸性粒细胞增多:见于肝片吸虫、球虫、旋毛虫、丝虫、钩虫、蛔虫、介螨等寄生虫感染,以及荨麻疹、饲草过敏、血清过敏、药物过敏及湿疹等疾病。

②嗜酸性粒细胞减少:见于尿毒症、毒血症、严重创伤、中毒、过劳等。

(3)嗜碱性粒细胞 见于慢性溶血、丝虫病、高脂血症等。由于嗜碱性粒细胞在外周血液中很少见到,故其减少无临床意义。

(4)淋巴细胞

①淋巴细胞增多:见于结核、鼻疽、布氏杆菌病等慢性传染病,急性传染病的恢复期,猪瘟、流行性感冒、马传染性贫血等病毒性疾病及血液原虫病。

②淋巴细胞减少:见于嗜中性粒细胞绝对值增多时的各种疾病,如炭疽、巴氏杆菌、急性胃肠炎、化脓性胸膜炎,还见于应用肾上腺皮质激素后等。

(5)单核细胞

①单核细胞增多:见于巴贝斯焦虫病、锥虫病等原虫性疾病,结核病、布氏杆菌病等慢性细菌性传染病,还见于疾病的恢复期。

②单核细胞减少:见于急性传染病的初期及各种疾病的垂危期。

(十)血小板计数

1.原理

利用尿素能溶解红细胞、白细胞和甲醛可固定血小板的形态,能保存完整形态的Ⅱ板,经稀释后在细胞计数室内直接计数血小板,以求得 1 mm³ 血液内的血小板数。

2.试剂

复方尿素稀释液(尿素 10.0 g,枸橼酸钠 0.5 g,40%甲醛溶液 0.1 mL,蒸馏水加至 100 mL。待上述试剂完全溶解后,过滤,置冰箱可保存 1～2 周,在 22℃～32℃条件下可保存 10 d 左右),当稀释液变质时,溶解红细胞的能力就会降低。

3.方法

吸取稀释液 0.38 mL 置于小试管中。用沙利吸管吸取用 EDTA-Na$_2$ 抗凝的样品血液至 20 μL 刻度处,擦去管外黏附的血液,插入试管,吹吸数次,轻轻振摇,充分混匀。静置 20 min 以上,使红细胞溶解。充分混匀后,用毛细吸管吸取 1 小滴,充入计数室内,静置 10 min,用高倍镜观察。任选计数室一个大方格,按计数原则计数。在高倍镜下,血小板呈椭圆形、圆形或不规则折光小体,注意切勿误将尘埃等异物计入。

4.计算

每升血液中的血小板个数＝X×20×10×10^6。式中,X 为一个大方格中的血小板数;20 为稀释倍数;10 为计算室与血盖片之间高度为 0.1 mm。上式简化后为:

$$每升血液中的血小板个数＝X/20×4×10^9。$$

5.注意事项

器材必须清洁,稀释液必须新鲜无沉淀,否则影响计数结果,采血要迅速,以防血小板离体后破裂、聚集,造成误差;滴入计数室前要充分振荡,使红细胞充分溶解,但不能振荡过久或过于剧烈,以免破坏血小板;滴入计数室后,应静置一段时间;在夏季,应注意保湿度,将计数板放在铺有湿滤纸的培养皿,在计数板下隔以火柴棒,避免直接接触;由于血小板体积小、质量较轻,不易下沉,常不在同一焦距的平面上,因此在计数时利用显微镜微螺旋来调节焦距,才能看清楚。

部分动物每升血液血小板计数正常值(x/L):犬 2～9;马 20～50;牛 26～70;羊 27～51;猪 13～45;鸡 2～4。

6.临床意义

(1)血小板减少　血小板生成减少见于再生性障碍贫血、急性白血病;血小板破坏增多见于原发性血小板减少性紫癜、脾功能亢进;血小板消耗过多见于弥散性血管内凝血、血栓性血小板减少性紫癜。

(2)血小板增多　原发性血小板增多见于原发性血小板增多症;继发性血小板增多见于急性感染、急性出血及急性溶血。

二、血液生化检验

(一)全自动生化分析仪的使用

全自动生化分析仪是一种把生化分析中的取样、加试剂、去干扰、混合、反应、检测、结果处理以及清洗等过程中的部分或全部步骤进行自动化操作的仪器。图 5-2 为爱德士生化分析仪(IDEXX Vet Test Chemistry Analyzer)。

图 5-2 全自动动物血液生化仪
1.内置打印机;2.显示屏;3.操作按键;4.分注器;5.推片杆

1.血液生化仪介绍

(1)适用动物种类　提供物种特异性及年龄特异性正常参考值。犬、猫、马、牛、禽类(虎皮鹦鹉、葵花鹦鹉、鸡冠鹦鹉、金丝雀、鹦哥、金刚鹦鹉、鹦鹉)、其他(貂、山羊、蜥蜴、骆马、猴、小鼠、猪、兔、大鼠、绵羊、蛇、龟)。

(2)分析时间　在6 min内可一次自动分析12项血液生化,最多12项检测(一项6 min,12项也只需6 min)。

(3)电源需求　使用本产品的电源,并确定已接地。使用250V,2A保险丝,5 mm×20 mm。

(4)仪器操作环境　温度19℃～27℃。

2.采血前注意事项

(1)采血时,应尽量让动物情绪保持平静。选择适当尺寸的针头采血,并且将血液顺畅地放入收集管内,避免凝血或溶血情形发生。紧迫可能会让动物的血糖明显上升,另外也可能让其他检验结果上升,包括ALT、CK、LDH、PHOS、Mg^{2+}。

(2)理想情况下,动物在采血前最好能够禁食5 h以上,但通常要确定动物最后进食的时间有点困难,尤其是对猫而言。通常进食过后对大部分的血液检查结果和疾病对检查结果的影响比较起来是较不明显的,除非在检验前5h之内动物曾吃了大量的食物。通常受到进食影响检验数值会上升的项目包括CHOL、GLU、PHOS、TRIG、BUN。

3.血清样本制备

(1)用针筒或真空管收集病畜血液,不要使用含有抗凝剂肝素的针筒。

(2)使用针筒采血后,将针头拿下来,尽快将血液装到红头管或血清分离管中。

(3)将管子静置至少20 min,以确定血液已完整地凝固(不同动物的凝血时间不同)。

(4)使用标准离心机(8000 r/min)离心10 min或使用高速离心机(12000～16000 r/min)离心120 s。

(5)尽快处理血清样本,或参考样本储存指引。

注意:使用VetTest吸量管吸取样本前,需要先用吸量器将血清吸到放置样本的小杯子中,以方便操作。

4.血浆样本制备

当必须使用血浆时,请小心不要吸入纤维素、凝块或固体的东西,否则可能会造成样本分配到试剂片的过程失败,而分析仪会拒绝读取这些试剂片,造成浪费,血浆分离管中的肝素锂(抗凝剂)及凝胶可以减少这些失误发生。同时,正确的离心过程可以确保血浆中的纤维素分离开来,例如StatSpin牌的离心机(12000～16000 r/min)。

使用含有抗凝剂肝素的针筒或真空管收集病畜血液。使用针筒采血后,将针头拿下来,尽快将血液装到肝素抗凝管中,约1/2到3/4满。轻轻地将管子滚动约30 s以达到混合。

使用标准离心机(8000 r/min)离心10 min或使用高速离心机(12000～16000 r/min)离心90～120 s,立刻将血浆样本吸出。

制备含肝素抗凝剂的针筒:准备新的针头及针筒,将针头插入肝素瓶中,抽取少量肝素到针筒后,将肝素推回原瓶中,如此一来就有少量的肝素留在针筒中。

注意:使用VetTest吸量管吸取样本前,需要先用吸量器将血浆吸到放置样本的小杯子中,以方便操作。

需要特别注意的是:当吸取样本时,避免吸到白细胞层。同时要注意延迟操作可能会让纤维素生成,因此当操作中受到耽搁时,在 VetTest 吸取样本前应将样本再次离心并且马上完成吸取的动作。

5.操作规程

(1)开机前的检查与开机　开机前检查蒸馏水桶内水是否充足,并清空废液桶;开机前检查废液管路和蒸馏水管路连接是否可靠,有无弯曲;检查仪器电源插头是否安全接入电源插座;打开食品电源开关,预热 30 min,然后操作仪器。

(2)仪器维护　保养前检查反应杯是否放置好,所有杯子上表面要水平,检查样品针和试剂针是否被污染或弯曲,并处于初始位置;进入导航条"仪器运行"状态中的"仪器维护",点击"仪器复位"后,进入"管路清洗"4～5 次,再点"针清洗"4～5 次,最后进行"清洗所有反应杯"3～4 次。有的仪器上有一键维护功能,亦可使用"一键维护"完成以上动作。

(3)检测杯空白　检测前 15 min,进入"仪器运行"中的"杯空白检测",点击"注水",再点"检测"3～5 次,每次均点"保存";将杯选偏移量置于 0.02 后,点"筛选杯",如果 3 次各杯空白吸光度≤0.02 时,说明仪器状态良好,杯间差很小,可以正常工作,否则重新清洗,再测或直接更换至符合要求。

(4)添加样品　在容器项应正确选择血清杯或试管,并依要求准备好试剂、水、质控品和标准物;在"检测任务"中点击"添加样品",再选择项目,同时输入样品编号或病畜资料,另外,还可以点"添加标准"和"添加质控"。

(5)检测　进入"仪器运行"中"仪器维护"状态下,进行"针清洗"3～4 次后,再点"启动测量"。

(6)打印结果　进入"结果查询"中的"样品结果查询",再点击"打印",所检测项目结果即被打印出来。

(7)仪器保养　进入导航条"仪器运行"状态中的"仪器维护",点击"仪器复位"后,进入"管路清洗"3～4 次,再点"针清洗"3～4 次,再点"清洗所有反应杯"3～4 次,最后点击"反应杯注水"。有的仪器上有一键维护功能,亦可使用"一键维护"完成以上动作。

(8)关机　收藏好试剂、质控、标准、样品,关闭仪器电源开关,拔掉电源。

(二)各项指标的临床意义及关联

1.谷丙转氨酶(ALT)

ALT 是谷氨酸和丙酮酸之间的转氨酶,主要存在于肝脏、心脏和骨骼肌中。肝细胞或某些组织损伤或坏死,都会使血液中的谷丙转氨酶升高,临床上有很多疾病可引起转氨酶异常。ALT 升高的原因很多,包括急性软组织损伤及严重的创伤、剧烈运动或运动过度、感染性疾病如肺炎、结核等、心脏疾病如心力衰竭、心肌炎等、胆囊炎、应用一些药物等非肝脏因素。所以临床生化检查见到 ALT 的轻度增高不应只怀疑肝脏问题,要综合考虑动物病情并全面分析化验单。

ALT 主要大量存在于肝脏细胞的细胞浆中,其浓度高于血清的 1000～3000 倍。故肝细胞的轻度损伤就可使其升高,极其敏感,有研究表明 1% 的肝细胞损伤可造成 ALT 升高一倍。因此,只要肝脏有轻微损伤就能引起 ALT 的明显变化,而因黄疸怀疑早期及中期的肝病,没有 ALT 的升高是不成立的。但 ALT 的降低目前未证明其有临床意义。

2.谷草转氨酶(AST)

AST 存在于各组织细胞中,肌肉组织中含量很高,其中心肌细胞中的含量明显高于肝脏细胞,所以 AST 伴随 CK(肌酸激酶)的明显升高常提示骨骼肌损伤或心脏疾病。此外,能引起 ALT 升高的非肝脏因素均能引起 AST 升高。近年有研究表明,大量食用高动物性脂肪也能引起 AST 升高。

肝内的 AST 有两种同工酶,分别存在于肝细胞胞浆内(sAST)和肝细胞线粒体内(mAST)。所以当肝脏轻度损伤时,肝细胞只是胞浆破裂,胞浆中的 ALT 和 sAST 都进入血液,引起血清 ALT 及 AST 同时基本等比例升高。而当肝有严重损伤时,细胞线粒体破裂,mAST 释放入血,此时血清中 AST 值为 sAST 与 mAST 的总和,故 AST 升高的比例要高于 ALT,升高的比例越高,提示肝损伤的程度越重。

3. 总胆红素(TBIL)

TBIL 是直接胆红素和间接胆红素的总和,正常血清中的胆红素基本是衰老的红细胞破碎后产生的血红蛋白衍化而成,在肝内经葡萄糖醛酸化的叫作直接胆红素,未在肝内经葡萄糖醛酸化的叫作间接胆红素。总胆红素升高的原因包括溶血性疾病、微生物感染引起间接胆红素过多,来不及被肝脏转化为直接胆红素和胆汁而引起单纯因间接胆红素升高导致直胆升高。肝病时,胆红素不能转化为胆汁或因肝细胞肿胀而导致肝内胆汁淤积引起直胆和间胆同时升高造成肝细胞性黄疸。发生胆囊炎、总胆管阻塞时,胆汁排入十二指肠障碍而引起阻塞性黄疸。

因犬猫被毛长度及皮肤颜色不同,临床一般通过眼结膜、瞬膜和口腔黏膜的颜色观察来判断。一般 30 mmol/L 以下的黄疸不宜用肉眼察觉,称为隐性黄疸。怀疑隐性黄疸时,可通过尿液化验来进行判断。当发生轻度溶血时,肝脏将间胆转化成直胆的能力可在一定范围增强,所以这时血清胆红素水平不会上升。但在发生中重度溶血时,大量红细胞破碎导致进入血清中的间接胆红素过多,肝脏来不及转化而导致血清总胆红素水平轻中度升高。犬的埃利希氏体、支原体感染,猫的传染性腹膜炎也能引起肝前性黄疸。

肝细胞性黄疸时直胆和间胆均升高。当怀疑发生肝细胞性黄疸时,要结合 ALT、AST、ALP 指标及各项临床症状作出诊断。要知道犬猫的肝脏疾病在一半以上的病例中是不引起黄疸的。肝细胞性黄疸时总胆红素的高低在一定程度上与肝病的严重程度成正比,当总胆红素值显示为重度黄疸时,如果 ALT、AST 值升高不多被称为胆酶分离。胆酶分离的原因是肝细胞严重受损,间胆不能被转化,胆汁大量在肝内淤积,而具有活性的肝细胞数量很少,受损后释放的酶也相应减少,往往提示极严重的肝损伤、肝硬化中晚期以及肝衰竭。

梗阻性黄疸是指肝细胞具备将间胆结合为直胆及产生胆汁的能力,但胆汁排出受阻,所以直胆升高,间胆正常或轻度升高。胆结石、寄生虫、肝脏肿瘤、胆囊肿瘤、胰腺肿瘤造成的胆管阻塞及压迫是主要病因。此时,ALT 一般轻度升高,AST 轻度升高或正常,ALP 明显升高。

总胆红素降低一般提示缺铁性贫血、缺锌或仪器误差。

4. 乳酸脱氢酶(LDH)

LDH 是一种糖酵解酶,几乎存在于所有组织细胞的细胞质内,催化乳酸和丙酮酸的相互转换。在无氧酵解时,催化丙酮酸接受由 3-磷酸甘油醛脱氢酶形成的氢,形成乳酸。LDH 由 5 种同工酶组成,同工酶分布有明显的组织特异性,因此可根据其组织特异性来协助诊断疾病。由于 LDH 几乎存在于所有细胞中,且在机体组织中的活性普遍很高,所以血清 LDH 的增高对任何单一组织或器官都是非特异的,无明确诊断意义。

5. 碱性磷酸酶(ALP)

ALP 由 6 种同工酶组成,广泛存在于机体各组织中,肝、肾、骨骼、肠道、胎盘及某些肿瘤组织内都存在,但主要存在于肝脏和骨骼中。在犬猫幼龄阶段的骨骼发育期、骨折愈合期、妊娠期均可引起 ALP 轻度的生理性增高。骨软化症、佝偻病、骨质疏松、骨肿瘤、肝脓肿、肝硬化、肝肿瘤、甲亢时,ALP 轻至中度增高。肝外胆道阻塞、胆囊疾病、胆汁淤积型肝炎时肝细胞过度产生 ALP,经淋巴道和肝窦进入血液,同时由于胆汁排泄障碍,反流入血,引起血清 ALP 明显升高。

在犬猫临床上,ALP 升高所提示的临床意义不完全相同。在犬提示肝脏疾病、库兴氏综合征、糖皮质激素或抗癫痫药物使用。在猫提示糖尿病、胆管炎、胆管性肝炎、肝脂变、甲亢等。在犬甲状腺机能减退时,ALP 可能轻度下降。

6.肌酸激酶(CK)

CK 可在体内催化肌酸和磷酸肌酸之间的相互转化,广泛存在于心肌和骨骼肌中,脑、胃肠道、前列腺、肺等组织中也有分布。CK 有 3 种同工酶。在兽医临床上,CK 的明显升高主要提示心肌、骨骼肌或脑组织的病变。

7.γ-谷氨酰转肽酶(GGT)

GGT 是将其他氨基酸转化为谷氨酸的酶,广泛分布在机体各组织中,但在肾、胰腺、肝脏中分布较多。GGT 轻中度升高提示各种情况的肝炎、脂肪肝、胰腺炎(犬)、胰腺癌、糖皮质激素或巴比妥类药物的使用。GGT 重度升高提示胆囊炎、胆道阻塞、胆汁淤积性肝炎引起的阻塞性黄疸,原发和继发性肝癌。GGT 高于正常值 4 倍以上时要考虑肝癌或严重的肝胆感染,尤其在犬。

8.总蛋白(TP)

TP 是指肝脏产生的白蛋白和含量极少的纤维蛋白原、α、β 球蛋白、凝血酶原、凝血因子,浆细胞产生的 γ 球蛋白共同组成的复杂混合物。TP 的升高常见于各种原因引起的脱水、中毒、休克、慢性感染、淋巴肉瘤、浆细胞瘤等。TP 降低主要见于各种原因引起的白蛋白下降。

9.白蛋白(ALB)

ALB 是机体维持血浆胶体渗透压的主要力量,它能转运胆红素、长链脂肪酸、胆汁酸盐、前列腺素、类固醇和部分药物及重金属离子,还具有一定的球蛋白保护作用。ALB 升高主要见于急性重度脱水和休克,但这在临床上并不常见,因为 ALB 的升高引起血浆胶体渗透压升高,扩容的血浆使 ALB 的数值降为正常。ALB 降低分为两种原因。第一为合成不足,长期饥饿、营养不良、肠道吸收不良等原因引起的原料不足或严重的肝病导致 ALB 产生不足或停止;第二为过度流失,肾小球病变、肾病、蛋白丢失性肠病、大量炎症性胸腹腔渗出均能导致 ALB 的丢失性降低。

10.球蛋白(GLOB)

机体球蛋白包括 α 球蛋白、β 球蛋白及 γ 球蛋白,以 γ 球蛋白为主,另两种球蛋白的含量极低。因为纤维蛋白原、凝血酶原和凝血因子所占的比重太小,所以兽医临床上血清球蛋白的数值是 TP 减去 ALB 所得。球蛋白的升高在犬常见于全身性慢性感染,如全身性脓皮症、艾利希氏体、心丝虫、蠕形螨、慢性跳蚤过敏等;还可见于淋巴肉瘤、浆细胞瘤、多发性骨髓瘤等高蛋白血症及自身免疫病,在猫较为常见。机体携带非自限性病毒时均能引球蛋白不同程度的升高。球蛋白降低一般不会出现在猫。在成年犬球蛋白降低可能与慢性失血、蛋白丢失性肠病、重度肝病及肾病有关,但后两者不常见。

11. 白蛋白:球蛋白(A/G)

TP 高,A/G 低是由于球蛋白偏高,原因有慢性炎症、免疫性疾病,多发性骨髓瘤,红斑狼疮等。TP 低,A/G 低是由于白蛋白偏低,见于肾病,营养不良等能够引起白蛋白流失的疾病。如果 A/G 低并且白蛋白低,球蛋白高的话,提示严重肝病,如严重肝脓肿、肝脂变(猫)、中重度的肝纤维化、肝癌晚期。

12. 尿素氮(BUN)

BUN 是机体内氨在肝中代谢产生的,主要通过肾脏排出体外。BUN 升高临床上称为氮质血症,分为肾前、肾中、肾后性 3 种。肾前性见于充血性心力衰竭、高热、休克、消化道出血、脱水、严重感染、糖尿病酮症酸中毒、严重的肌肉损伤、应用糖皮质激素或四环素、阿蒂森氏症、高蛋白饮食、肝肾综合征等因素;肾中性常见于急性肾炎、慢性间质性肾炎、严重肾盂肾炎、先天性多囊肾和肾肿瘤等肾脏疾病引起的肾功能障碍;肾后性见于各种原因导致的尿路梗阻使肾小球滤过压降低,常见于尿道结石、难产、便秘、前列腺肿瘤、盆腔肿瘤、双侧输尿管结石等因素。血中 BUN 降低常见于过量摄入水分、蛋白质摄入过少、应用促蛋白合成的同化激素、妊娠晚期及严重的肝脏疾病。

13. 肌酐(CREA)

肌酐是机体肌肉代谢的产物。在肌肉中,肌酸主要通过不可逆的非酶脱水反应缓缓地形成肌酐,再释放到血液中,随尿排泄。因此血中肌酐的量与体内肌肉总量关系密切,不易受饮食影响。肌酐是小分子物质,可通过肾球滤过,在肾小管内很少吸收,每日体内产生的肌酐,几乎全部随尿排出,正常时一般不受尿量影响。肌酐升高的主要原因为肾功能不全,当肾功能下降至正常的 1/4~1/3 时血肌酐开始上升。在严重感染、剧烈运动、生长激素过盛、糖尿病、VitC 的大量使用时也可引起血中 CREA 升高。肌酐的降低见于妊娠晚期、严重的肌营养不良、重度的充血性心衰、应用雄性激素或噻嗪类利尿药等。

14. 血钙(Ca)

血钙以离子钙和结合钙两种形式存在,血浆钙中只有离子钙才直接起生理作用。离子钙有降低神经肌肉应激性的作用,当离子钙过低时神经肌肉应激性升高,可发生手足搐搦。过高时可使神经、肌肉兴奋性降低,表现为乏力、呕吐、对外界刺激漠然、腱反射减弱,严重时可出现精神障碍、木僵和昏迷。另外高钙血症时,心肌兴奋性、传导性降低,高钙血症还会对肾脏产生损害。血清钙大于 4.5mmol/L 可发生高钙血症危象,动物易死于心脏骤停、坏死性胰腺炎和肾衰等。

高血钙常见于 VitD 中毒,补钙过量、原发性甲亢、肾衰引起的继发性甲旁亢、高蛋白血症、芽生菌病、体温过低、淋巴肉瘤(犬)、大量进食植物(猫)。低血钙常见于妊娠及哺乳期、幼龄动物快速生长期、低蛋白血症、肾衰、甲亢(猫)、急性坏死性胰腺炎、甲状旁腺机能减退等。

15. 血磷(P)

血磷主要是指血中的无机磷,它以无机磷酸盐的形式存在。血浆中钙与磷的浓度保持着一定的比例关系。高血磷可引起厌食、骨骼异常及疼痛、血管及软组织钙化、诱发甲旁亢进等问题。血磷常见的升高原因有肾衰、VitD 摄入过多、快速生长期、甲旁减退、溶骨性疾病。低血磷可引起动物贫血、无力、惊厥,常见原因有碱中毒、糖尿病酮症酸中毒治疗时胰岛素过量,静脉使用葡萄糖过量、产后瘫痪、甲旁亢、VitD 缺乏。

16. 血糖(GLU)

血糖升高的原因有糖尿病、紧张(猫)、肾衰竭、库兴氏综合征、甲亢、孕激素过多、生长激素过多、药物(葡萄糖、糖皮质激素、孕激素、甲状腺素)等引起。血糖下降的原因有小型幼龄动物的消化道疾病(常引起癫痫)、饥饿、严重的败血症、肝功能不全、阿蒂森氏症、垂体机能减退、胰岛素治疗过量。

17. 淀粉酶(AMY)

血清淀粉酶主要来源于胰腺,另外近端十二指肠、肺、子宫、泌乳期的乳腺等器官也有少量分泌。血清淀粉酶在急性胰腺炎及慢性胰腺炎的急性发作胰腺损伤期升高 2～3 倍(主要在犬)、肾衰竭、胰腺囊肿、胰腺肿瘤时中度升高,肝脏疾病及胃肠道疾病如肠梗阻、肠管坏死、便秘、胃肠穿孔、腹膜炎等,应用噻嗪类、糖皮质激素及羟乙基淀粉也可引起血情淀粉酶升高。

血清淀粉酶的下降无重要的临床意义,有报道见于重症糖尿病、严重的肝脏疾病、胰腺肿瘤的术后。

18. 脂肪酶(LIPA)

血清脂肪酶的升高主要见于急性胰腺炎、胰腺癌。急性胰腺炎时血清淀粉酶升高持续的时间较短,而脂肪酶升高持续时间很长,故临床诊断意义较大。另外肠梗阻、十二指肠穿孔、总胆管阻塞也能引起血清脂肪酶升高。

19. 总胆固醇(CHOL)

胆固醇广泛存在于动物体内,尤以脑及神经组织中最为丰富,在肾、脾、皮肤、肝和胆汁中含量也高,是机体组织细胞不可缺少的重要物质,不仅参与形成细胞膜,而且是合成胆汁酸、维生素 D 以及甾体激素的原料。血清胆固醇升高可见于糖尿病、单纯的阻塞性黄疸、肥胖、高脂肪饮食、甲减、库兴氏综合征、肾病综合征等疾病。血清胆固醇降低可见于严重的营养不良、恶性肿瘤、肝细胞严重受损、蛋白丢失性肠病等。

任务二　尿液检验

尿液检验一般包括物理检验(尿量、外观颜色、透明度、比重、气味等)、化学检验和尿液沉渣检验。尿液检验结果可用于泌尿系统疾病诊断与疗效判断,以及其他系统疾病诊断,如糖尿病、急性胰腺炎(尿淀粉酶)、黄疸、溶血、重金属(铅、铋、镉等)中毒,以及用药监督,如庆大霉素、磺胺药、抗肿瘤药等可引起肾脏损伤。

一、尿液的采集和保存

可通过排尿、压迫膀胱、导尿或膀胱穿刺采集尿液。最好在动物早上第一次排尿时直接接取尿样,其是一天中浓度最高的时候,必要时还可进行人工导尿。尿样在送往实验室时,要用干净且没有化学污染的容器盛装。

(一)尿液采集方法

1. 自然排尿

在动物自然排尿时,中段尿液最好,因为开始的尿流会机械性地把尿道口和阴道或阴茎包皮中的污物冲洗出来。自然排尿是评价血尿时选择的采尿方法,因为其他方法会在采尿时导致出血而增加红细胞的量。除自然排尿外,还可以诱导动物排尿,如轻抚动物膀胱部位的皮肤,让动物嗅闻尿迹或氨水气味,均可诱使动物排尿。

2.压迫膀胱排尿

小动物可通过体外压迫排尿。但在泌尿系统外伤时,压迫膀胱会使尿液样品中的红细胞和蛋白质增加。当动物发生尿道阻塞、作膀胱切开术时,不能用压迫膀胱采尿,以防止膀胱破裂。

3.导尿

在无法采集尿液时可用导尿法采集尿液。

4.膀胱穿刺

膀胱穿刺可以避免尿道口、阴道、阴茎包皮和会阴污染物的污染。但近期进行过膀胱切开手术和有严重的膀胱外伤时,不能用该方法进行尿样采集。膀胱穿刺可以使尿样中的非尿道污染物减到最少。其主要缺点是针孔造成的外伤,可能引起医源性的血尿和膀胱穿刺部位尿液进入腹腔。

(二)尿液的保存

采集到的尿样应尽快分析,如果不能在30 min内进行尿液分析或送检,应冷藏保存,也可加入适量的防腐剂以防止尿液发酵和分解。但不可在作细菌学检验的尿液中加入防腐剂。常用防腐剂及用量可按尿量加入0.5%～1%的甲苯,或按尿量的1/400加入硼酸,或每100 mL尿液加入3～4滴甲醛溶液(作尿中蛋白质和糖检验时不可加)。冷藏的尿液在检时,需要加热至室温。

二、尿液的物理学检验

尿液的物理学检验包括尿的尿色、透明度、尿量和尿比重等。

(一)尿量

健康动物24 h的排尿量:马3～6 L;牛6～12 L;绵羊、山羊0.5～2 L;猪2～5 L,犬0.25～1 L;猫0.1～0.2 L。尿量增加,见于肾充血、肾萎缩、饲料中毒、犊牛发作性血色素尿症、急性热病的解热期、渗出液和漏出液等的吸收期,以及犬糖尿病;尿量减少,见于肾淤血、急性肾炎、心功能不全、发热时渗出液和漏出液的潴留、下痢、发汗和呕吐。

(二)透明度

将尿液盛于试管中,通过光线观察。马、骡的尿正常时浑浊不透明,其他动物如牛及肉食动物新排出的尿澄清透明,无沉淀物。马尿若变透明,除因饲喂精料过多或重役外,常为病理现象,如纤维素性骨营养不良。牛和肉食动物的尿若变浑浊,常见于肾脏和尿路疾病,是尿液中混入黏液、白细胞、上皮细胞、坏死组织片或细菌的结果。

尿液浑浊要区别其原因,尿液过滤后变透明时,是因为尿中含有细胞、管型及各种不溶性盐类;尿液加醋酸产生泡沫而变透明时,是因为尿中含有碳酸盐,不产生泡沫而变透明时,是因为尿中含有磷酸盐;当尿液加热或加碱而变透明时,是因为尿中含有尿酸盐,加热不变透明而加稀盐酸变透明时,是因为尿中含有草酸盐;当尿液加入乙醚,振摇而变透明时,为脂肪尿;当尿液加20%氢氧化钾或氢氧化钠而呈透明胶冻样时,是因为尿中混有胆汁;当尿液经上述方法处理后仍不透明时,是因为尿中含有细菌。

(三)尿色

尿色是由尿中尿胆素的浓度决定的。一般马尿呈黄色,牛尿呈淡黄色,猪尿水样无色,犬尿呈鲜黄色。当尿量增加时,尿色变淡;尿量减少时,尿色变浓。尿液变红而浑浊,见于泌尿系统出血;尿色红而透明,见于溶血性疾病;尿色红褐色,见于肌红蛋白尿;尿色金黄而透明,见于犬的胆红素尿;尿色为乳白色,见于尿内含有大量脓细胞和无机盐类。

要注意,内服或注射大黄、安替比林、刚果红等药物时,可使尿色变红;使用核黄素和痢特灵可使尿色变黄。

(四)气味

动物尿液中存在挥发性有机酸,因此具有特殊的气味,在病理状态下常发生改变。尿液有氨臭味,见于膀胱炎或膀胱积尿;尿液有腐败臭味,见于膀胱、尿道溃疡、坏死或化脓性炎症。

(五)尿比重

尿比重检验是将尿振荡后放于密度瓶内或量筒内,如液面有泡沫,用乳头吸管或吸水纸除去,然后将尿比重计小心浸入尿液中,不可与瓶壁相接触;待尿比重计稳定后,读取液面半月形面的最低点与尿比重计上相当的刻度。动物尿比重增高,可见于热性病、犬下痢、呕吐、糖尿病、急性肾炎、心脏衰弱及渗出性疾病的渗出期;动物尿比重降低,可见于慢性肾小管性肾炎、酮血病、尿崩症、渗出液的吸收期,以及服用利尿剂之后。

三、尿液的化学检验

尿液是一种化学成分十分复杂而又很不稳定的体液。尿液的化学检验包括酸碱度、蛋白质、糖、脂类及其代谢产物、电解质、酶、激素等的检验。其中,最为常用的有酸碱度、蛋白质、糖等的检验。

(一)酸碱度测定

尿液酸碱度是反映肾脏调节机体内环境体液酸碱平衡能力的重要指标之一,通常简称为尿液酸度。尿液酸度分两种:可滴定酸度和真酸度。前者可用酸碱滴定法进行滴定,相当于尿液酸度总量;后者是指尿液中所有能离解的氢离子浓度,通常用氢离子浓度的负对数pH来表示。

1. 检验原理

尿液 pH 由肾脏肾小管泌氢离子作用、可滴定酸的分泌、铵的形成、碳酸氢盐的重吸收等多种因素来决定。尿液中,酸式磷酸盐(Na_2HPO_4)和碱式磷酸盐(NaH_2PO_4 或 K_2HPO_4)的相对含量也起着重要的决定作用。如尿液中,酸式磷酸盐含量多于碱式磷酸盐,尿液偏酸性,pH 减低;如两者几乎相等,则尿液呈中性;反之,碱式磷酸盐含量多于酸式磷酸盐含量,则尿液呈碱性。

2. 检验方法

(1)指示剂法　用 0.4 g/L 溴麝香草酚蓝溶液,滴于尿液中,显示黄色为酸性尿,显绿色为中性尿。

(2)试带法　用pH广泛试带浸入尿液中,立即取出与标准色板比较测定,用肉眼判断出尿液的pH值,或用仪器判读结果。

(3)滴定法检验出酸的总量　常用0.1 mol/L的标准氢氧化钠溶液来标定,将一定量的尿液标本滴定至pH7.4时,可根据NaOH消耗的用量求得尿液可滴定酸度。

3.临床意义

尿液的酸碱度主要取决于动物饲料的性质和运动强度。植物性饲料中所含有机酸盐类和一些碱类物质,在代谢过程中主要形成碱,故在生理状态下草食动物的尿呈碱性反应;肉食动物由于食物中的硫和磷被氧化为硫酸和磷酸,形成酸性盐类,故尿呈酸性反应;杂食动物由于饲料内含有酸性及碱性磷酸盐类而呈两性反应。草食动物的尿变为酸性,见于牛酮血症、饥饿、大出汗、纤维素性骨营养不良、消耗性疾病及一些热性病。肉食动物尿液变为碱性,或杂食动物的尿呈强碱性,见于剧烈呕吐、膀胱炎或膀胱尿道组织崩解。

(二)尿液蛋白检验

尿液蛋白检验是尿液化学成分检验中最重要的项目之一。健康动物尿中仅有微量蛋白,绝大部分经肾小管上皮细胞的吞饮作用,被水解成氨基酸后又进入血液循环。因此,其在尿液中含量极少,一般方法不能检出。相对大分子质量蛋白,肾小管的髓袢升支粗段及肾远曲小管起始部分上皮细胞分泌的糖蛋白及分泌型IgA等,其相对分子质量都在9万以上,含量极微。正常情况下,下尿路也能分泌少量黏液蛋白进入尿液。相对中分子质量蛋白,正常尿液浓缩后,经免疫电泳证实尿液中还含有相对分子质量为4~9万的清蛋白,占尿蛋白总量的50%左右。原尿中的这些蛋白质,除了相对小分子质量蛋白几乎全部被肾小管重吸收外,终尿中的其他蛋白质含量也极微,总量也不超过130 mg/24 h。随机尿中,蛋白质最多也不超过80 mg/L,一般蛋白定性试验常呈阴性。

当尿液中蛋白质超过150 mg/24 h或超过100 mg/L时,蛋白定性试验呈阳性,即称为蛋白尿。

检验尿中蛋白时,被检尿必须澄清透明,对碱性尿和不透明尿,需经过滤或离心沉淀,或加酸使之透明,如向被检马尿内加入10%醋酸而使马尿液酸化透明。尿中检出蛋白质时,还要区分是肾性蛋白尿还是肾外性蛋白尿。肾性蛋白尿见于肾炎、肾病变;肾外性蛋白尿见于膀胱炎和尿道炎。同时,结合临床症状和尿沉渣检验,判定患病部位。此外,发生某些急性热性传染病(如流感、腺疫、传染性胸膜肺炎、猪丹毒、犬瘟热等)、急性中毒、慢性细菌性传染病(如坏疽、结核、副结核)和血孢子虫病,均可出现蛋白尿。

1.尿蛋白定性检验

尿蛋白定性检验是蛋白尿的过筛试验过程,检查尿液总蛋白最常用的方法有试带法、煮沸加酸法和磺基水杨酸法。

(1)试带法　应用pH指示剂的蛋白误差原理,进行尿蛋白定性或半定量检查。当尿蛋白遇溴酚蓝后变色,并可根据颜色的深浅大致判定蛋白质含量。各种指示剂都有一定的pH变色范围,在缓冲溶液中,其显示的颜色相对较为稳定;蛋白质具有两性离子的电荷性,在溶液中,能被指示剂相反电荷的静电吸引,而生成蛋白指示剂复合物,引起指示剂的进一步电离,从而使其所显示的pH颜色发生转变。这种色泽变化的差别,与蛋白质的含量成正比。试带浸入被检尿中,立刻取出,约30 s后与标准比色板比色,根据表5-3判定结果。

表 5-3 蛋白质定性试验试带法结果判定

颜色	结果判定	蛋白质含量/(mg/100 mL)	颜色	结果判定	蛋白质含量/(mg/100 mL)
淡黄色	—	< 0.01	绿色	++	0.1～0.3
浅黄绿色	+(微量)	0.01～0.03	绿灰色	+++	0.3～0.8
黄绿色	+	0.03～0.1	蓝灰色	++++	> 0.8

在检验时要注意试带的淡黄色部分不可用手触摸,应干燥密封保存;被检尿应新鲜,胆红素尿、血尿及浓缩尿可影响测定结果;尿液 pH 超过 8 时,可呈假阳性,应加稀醋酸校正 pH 为 5～7 后测定。

(2)煮沸加酸法 尿蛋白质加热后凝固变性而呈现白色浑浊。加酸可使蛋白质接近其等电点(pH4.7),促使凝固变性的蛋白质进一步沉淀,并溶解消除磷酸盐或碳酸盐形成的白色浑浊,以免干扰结果的判定。

取酸化的澄清尿液 5 mL 于试管内(酸性及中性尿不需酸化,如浑浊则静置过滤或离心沉淀使之透明),将尿液的上部用酒精灯缓慢加热至沸。如煮沸部分的尿液变浑浊而下部未煮沸的尿液不变,则待冷却后,在原为碱性尿样中加 10%硝酸 1～2 滴,在原为酸性或中性尿样中加 10%醋酸 1～2 滴。如浑浊物不消失,证明尿中含有蛋白质;如浑浊物消失,则其含磷酸盐类、碳酸盐类。

判定尿样结果:不见浑浊为阴性"一";白色浑浊,不见颗粒状沉淀为阳性"+";明显白色颗粒浑浊,但不见絮状态沉淀为阳性"++";大量絮状浑浊,不见凝块为阳性"+++";可见到凝块,有大量絮状沉淀为阳性"++++"。

(3)磺基水杨酸法 磺基水杨酸是一种生物碱,在酸性条件下磺基水杨酸的磺酸根离子与蛋白质氨基酸阳性离子结合,生成不溶解的蛋白质盐沉淀,尿液中沉淀生成的程度可反映尿液中的蛋白质含量。

可取酸化尿液 5 mL 置于试管中,加 5%磺基水杨酸液数滴或加磺基水杨酸甲醇液(磺基水杨酸 20 g 加水至 100 mL,再与等量甲醇混合)2～3 滴。3～5 min 后,显白色浑浊、有沉淀为阳性反应,不浑浊为阴性反应。

用磺基水杨酸法检验尿液中的蛋白质量灵敏度高,但易出现假阳性,最好与煮沸加酸法对照观察。当尿中有尿酸、酮体或蛋白质时,出现轻度浑浊而呈假阳性反应,但加热后浑浊即消失,而蛋白质所生成的浑浊加热后不消失。

尿液蛋白质定性检验的临床意义在于除了主要应用于肾脏疾病的诊断、治疗观察、预后之外,还可用于全身性疾病及其他疾病的过筛试验。

2.尿蛋白定量检验

尿蛋白定量检验是临床上常用的检验项目。其检查方法较多,有沉淀法、比色法、比浊法、染料结合法、免疫测定法和尿蛋白电泳法等。

(1)双缩脲比色法 利用钨酸沉淀尿中的蛋白质,沉淀的蛋白质可复溶于双缩脲试剂中,其碱性的铜离子可与蛋白质中的肽键形成紫色复合物,呈色的深浅与尿中的蛋白质含量成正比。

双缩脲比色法所需的试剂有 0.075 mol/L 硫酸,15 g/L 钨酸钠溶液,双缩脲试剂(将 1.5 g 硫酸铜和 6.0 g 酒石酸钠分别溶于 50 mL 和 100 mL 蒸馏水中,两种溶液混合,加蒸馏水至 700 mL,加 100 g/L 氢氧化钠 300 mL 混匀,静置,使用其上清液),2.5 g/L 蛋白标准液

（市售），200 g/L 磺基水杨酸溶液。

尿蛋白质定量时从 24 h 留存尿液中，记录总量，取 10 mL 尿液，经 1500 r/min 离心或用滤纸过滤。取上层尿液作蛋白定性试验，根据蛋白定性检验结果确定取样本的量，若尿蛋白定性为＋～＋＋，在 10 mL 离心管中加尿液 5 mL，若为＋＋＋～＋＋＋＋，则在管中加尿液 1 mL 蒸馏水 4 mL，加 0.075 mol/L 硫酸 2.5 mL、15 g/L 钨酸钠溶液 2.5 mL，充分混合，静置 10 min，离心沉淀 5 min，倾去上清液，将试管倒置于滤纸上沥干液体，保留沉淀待检验。将沉淀溶于 1 mL 测定管中加生理盐水至 1 mL 刻度，混合，使沉淀蛋白溶解，即为测定管。混合后，37℃水浴 30 min，540 nm 波长比色。以空白管调零，读取样品管和标准管吸收光密度，计算尿中蛋白质量。

24 h 尿中蛋白总量（g）＝测定管光密度×2.5×24 h 尿量（mL）/标准管光密度×1000 mL

（2）丽春红 S 法

①原理：尿中的蛋白质与染料丽春红 S 结合后，再被三氯乙酸沉淀，沉淀物溶解于碱性溶液中则显紫色，呈色深浅与蛋白质含量成正比。

②试剂：200 g/L 磺基水杨酸溶液；三氯乙酸-丽春红 S 贮存液［将 1.0 g 丽春红 S 溶于1000 mL 三氯乙酸（300 g/L）溶液中］；三氯乙酸-丽春红 S 应用液（将三氯乙酸-丽春红 S 贮存液用蒸馏水稀释 10 倍）；0.2 mol/L 氢氧化钠溶液（氢氧化钠 8.0 g 溶于 1000 mL 蒸馏水中）；50 g/L 蛋白标准液（商品）。

③操作方法：检验时首先制作标准曲线，用生理盐水将蛋白标准液原液依次稀释为200 mg/L、400 mg/L、600 mg/L、800 mg/L、1000 mg/L、1200 mg/L、1400 mg/L、1600 mg/L 共 7 个标准液，取试管 7 支，加各标准液 100 μL，求出相应吸光度值，绘制标准曲线。准确测定 24 h 尿量并记录。然后取新鲜尿液标本 10 mL 尿液离心后取上清液蛋白质。先用磺基水杨酸对尿液进行尿蛋白定性，按尿蛋白质大致含量调整标本用量，蛋白质＜1 g/L，加标本100 μL；1～3 g/L，加标本 50 μL（测得值×2）；3～10 g/L，加标本 10 μL（测得值×10）。

然后进行尿样染料结合沉淀：取试管 1 支，按上述要求量加入标本，再加三氯乙酸-丽春红 S 应用液 1 mL，混匀后以 3500 r/min 离心 10 min。弃去上清液，再以滤纸吸干多余水分。在沉淀物中加入 0.2 mol/L 氢氧化钠 2 mL，振摇使沉淀溶解。

测定光密度：以氢氧化钠溶液调零，在 560 nm 比色。在标准曲线上查知尿液蛋白质含量（mg/L），乘以稀释倍数。

④尿总蛋白公式：

$$24 \text{ h 总蛋白}＝尿蛋白含量（mg/L）×24 \text{ h 尿量（L）}$$

注意：当尿中含有血红蛋白（＞5 mg/L）或氨基苷类药物时，会影响测定结果。

3. 尿液中血液及血红蛋白检验

血尿是伴有肾功能障碍性疾病以及肾盂、输尿管、膀胱和尿道损伤的重要症候，常见肾破裂、肾恶性肿瘤、肾炎、肾盂结石及肾盂肾炎、膀胱结石及膀胱炎、尿道黏膜损伤、尿道结石、尿道溃疡和尿道炎。此外，许多传染性疾病，如炭疽、犬瘟热，也可发生肾性血尿。血尿静置或离心沉淀后，有红色沉淀，显微镜检验有红细胞。血红蛋白尿是因红细胞崩解后，血红蛋白游离在血浆中随尿排出所致，见于新生幼龄动物溶血病、焦虫病、锥虫病、大面积烧伤以及氟化物中毒、四氯化碳中毒。血红蛋白尿呈红褐色，静置后无红色沉淀，显微镜检验无红细胞。尿中血红蛋白有以下两种检测方法。

（1）邻联甲苯胺法

①原理：血红蛋白中的铁离子有类似过氧化酶的作用，能催化过氧化氢释放新生态氧，将邻联甲苯胺氧化为联苯胺蓝而呈现绿色或蓝色，借以检测尿液中的微量血红蛋白。

②试剂：邻联甲苯胺甲醇溶液（0.5 g 邻联甲苯胺溶于 50 mL 甲醇中，存于棕色磨口瓶中）；过氧化氢乙酸溶液（冰乙酸 1 份，3% 过氧化氢 2 份，混合后存于棕色磨口瓶中）。

③操作方法：取小试管 1 支，加入邻联甲苯胺甲醇溶液和过氧化氢乙酸溶液各 1 mL，再加入被检尿液 2 mL，呈现绿色或蓝色者为阳性，如保留原试剂颜色即为阴性。

④结果判定：立刻显黑蓝色为强阳性，用"＋＋＋＋"表示；立刻显深蓝色为弱强阳性，用"＋＋＋"表示；1 min 内出现蓝绿色为阳性，用"＋＋"表示；1 min 以后出现绿色为弱阳性，用"＋"表示；3 min 后仍不显色为阴性，用"－"表示。

⑤注意事项：试验用器材必须清洁，否则易出现假阳性反应，过氧化氢乙酸溶液要现配现制。尿中盐类过多时，会妨碍反应的出现，可加冰醋酸酸化后再作试验。必要时可用尿酸醚提取液（取尿液 10 mL，加冰醋酸 2 mL、醚 5 mL，充分混合，吸取上层液即可）进行试验。

（2）匹拉米洞法（氨基比林法）

①原理：血红蛋白中的铁离子有类似过氧化酶的作用，能催化过氧化氢释放新生态氧，可将匹拉米洞氧化为一种紫色复合物，借以检测微量的血红蛋白。

②试剂：50 g/L 氨基比林乙醇溶液（5 g 氨基比林溶于 95% 乙醇 100 mL 中，存于棕色磨口瓶中）；3% 过氧化氢溶液；冰乙酸。

③操作方法：取尿 3～5 mL 置于试管内，加入冰乙酸 1～2 滴，混匀，加入氨基比林乙醇溶液与 3% 过氧化氢溶液的混合液（临用时等量混合），沿试管壁缓缓加入试管内，使之与尿液形成接触面。

④结果判定：立即观察两液界面的颜色变化。尿中含大量血红蛋白时溶液立刻呈紫色环，为阳性；含量少时，经过 2～3 min 仍不出现颜色变化，为阴性。

4．尿液中肌红蛋白检验

（1）原理　肌红蛋白和血红蛋白的基本结构相似，均含有亚铁血红素基团，有类似过氧化酶的作用，但肌红蛋白溶于 80% 饱和度的硫酸铵溶液中，而血红蛋白及其他蛋白在该溶液中发生沉淀，可将两者区分开来。

（2）试剂　50 g/L 氨基比林乙醇溶液（5 g 氨基比林浴于 95% 乙醇 100 mL 中，存于棕色磨口瓶中）；3% 过氧化氢溶液；硫酸铵。

（3）操作方法　先用氨基比林法证明尿中含有亚铁血红色素基团后，再用硫酸铵沉淀法鉴定是血红蛋白还是肌红蛋白。用 10% 醋酸液将尿液 pH 调至 7.0～8.5，3000 r/min 离心 6 min。取上清尿液 5 mL 置于小烧杯中，缓慢加入 2.8 g 硫酸铵，轻微振荡达到 80% 的饱和度后，用定性滤纸过滤，滤液应清澈，转入小烧杯中，再加入 1.2 g 硫酸铵，边加边搅拌，此时达到饱和，转入离心管，以 3000 r/min 离心 10 min。若有肌红蛋白，在硫酸铵沉淀上层有微量红色絮状物。用吸管吸去上清液，然后于红色沉淀中加入氨基比林乙醇溶液 2 滴及 3% 过氧化氢液 3 滴，若出现绿色或蓝色即为阳性，若不显色则为阴性。

（4）临床意义　肌红蛋白尿见于马麻痹性和地方性肌红蛋白尿病、白肌病以及重剧肌肉损伤。

5．尿液中酮体检验（罗斯法）

（1）原理　亚硝基铁氰化钠[$Na_2Fe(cN)_5 \cdot 2H_2O$]遇尿分解为 $Na_4Fe(CN)_6$、Na_2NO_2、

$Fe_3(OH)_3$。和 $Fe(cN)_5^{3-}$。如尿中存在可检出量的酮体(丙酮、乙酰乙酸),在碱性环境中即可与试剂作用生成异硝基($HOON=$)或异硝基胺($NH200N=$),后者与 $Fe(cN)_5^{3-}$ 生成紫色化合物。

(2)试剂 亚硝基铁氰化钠试剂(亚硝基铁氰化钠(AR)0.5 g,硫酸铵(AR)10.0 g,无水碳酸钠(AR)10.0 g),试剂必须纯而无水,配制前分别将各种试剂烘干,称量并研磨细混匀后,密闭存于棕色磨口瓶中,防止受潮。

(3)操作方法 于载玻片上(或试管内)加入 1 小勺酮体粉,滴加尿液于酮体粉上。至完全将酮体粉浸湿,观察酮体粉的颜色变化,5 min 内出现紫色者为阳性,判断结果见表 5-4。

表 5-4 判断酮体检验结果的标准

反应现象	结果判断	报告方式
立即出现深紫色	强阳性	＋＋＋～＋＋＋＋
立即呈现淡紫色而后转为深紫色	阳性	＋＋
逐渐呈现淡紫色	弱阳性	＋
5 min 内无紫色出现	阴性	－

(4)临床意义 尿中酮体增多,见于牛酮血症、前胃弛缓;脂肪分解代谢增强,如糖尿病、产后瘫痪、绵羊妊娠病和驴妊娠不食症时,尿中酮体也增多。此外,长期饥饿、衰竭症、恶性肿瘤、磷中毒、氯仿或乙醚麻醉时,尿中酮体也增多。

6.尿液中葡萄糖检验

动物正常尿中含葡萄糖极微,一般方法不能检出。糖尿有生理性糖尿和病理性糖尿两种类型。动物采食含糖量高的饲料或因恐惧兴奋,均可发生生理性糖尿,但多为暂时性的。妊娠期母马和母牛尿中含糖,也属生理现象。病理性糖尿见于糖尿病、狂犬病、产后瘫痪、神经型犬瘟热、长期痉挛、头盖骨损伤、脑膜脑炎和脑出血。

(1)班氏法

①原理:葡萄糖或其他还原性糖的醛基在热碱性溶液中,能将班氏试剂的蓝色硫酸铜还原为黄色的氢氧化亚铜,进而形成红色氧化亚铜沉淀。

②试剂:甲液:枸橼酸钠 8.5 g,无水碳酸钠 76.4 g,蒸馏水 700 mL,加热助溶;乙液硫酸铜 13.4 g,蒸馏水 100 mL,加热助溶。冷却后,将乙液缓慢加入甲液中,不断混匀,冷却至室温后补充蒸馏水至 1000 mL。如溶液不透明则需要过滤,煮沸后出现沉淀或变色则不能应用。

③操作方法:首先鉴定班氏试剂质量,取中号试管 1 支,加入班氏试剂 2 mL,摇动试管徐徐加热至沸腾,观察试剂有无颜色及性状变化,若试剂仍为透明蓝色,可进行以下试验。向班氏试剂中加离心后的尿液 0.2 mL(约 4 滴),混匀后继续加热煮沸 1～2 min 或置沸水浴 5 min,自然冷却。

④判断结果:具体判断结果见表 5-5。

⑤注意事项:试剂与尿液的比例为 10：1。煮沸时应不时摇动试管以防爆沸喷出,也可在沸水浴中实验。检验糖尿病动物尿液中的葡萄糖,应空腹留取尿样标本。尿液中有大量尿酸盐存在时,煮沸后也呈浑浊并带绿色,但久置后并不变黄色而呈灰蓝色,故必须于冷却后观察结果。尿中含大量铁盐时可抑制氧化亚铜沉淀的生成,应加碱煮沸除去。蛋白含量较高时也影响铜盐沉淀,可用加热乙酸法除去。一些非糖还原性物质,如水合氯醛、氨基比林、青霉素、链霉素、维生素 C 等,当其尿中含量过高时可呈阳性反应,应停药 3 d 后再行检

查。对静脉输注大剂量维生素 C 的动物 5 天后才能行尿糖定性。

表 5-5　尿中葡萄糖的检测(班氏法)结果判断

反应现象	报告方式	葡萄糖含量(mmol/L)
蓝色不变	—	<5.6
蓝色中略带绿色,但无沉淀	±	5.6~11.2
绿色,伴少许绿黄色沉淀	+	<28
较多黄绿色沉淀,以黄色为主	++	28~56
土黄色,有大量沉淀	+++	56~112
大量棕红色或砖红色沉淀	++++	>112

(2)干化学试带法

①原理:利用葡萄糖在过氧化氢酶的催化作用下,供氢体氧化脱氢,从而使得这些供氢体显色。不同含量的供氢体,反应后成色也不同,有蓝色、红褐色、红色等。尿液中的葡萄糖使尿液单项试纸或多项试纸上模块颜色发生变化(附有标准色板),呈色深浅与尿液中的葡萄糖浓度成正比,可供尿糖定性及半定量用。

②试剂:试纸为桃红色,应保存在棕色瓶中。

③操作方法:取试纸一条,浸入被检尿液内,5 s 后取出。1 min 内在自然光或日光灯下,将所呈现的颜色与标准色板比较,判定结果。目测结果判断标准见表 5-6。

表 5-6　尿中葡萄糖的检测(干化学试带法)结果判断

反应现象	葡萄糖含量(mmol/L)	报告方式	反应现象	葡萄糖含量(mmol/L)	报告方式
不变色	<2.2	—	灰蓝色	28.0	+++
浅灰色	5.5	+	紫蓝色	112.0	++++
灰色	14.0	++			

④注意事项:尿样应新鲜。服用大量维生素 C 和汞利尿剂等药物后,可呈假阴性反应,因本试纸起主要作用的是葡萄糖氧化酶和过氧化氢酶,而抗坏血酸和汞利尿剂可抑制这些酶的作用。试纸在阴暗干燥处保存,不得暴露在阳光下,试纸变黄表示失效,应弃之不用。

7. 尿胆红素检验(Harrison 法)

(1)原理　用氯化钡吸附尿液中的胆红素并浓缩后,尿胆红素与酸性三氯化铁试剂作用,使胆红素氧化成胆青素、胆绿素、胆黄素等复合物,可呈绿色、蓝绿色、黄绿色反应。

(2)试剂　0.4 mol/L 氯化钡溶液(氯化钡 10.0 g 溶解后加蒸馏水至 100 mL);酸性三氯化铁试剂也称 Fovchet 试剂(100.0 g/L 的三氯化铁溶液 10.0 mL,250.0 g/L 三氯乙酸溶液 90 mL,混合后备用);饱和氯化钡溶液(氯化钡 30.0 g,溶于 100.0 mL 蒸馏水);氯化钡试纸特优质滤纸裁成 10 mm×80 mm 的纸条,浸入饱和氯化钡溶液中数分钟后,置室温或 37 ℃温箱内待干,存于有塞瓶中备用)。

(3)操作方法　取新鲜尿液 5 mL,加 0.4 mol/L 氯化钡溶液 3~5 滴,离心沉淀 3~5 min 或用滤纸过滤沉淀物,然后取离心沉淀物或过滤在滤纸上的沉淀(上清尿液可进行尿胆原检验),加入酸性三氯化铁试剂(Fovchet 试剂)数滴,呈绿色、蓝色者为阳性,不显色者为阴性。或将氯化钡试纸条浸入被检尿样中,5～10 s 后取出带沉淀的试纸条,平铺于吸水纸上,吸去多余的尿液,在沉淀物上加 Fovchet 试剂 2～3 滴,呈绿色、蓝色者为阳性。色泽的深浅与胆红素含量成正比。

(4)结果判断参照表 5-7。

表 5-7　Harrison 法尿胆红素检查结果判断

反应现象	结果判断	报告方式	反应现象	结果判断	报告方式
沉淀即刻变为蓝绿色	强阳性	＋＋＋	沉淀逐渐变为淡绿色	弱阳性	＋
沉淀变为绿色	阳性	＋＋	沉淀长时间不变色	阴性	－

(5)临床意义　本方法对黄疸有意义,溶血性黄疸呈阴性,肝性黄疸为阳性,胆管阻塞性黄疸为强阳性。

8. 尿胆原检验

(1)原理　尿胆原在酸性条件下与对二甲氨基苯甲醛反应,生成樱红色化合物。该反应与尿胆原分子中的吡咯环有关,颜色的深浅可反映尿胆原的含量。

(2)试剂　0.4 mol/L 氯化钡溶液(氯化钡 10.0 g 溶解后加蒸馏水至 100 mL);对二甲氨基苯甲醛试剂,也称 Ehrlich 试剂(80 mL 蒸馏水中加入对二甲氨基苯甲醛 2.0 g,混合后缓慢加入 20 mL 浓盐酸,混合后试剂由浑浊变透明,存于棕色瓶中备用)。

(3)操作方法　被检新鲜尿液中若有胆红素应除去,可取氯化钡试剂 1 份加被检尿液 4 份混合后离心,胆红素被氯化钡吸附,上清液为不含胆红素的尿液;取不含胆红素的新鲜尿液 5 mL,按 10∶1 加入 Ehrlich 试剂(约 0.5 mL)一同放入试管中混合,室温下静置 10 min 后观察结果(见表 5-8)。

表 5-8　尿胆原检验

反应现象	结果判断	报告方式
即刻变为深红色	强阳性	＋＋＋
10 min 后呈樱桃红色	阳性	＋＋
静置 10 min 后呈微红色	弱阳性	＋
静置 10 min 后,在白色背景下,从管口直观管底,不呈红色,加温后仍不呈红色	阴性	－

(4)临床意义　尿胆原增加常见于肝炎、实质性肝病变、溶血性黄疸、胆道阻塞初期,尿胆原减少见于肠道阻塞、多尿性肾炎后期、腹泻、口服抗生素药物(抑制或杀死肠道细菌)。

四、尿液沉渣显微镜检验

(一)非染色法尿沉渣显微镜检查

1. 原理

采用显微镜观察的方法,根据尿液细胞、管型等有形成分的形态特征,识别并记录其在显微镜一定视野内(或一定体积尿液内)的数量。

2. 操作

(1)未离心直接涂片计数法　将被检样品尿液充分混匀,取混匀的尿液 1 滴于载玻上,加盖玻片,制成涂片,注意避免产生气泡。先用低倍镜观察全片细胞、管型等成分的分布情况,镜检时,将集光器降低,缩小光圈,使视野稍暗,以便发现无色而屈光力弱的成分(透明管型等),找出需详细检验的区域后,用高倍镜确认计数。注意使用暗视野观察尿液有形成分,特别是透明管型。管型在低倍镜下观察,至少计数 20 个视野;细胞在高倍镜下观察,至少计数 10 个视野,取其平均值报告;结晶按高倍镜视野中分布范围估计报告。计数时要注意细胞的完整性,还要注意有无其他异常巨大细胞、寄生虫虫卵、滴虫、细菌、黏液丝等。

(2)离心沉淀涂片法 适用于尿外观非明显浑浊的尿标本,是尿沉渣检查标准化推行的方法。将被检尿样 10 mL 离心沉淀 5 min(500 r/min)。手持离心管倾斜 45°~90°。用滴管吸去上层尿液,保留下层 0.2 mL 尿沉渣。轻轻混匀尿沉渣后,取 1 滴置载玻片上涂片,用 18 mm×18 mm 或 22 mm×22 mm 的盖玻片覆盖后显微镜检查计数。

(3)报告结果涂片法 检查细胞以最低数~最高数/高倍镜视野(HP)、管型以最低数~最高数/低倍镜视野(LP)报告。结晶以所占视野面积报告,无结晶为(—);结晶占 1/4 视野为(+);结晶占 1/2 视野为(++);结晶占 3/4 视野为(+++);结晶满视野为(++++)。如果细胞、管型的数量过多而难以计算,也可按结晶的报告方式报告结果。

(二)染色法尿沉渣显微镜检查

1.原理

尿沉渣中的有些成分,特别是管型,经甲紫和沙黄两种色素对比染色后,其形态、结构清晰,易于识别,可提高检出率和准确性。

2.试剂

S-M 染色液贮存液:A 液用甲紫 3.0 g,草酸 0.8 g,溶于 95%(体积分数)乙醇 20.0 mL、蒸馏水 80.0 mL 中,冷藏保存。B 液是用沙黄 0.25 g 溶于 95%(体积分数)乙醇 10.0 mL、蒸馏水 100 mL 中。S-M 染色液应用液:A 液和 B 液按 3:97 的比例混合,过滤后贮于棕色瓶(室温下可保存 3 个月),冷藏保存。

3.操作方法

取尿液 10 mL,离心 5 min(500 r/min)。手持离心管 45°~90°,弃除上层液,保留下层 0.2 mL。于尿沉渣试管中加入 1 滴 S-M 染色液应用液,混匀,静置 3 min。再轻轻混,取 1 滴置载玻片上,用 18 mm×18 mm 或 22 min×22 mm 的盖玻片覆盖后显微镜检查。

4.显微镜检查

先用低倍镜观察细胞、管型等分布情况。细胞在高倍镜视野下至少观察计数 10 个视野,取其平均值报告;管型在低倍镜视野下至少观察计数 20 个视野;结晶按高倍镜视野中分布范围估计报告。

5.报告结果

细胞以最低数~最高数/高倍镜视野(HP)报告;管型以最低数~最高数/低倍镜视野(LP)报告。结晶以所占高倍视野面积报告,无结晶为(—);结晶占 1/4 视野为(+);结晶占 1/2 视野为(++);结晶占 3/4 视野为(+++);结晶满视野为(++++)。如果细胞、管型的数量过多难以计算,也可按结晶的报告方式报告结果。

任务三　粪便检验

粪便是动物饲料在体内被消化吸收营养成分后剩余的产物。饲料在口腔内被嚼碎并与唾液搅拌混合形成食团,经食管蠕动入胃,与胃酸、胃蛋白酶、内因子、黏液等胃液成分混合形成半液体状的食糜(反刍动物食物在前胃内被微生物作用),食糜贮存于胃内,通过胃消化过程中的不断蠕动和幽门的作用,有节制地把酸性食糜送进十二指肠和小肠内。小肠是消化饲料的主要场所,小肠内有胰腺分泌的胰蛋白酶、胰淀粉酶、脂肪酶、氨肽酶,以及胆囊分泌的胆汁等物质,在这些物质的作用下,食糜和小肠黏膜充分接触以促进消化和吸收。剩余的饲料残渣进入大肠,当水分和电解质被大肠吸收后,最终形成粪便,通过直肠由肛门排出体外。

粪便成分主要有:未被消化的饲料残渣,如淀粉颗粒、肉类纤维、植物细胞、植物纤维等;已被消化但未被吸收的食糜;消化道分泌物,如胆色素、酶、黏液和无机盐等;分解产物,如靛基质、粪臭素、脂肪酸和气体;肠壁脱落的上皮细胞、细菌(大肠埃希菌、肠球菌和一些过路菌)等。

在病理情况下,粪便中可见血液、脓液、寄生虫及其虫卵、包囊体、致病菌、胆石或胰石等。粪便检验主要用于协助诊断消化道疾病。如肠道感染性疾病,粪便检验可了解消化道有无炎症。肠道寄生虫感染,粪便检验找到寄生虫或其虫卵即可确诊。消化道出血鉴别,如隐血试验持续阳性提示有异物损伤或恶性肿瘤。根据粪便的性状组成,间接地判断胃肠、胰腺、肝胆系统的功能状况。根据粪便的外观、颜色、粪胆色素测定,有助于判断黄疸的类型。

检验样品必须采集新鲜而未被尿液污染的粪便,最好于排粪后立即采集没有接触地面的部分,盛于洁净容器内,必要时可由直肠直接采集。采集粪便应从粪便的内外各层采取,最好立即送检,也可置阴凉处或冰箱内保存待检,但不宜加防腐剂。

一、粪便的物理学检验

(一)颜色

动物粪便颜色因饲料种类、内服药物及病理情况而不同,鉴别要点见表 5-9。

表 5-9　粪便颜色鉴别

颜色	饲料或药物	病理情况
黄褐色	谷草、大黄	含有未经改变的胆红素
黄绿色	青草、甘汞	含有胆绿素或产色细菌
灰白色	白陶土	阻塞性黄疸、犊牛白痢、仔猪白痢
红色	高粱壳、红色甜菜、酚酞	后部肠管或肛门部出血
黑色	木炭末、铋制剂或铁制剂	前部肠管出血

(二)气味

健康马、牛、羊的粪便无难闻的臭味,猪、犬的粪臭气味较重。消化不良、胃肠炎时,由于肠内容物的腐败发酵,粪便有酸臭味、腐败臭味,出血多时有腥臭味。

（三）异常混合物

1.黏液便

正常粪便表面有极薄的黏液层。黏液量增多表示肠管有炎症或排粪迟滞,肠阻塞时黏液往往覆盖整个粪球,并可形成较厚的胶冻样黏液层,类似剥脱的肠黏膜。

2.伪膜便

随粪便排出的伪膜由纤维蛋白、上皮细胞和白细胞所组成,常为圆柱状,见于纤维素性肠炎或伪膜性肠炎。

3.脓汁便

直肠内脓肿破溃时,粪便中混有脓汁。

4.粗纤维及谷粒

患消化不良及牙齿疾病时,粪便内含有大量粗纤维及未消化的谷粒。

5.血液便

常见于消化道下部病变,如各类肠炎、肠结核、猪瘟、犬瘟热、犬细小病毒肠炎、氟化物中毒等,粪便中都含有血液。

6.寄生虫

有蛔虫、钩虫、绦虫、犬猫的肝片吸虫等虫体、体节或片段。

二、粪便的化学检验

（一）粪便显微镜检查

1.原理

取动物新鲜粪便与生理盐水混合制成涂片;显微镜下观察其成分变化。掌握粪便显微镜检查的方法。

2.试剂

生理盐水。

3.操作

（1）制备涂片　取洁净载玻片1张,加生理盐水1～2滴,用竹签挑取外观异常的粪便(外观无异常可以从不同部位取材),与生理盐水混合制成涂片。涂片的面积应占玻片的2/3,厚度以能透视纸上字迹为佳。

（2）显微镜观察　涂片加盖玻片后,先用低倍镜观察有无寄生虫虫卵、原虫和食物残渣等,再换高倍镜观察血细胞、吞噬细胞、上皮细胞等,并对其数量进行估计。

4.报告结果

（1）以低倍镜报告寄生虫虫卵、原虫和食物残渣等,如"见到某种虫卵"、"粪便中存在较多的植物细胞和纤维素"等。

（2）以10个高倍镜视野所见最低值和最高值报告细胞,如表5-10所示。

5.注意事项

观察时由上至下,由左至右,避免重复;可多作几张涂片显微镜检查,以提高阳性率。显微镜检查时至少每张涂片观察10个视野;必要时可做涂片瑞氏染色后再显微镜检查。粪便的细菌鉴定可用革兰氏染色后油镜检查,但确诊仍需通过细菌培养后确定。

表 5-10　粪便涂片显微镜检查时细胞成分报告方式

10 个高倍镜视野中某种细胞所见情况	报告方式(/HP)
只见 1 个	偶见
有时不见,一个视野最多见到 3～5 个	0～5
视野最少见到 5 个,最多 10 个	5～10(＋)
视野超过 10 个	20～40(＋＋)
视野中均匀分布,难以计数	50 以上(＋＋＋～＋＋＋＋)

(二)粪便隐血试验

1. 原理

血红蛋白中的亚铁血红素与过氧化物酶的结构和功能相似,具有弱化过氧化物酶活性,能催化过氧化氢释放新生态氧,将试剂氧化而呈蓝色、蓝褐色等,借以检验出微量的血红蛋白。

2. 试剂

(1)10 g/L 邻联甲笨胺冰乙酸溶液　取邻联甲笨胺 1 g,溶于冰乙酸和无水乙醇各 50 mL 的混合液中,置棕色瓶内,保存 4℃冰箱内可用 2～12 个月(若变为暗色,应重新配置)

(2)3％(体积分数)过氧化氧。

3. 操作

(1)用竹签挑取新鲜动物粪便标本少许,涂于消毒的载玻片上。

(2)滴加 10 g/L 邻联甲笨胺冰乙酸溶液及 3％过氧化氢试剂各 1～2 滴于载玻片上。

(3)判断结果

①加入试剂后 2 min 仍不显色,为阴性。

②加入试剂后 2 min 内显色为阳性,其程度分别为:加入试剂 10 s 后显浅蓝色渐变蓝色为(＋);加入试剂后显示浅蓝褐色并逐渐加深为(＋＋);加入试剂后立即显示为蓝褐色为(＋＋＋);加入试剂后立即显蓝黑褐色为(＋＋＋＋)。

4. 临床意义

粪便隐血见于出血性胃肠炎、肠系膜动脉栓塞、创伤性胃炎和犬钩虫病等。

(三)蛋白质检验

1. 原理

利用不同的蛋白质沉淀剂,测定粪便中粘蛋白、血清蛋白或核蛋白,以判断肠道内炎性渗出的程度。

2. 操作方法

取粪便 3 g 于研钵中,加蒸馏水 100 mL,适当研磨,使其成 3％乳状液。取中号试管 4 支,编号后放在试管架上,按表 5-11 所示操作及判定结果。

表 5-11 蛋白质检验操作方法

项目	试管号			
	1	2	3	4
3%乳状液试剂	15 mL 20%醋酸液 2 mL	15 mL 20%三氯醋酸液 2 mL	15 mL 7%氯化高汞液 2 mL	15 mL 蒸馏水 2 mL
	混合静置 24 h,观察上清液透明度,与对照管比较			
阳性结果判定	透明:有黏蛋白	透明:有渗出的血清蛋白或核蛋白	透明:有渗出的血清蛋白或核蛋白	对照管
	浑浊:无渗出的血清蛋白		红棕色:有粪胆素 绿色:有胆红素	

3.临床意义

正常动物粪便中蛋白质含量极少,对一般蛋白沉淀剂不呈现明显反应;当胃肠有炎症时,粪便中有血清蛋白和核蛋白渗出,上述蛋白试验可呈现阳性反应。健康动物粪便中没有胆红素,仅有少量粪胆素;发生小肠炎症及溶血性黄疸时,粪中可能出现胆红素,粪胆素也增多;发生阻塞性黄疸时,粪中可能没有粪胆素。

(四)粪便中寄生虫卵的检验

1.直接涂片检验法

在载玻片上滴一些甘油与水的等量混合液,再用牙签或火柴棍挑取少量粪便,加入其中,混匀,夹去较大或过多的粪渣,使载玻片留上一层均匀粪液,以能透视书报字迹为宜。在粪膜上覆以盖玻片,置显微镜下检验。检验时应有顺序地验遍盖玻片下所有的部分。此方法简单,但如粪便中虫卵数量少时,则不易检验出虫卵。

2.集卵法

(1)沉淀法 取粪便 5 g,加清水 100 mL 以上,搅匀,40～60 目筛过滤,滤液收集于三角烧瓶或烧杯中,静置沉淀 20～40 min;倾去上层液,保留沉渣,再加水混匀,再沉淀。如此反复操作直到上层液体透明后,吸取沉渣检验。此法特别适用于检验吸虫卵和棘头虫卵。也可离心沉淀后检验。

(2)漂浮法 适于检验线虫卵、绦虫卵和球虫卵囊。取粪便 10 g,加饱和食盐水 100 mL,混合,通过 60 目筛滤入烧杯中,静置 30 min,则虫卵上浮;用直径 5～10 mm 的铁丝圈,与液面平行接触以蘸取表面液膜,抖落于载玻片上检验。或者取粪便 1 g,加饱和食盐水 10 mL,混匀,筛滤,滤液注入试管中,补加饱和盐水溶液使试管充满,上覆盖玻片,并使液体与盖玻片接触,其间不留气泡,直立 30 min 后,取下盖玻片,覆于载玻片上检验。在检验密度较大的猪后圆线虫卵时,则可先将猪粪按沉淀法操作,取得沉渣后,在沉渣中加入饱和硫酸镁溶液进行漂浮,收集虫卵。

3.虫卵计数

虫卵计数是指测定动物粪便中的虫卵数,以此推断动物体内某种寄生虫的寄生数量,有时还用于对比使用驱虫药前后虫卵数量,以检验驱虫效果。虫卵计数受很多因素影响,只能对寄生虫的寄生数量作大致判断。其影响因素首先是虫卵总量不准确,此外寄生虫的年龄、宿主的免疫状态、粪便的浓稠度、雌虫的数量、驱虫药的服用等因素,均影响虫卵数量和体内虫体数量的比例关系。虽然如此,虫卵计数仍常被作为某种寄生虫感染强度的指标。虫卵计数结果,常以每克粪便中卵数表示,简称 e.p.g。

(1)斯陶尔法　在一小玻璃容器(如三角烧瓶或大试管)的 56 mL 和 60 mL 容量处各作一标记。先取 0.4% 的氢氧化钠溶液注入容器内到 56 mL 标记处,而后再加入被检粪便溶液到 60 mL 标记处,加入一些玻璃珠,振荡使粪便完全破碎混匀。用 1 mL 吸管取粪液 0.15 mL,滴于 2～3 张载玻片上,覆以盖玻片,在显微镜下顺序检验,统计虫卵总数时注意不可遗漏和重复。因 0.15 mL 粪液中实际含有粪量是 $0.15 \times 4/60 = 0.01$ g。因此,所得虫卵总数乘以 100 即为每克粪便中的虫卵数。此法适用于大部分蠕虫卵的计数。

(2)麦克马斯特法　本法是将虫卵浮集于一个计数室中记数。计数室由两片载玻片制成,为了使用方便,制作时常将其中一片切去一条,使之较另一片窄一些。在较窄的载玻片上刻以 1 cm 左右的区域 2 个,然后选取厚度为 1.5 mm 的玻片切成小条垫于两载玻片间,以环氧树脂黏合。取粪便 2g 于乳钵中,加水 10 mL 搅匀,再加饱和食盐水 50 mL。混匀后,吸取粪便注入计数室,静置 1～2 min 后,在显微镜下计数 1 cm^2 刻度室中的虫卵总数,求 2 个刻度室中虫卵数的平均数,乘以 200 即为每克粪便中的虫卵数。此法只适用于可使用饱和食盐水集卵的各种虫卵。

(3)片形吸虫卵计数法　取动物粪便 10 g 于 300 mL 容量瓶中,加入少量 1.6% 氢氧化钠溶液,静置过夜。次日,将粪块搅碎,再加 1.6% 氢氧化钠溶液到 300 mL 刻度处,摇匀,立即吸取此粪液 7.5 mL 注入离心管内,1000 r/min 离心 2 min,倾去上层液体。换加饱和食盐水再次离心,再倾去上层液体,再换加饱和食盐水,如此反复操作,直到上层液体完全清澈为止。倾去上层液体,将沉渣全部分滴于数张载玻片上,检验统计虫卵总数,以检验统计总数乘以 4,即为每克粪便中的片形吸虫卵数。

(4)临床意义　马线虫卵数达到每克粪便中 500 枚为轻度感染,800～1000 枚为中度感染,1500～2000 枚为重度感染。羔羊还应考虑感染线虫的种类,每克粪便中含 2000～6000 枚虫卵为重度感染;1000 枚以上,即应驱虫。牛每克粪便中含虫卵 300～600 枚时,即应驱虫。每克粪便中的片形吸虫卵数牛达 100～200 枚、羊达 300～600 枚时,即应考虑其致病性。

任务四　穿刺液的检验

一、瘤胃液的检验

反刍动物瘤胃液的检验项目有 pH 的测定和纤毛虫的检验,对反刍动物前胃疾病的诊疗具有重要意义。

(一)瘤胃液的采集

根据需用量,可用投入端侧面有 10～15 个小孔的胃管并连接吸引器抽取;也可用较粗的针在左肷部刺入瘤胃,连接注射器吸取瘤胃液。

(二)酸碱度的测定

对采集的瘤胃液可用精密 pH 试纸测定,为了准确,也可用酸度计测定。健康牛、羊瘤胃液 pH 为 6.0～7.5。由于品种及饲料性质的不同,pH 也有所不同。一般当瘤胃内容物 pH 降到 5.5 以下或升高到 8.0 以上时,纤毛虫的生存就会受到严重影响,可导致瘤胃内微生物区系发生改变,从而引发反刍动物前胃疾病。

(三)纤毛虫的检验

1.纤毛虫运动性观察

采得的瘤胃液样品,用 4 层纱布滤过,取一滴置于干净载玻片上,盖上盖玻片,放大 100～300 倍镜检,以判定纤毛虫运动力的强弱。正常时可见到活泼运动的大量纤毛虫;病理状态下,纤毛虫数量少而且其运动力明显减弱。

2.计数纤毛虫

取经滤过混匀的瘤胃液 10 mL,置于小锥形瓶中,加入等量 50% 福尔马林溶液,轻轻摇动并反复倒转样品瓶混匀,从中吸取 1.0 mL,置于盛有 9.0 mL 的 30% 甘油溶液试管内,供计数用。将 1.0 mL 检液充入血细胞计数板,按白细胞计数法计数并计算结果。每毫升瘤胃液中的纤毛虫数＝每立方毫米被检液中的纤毛虫数×1000。

3.临床意义

健康反刍动物瘤胃液内纤毛虫数量,可随饲料种类、季节、采样时间不同而异。在治疗前胃疾病时,纤毛虫数量的变化可作为推断瘤胃消化功能是否恢复的一个指标。

二、浆膜腔积液检验

正常情况下动物体的胸腔、腹腔和心包腔、关节腔统称为浆膜腔。浆膜腔内仅含有液体,起润滑作用,一般采集不到。病理情况下,浆膜腔内有大量液体潴留而形成浆膜液。因积液部位不同而分为胸腔积液(胸水)、腹腔积液(腹水)、心包腔积液、关节腔积液。根据产生的原因及性质不同,将浆膜腔积液分为漏出液和渗出液。

漏出液是通过毛细血管滤出并在组织间隙或浆膜腔内积聚的非炎症性组织液,多为双侧性。常见的发生原因和机制有:①毛细血管流体静压增高,如静脉回流受阻、充血性心力衰竭等,由于毛细血管有效滤过压增高,使过多的液体滤出。②血浆胶体渗透压减低,如血浆清蛋白浓度明显减低的各种疾病,如营养不良、严重贫血等。③淋巴回流受阻,如丝虫病、肿瘤压迫等所致的淋巴回流障碍,使含有蛋白质的淋巴液在组织间隙积聚或形成浆膜腔积液,且多为乳糜性的。④钠水潴留,如充血性心力衰竭和肾病综合征等。显微镜下漏出液的特点是细胞较少,主要是来自浆膜腔的间皮细胞(常是 8～10 个排成一片)及淋巴细胞,红细胞和其他细胞甚少;有少量红细胞,常由于穿刺时损伤所致,大量红细胞则为出血性疾病或脏器破损所致;大量的间皮细胞和淋巴细胞见于心、肾疾病。

渗出液多为炎性积液,多为单侧性,产生机制是由于微生物毒素、缺氧及炎性介质等的作用,使血管内皮细胞损伤、血管通透性增高,以致液体、血液内大分子物质和细胞从血管内渗出至血管外、组织间隙及浆膜腔,形成积液。显微镜下渗出液的特点是细胞较多,嗜中性粒细胞增多见于急性感染,尤其是化脓性炎症;在结核性炎症(结核性胸膜炎初期),特别是反复穿刺时,嗜中性粒细胞也增多;淋巴细胞增多,多见于慢性疾病,如牛慢性胸膜炎及结核性胸膜炎;间皮细胞增多,则表明是组织破坏过程严重的疾病。渗出液多为细菌感染所致,也可见于肿瘤、外伤,以及血液、胆汁、胰液和胃液等刺激的非感染性原因,如细菌性感染、淋巴瘤、类风湿病等。

浆膜腔积液检验的目的在于鉴别积液的性质和寻找引起积液的致病因素。但临床上有些浆膜腔积液既有渗出液的特点，又有漏出液的性质，这与漏出液继发感染或积液浓缩有关。因此，欲明确浆膜腔积液的性质，一定要结合临床其他检查结果进行综合分析，才能准确判断。漏出液和渗出液的区别如表 5-12 所示。

表 5-12　漏出液和渗出液的区别

	漏出液	渗出液
性质	非炎症性产物，呈碱性	炎性产物，呈酸性
颜色	无色或淡黄	淡黄、淡红或红黄
透明度	透明，稀薄	浑浊或半透明，浓稠
气味	无特殊气味	有的有特殊臭味
相对密度	1.015 以下	1.018 以上
凝固性	不凝固或含微量纤维蛋白	在体外或尸体内均易凝固
浆液黏蛋白定性试验	阴性	阳性
蛋白质定量	2.5% 以下	4% 以上
细胞	含有间皮细胞、淋巴细胞及少量嗜中性粒细胞、红细胞	含大量嗜中性粒细胞、间皮细胞和红细胞

（一）浆膜腔积液物理检验

1.目的

掌握浆膜腔积液物理学检查的内容和方法。

2.操作方法

（1）检验颜色与透明度　取浆膜腔穿刺液用肉眼观察浆膜腔积液的颜色变化，漏出液多为淡黄色，渗出液可呈深浅不同的黄色或无色。检验浆膜腔积液透明度时可轻摇标本，结果可根据标本情况不同用"清晰透明"、"微浑"、"浑浊"报告。

（2）检验凝固性　倾斜浆膜腔积液试管，肉眼观察有无凝块形成，结果可根据标本情况不同用"无凝块"、"有凝块"报告。

（3）测定相对密度　取充分混匀未凝固浆膜腔液，将其缓慢倒入比重筒中，其量以能悬浮起比重计为宜，将比重计轻轻放入装有浆膜腔积液的筒中并加以捻转，待其静置自由悬浮于浆膜腔积液中（勿使其接触比重筒侧壁）时，读取液体凹面相重合的比重计上的标尺刻度数值并作记录。

3.注意事项

若标本颜色或透明度改变不明显或难以观察时，可以在以白色或黑色为背景的灯光下仔细观察。由于浆膜腔积液易凝固（加抗凝剂时例外），送检后应立即测定相对密度。测定前标本应充分混匀。测定相对密度后，应立即用清水将比重计冲洗干净，浸泡于饱和酚溶液中，再用清水冲洗，并浸泡于清水中，以免蛋白质凝固在比重计上，影响准确性。渗出液可因大量的纤维蛋白原存在而凝固，但有时因含有纤溶酶可将纤维蛋白溶解，看不到凝块。

(二)浆膜腔积液显微镜检验

1.目的

掌握浆膜腔积液显微镜检查的内容与方法。

2.器材

显微镜、血细胞计数板、微量吸管、小试管。

3.试剂

生理盐水或红细胞稀释液,冰乙酸,白细胞稀释液,瑞氏染液。

4.操作方法

(1)有核细胞直接计数法　对于清晰透明或微浑的浆膜腔积液直接计数,可在小试管内放入冰乙酸1～2滴,转动试管,使内壁黏附少许冰乙酸后倾去,滴加混匀浆膜腔积液3～4滴,混匀,放置数分钟,破坏红细胞。用微量吸管取混匀破坏红细胞后的浆膜腔积液充入血细胞计数板的2个计数池内。静置2～3min后计数,低倍镜计数2个计数池内四角和中央大格共10个大方格内的有核细胞数。10个大方格内有核细胞总数即每微升浆膜腔积液的有核细胞总数,再换算成每升浆膜腔积液的有核细胞数。

(2)稀释计数法　对于浑浊的浆膜腔积液可采用稀释破坏红细胞计数,根据标本内有核细胞多少,用白细胞稀释液对标本进行一定倍数的稀释,混匀,放置数分钟,破坏红细胞,用微量吸管取混匀稀释后的浆膜腔积液充入1个计数池。静置2～3 min后计数,低倍镜计数1个计数池内的四角和中央大方格共5个大方格内的有核细胞总数。根据5个大方格内的有核细胞总数和稀释倍数,计算每升浆膜腔积液的有核细胞数。

(三)浆膜腔积液黏蛋白定性试验

1.原理

浆膜腔上皮细胞在炎症刺激下分泌黏蛋白。黏蛋白是一种酸性糖蛋白,其等电点pH为3～5,因此,可在稀乙酸中出现白色沉淀。

2.试剂

冰乙酸,蒸馏水(或自来水)。

3.操作方法

取冰乙酸试剂2～3滴于100 mL量筒中,再加大约100 mL蒸馏水,混匀,此时溶液pH为3～5,静置数分钟,垂直滴加待测浆膜腔积液标本1滴于量筒中,立即在黑色背景下观察有无白色云雾状沉淀生成及其下降程度。

4.判断结果

(1)阴性　清晰,不显雾状或有轻微白色雾状浑浊,但在下降过程中消失。

(2)阳性　出现白色雾状浑浊并逐渐下沉至量筒底部不消失。

阳性程度的判断:呈白雾状为(±);灰色白雾状为(＋);白色薄云状为(＋＋);白色浓云状为(＋＋＋)。

5.注意事项

血性浆膜腔积液经离心沉淀后,用上清液进行检查。量筒的高度与蒸馏水的量要足够。加入标本后立即在黑色背景下仔细观察结果。如浑浊不明显,下沉缓慢,中途消失者为阴性。

本试验是一种初步的简易筛检试验,可粗略区分漏出液与渗出液。方法简便、快速,不需要特殊仪器和试剂。由于病理状态下浆膜腔积液形成的机制多种多样,即使本试验阳性也不能完全区分渗出液与漏出液,而且在实际工作中根据本试验来区分漏出液还是渗出液有时并不可靠,故应结合其他项目的检查结果全面分析。目前,已趋向于采用直接测定各种蛋白质量和蛋白电泳等方法取代这种粗略的定性试验。

(四)胸、腹腔穿刺液检验的临床意义

1. 当穿刺液是漏出液时,为非炎性病变,主要来源于循环系统障碍;当穿刺液是渗出液时,则为炎性病变。穿刺液呈红色或红褐色,是混有血液或血红蛋白,常为出血或损伤性疾病;呈褐色或褐绿色,有腐败臭味,为腐败性疾病;呈乳白色,放置后液面有酪块状物,是混有大量脂肪所致,常为淋巴管破裂。

2. 当腹腔穿刺液中混有饲料碎屑,则可能是胃破裂;混有尿液,有尿臭味,则可能是膀胱破裂;穿刺液浓厚黏稠,则可能是子宫破裂。

3. 当动物在腹痛疾病过程中,腹腔穿刺液由透明淡黄色而变为红色时,往往继发肠管变位,预后不良;如混有饲料碎屑,呈酸性反应,有特异酸臭味,则是胃或肠破裂,预后不良;在胸膜疾病过程中,穿刺液如由浆液性转变为腐败性时,也多为预后不良。

三、脑脊液检验

脑脊液是存在于脑室及蛛网膜下腔中的无色透明液体。脑脊液的量在不同年龄可有所不同。正常动物脑脊液的总量为 120～180 mL。脑脊液主要由脑室脉络丛主动分泌和超滤作用产生。形成的脑脊液从两个侧脑室经室间孔进入第三脑室,流经中脑血管、第四脑室,通过第四脑室的中间孔及两侧孔进入脑和脊髓表面的蛛网膜下腔及脑池。脑脊液主要通过脊髓蛛网膜绒毛吸收返回静脉。此外,血管及脊髓神经根周围间隙对脑脊液也有吸收作用。脑脊液的主要功能是保护脑和脊髓免受外力震荡损伤,调节颅内压力,供给中枢神经系统营养物质并运出其代谢产物;调节碱贮量,保持中枢神经系统 pH 在 7.31～7.34;通过转运生物胺类物质,参与神经内分泌调节。

(一)脑脊液标本采集

脑脊液标本通过腰椎穿刺采集,特殊情况下可由小脑延髓池或侧脑室穿刺获取。穿刺成功后先作压力测定,正常脑脊液压力为 80～180 mm H_2O,超过 200 mm H_2O 表明颅内压增高,此时放出脑脊液的量应控制在 2 mL 以内。若压力低于 80 mm H_2O,表明颅内压降低,可作动力试验以了解蛛网膜下腔有无阻塞。待测定压力后将脑脊液分别收集于 3 支无菌试管中,每管 1～2 mL,第 1 管作细菌培养,第 2 管作化学检查和免疫学检查,第 3 管作物理学及显微镜检查。如疑有恶性肿瘤,可再留 1 管作脱落细胞检查。脑脊液标本采集后应立即送检,放置过久可因细胞破坏或细胞包裹于纤维蛋白凝块中导致细胞数降低及分类不准;脑脊液标本中葡萄糖的分解使葡萄糖测定结果偏低;脑脊液标本中细菌自溶或死亡影响细菌检出率。

(二)脑脊液物理学检验

1. 标本

新鲜采取的脑脊液。

2.操作方法

(1)检查颜色　肉眼观察脑脊液颜色变化,分别以无色、乳白色、红色、棕色或黑色、绿色等文字如实描述报告。

(2)检查透明度　肉眼观察脑脊液透明度变化,正常脑脊液清晰透明,病理情况下可出现不同程度的浑浊,可分别以"清晰透明"、"微浑"、"浑浊"等如实报告。

(3)检查是否有凝块或薄膜　轻轻倾斜试管,肉眼仔细观察有无凝块或薄膜,正常脑脊液无凝块或薄膜,脑膜炎时可形成凝块或薄膜,分别以"无凝块"、"有凝块"、"有薄膜"等如实报告。

3.注意事项

当标本颜色或透明度改变不明显时,应在灯光下以白色或黑色为背景仔细观察,同时观察有无凝块。当怀疑结核性脑膜炎时,标本应在2℃～4℃环境中静置12～24 h,再观察脑脊液表面有无薄膜形成。正常脑脊液无色,清晰透明,放置后无凝块或薄膜形成。

(三)脑脊液显微镜检查

1.目的

掌握脑脊液显微镜检查的内容和方法。

2.试剂

生理盐水或红细胞稀释液,冰乙酸,白细胞稀释液,瑞氏染液。

3.操作方法

(1)细胞总数计数　清晰透明或微浑浊脑脊液可直接计数,直接用微量吸管吸取混匀的脑脊液,充入血细胞计数板的上下2个计数池。静置2～3 min后计数,低倍镜计数2个计数池内四角和中央大方格共10个大方格内的细胞数。10个大方格内的细胞总数即为每微升脑脊液细胞总数,再换算成每升脑脊液细胞总数。

浑浊的脑脊液采用稀释计数法,可根据标本内细胞多少,用生理盐水或红细胞稀释液对标本进行一定倍数的稀释。用微量吸管吸取混匀后的稀释脑脊液充入1个计数池。静置2～3 min后,低倍镜计数1个计数池内四角和中央大方格共5个大方格内的细胞数。根据5个大方格内细胞总数及稀释倍数,计算每升脑脊液的细胞总数。

(2)白细胞计数　非血性清晰透明或微浑浊脑脊液可直接计数,在小试管内加入冰乙酸1～2滴,转动试管,使内壁黏附少许冰乙酸后倾去,滴加混匀的脑脊液3～4滴,混匀,静置数分钟,使红细胞被破坏。用微量吸管吸取破坏红细胞后的脑脊液(吸取前混匀),充入2个计数池,静置2～3 min后计数。低倍镜计数2个计数池内四角和中央大方格共10个大方格内的白细胞数。10个大方格内的白细胞数即为每微升脑脊液白细胞数,再换算成每升脑脊液白细胞数。

(3)稀释计数法　对于浑浊脑脊液,根据标本内白细胞多少,用白细胞稀释液对标本进行一定倍数的稀释,混匀,放置数分钟,破坏红细胞。用微量吸管吸取混匀稀释后的脑脊液,充入1个计数池,静置2～3 min后计数,低倍镜计数1个计数池内四角和中央大方格共5个大方格内的白细胞数。根据5个大方格内的白细胞数和稀释倍数,计算每升脑脊液的白细胞数。

(4)白细胞分类计数　白细胞计数后,转换高倍镜,根据细胞的形态和细胞核形态进行直接分类,共计数 100 个白细胞(包括内皮细胞),分别计数单(个)核细胞(包括淋巴细胞、单核细胞)和多(个)核细胞(粒细胞系)的数量,结果以单核细胞百分比和多核细胞百分比报告。如白细胞不足 100 个,可直接写出单核细胞和多核细胞具体数,若白细胞数量不足 30 个,可不作直接计数而改用涂片染色分类计数。

若直接分类不易区别细胞时,可将脑脊液以 1000 r/min 离心 5 min,取沉淀物,制成均匀薄片,置于室温下或 37℃恒温箱内尽快干燥,瑞氏染色后,油镜下进行分类计数,结果报告与血液白细胞分类计数报告方式相同。

4.注意事项

直接白细胞计数时,也可用微量吸管吸取冰乙酸后尽可能全部吹出,仅使吸管内壁黏附少许冰乙酸,再吸取少量混匀的脑脊液于吸管中,数分钟后吸管内红细胞溶解,然后再充入计数池计数。细胞计数时,如发现较多红细胞有皱缩或肿胀等异常现象,应如实报告,以协助临床医生鉴别陈旧性出血与新鲜出血。细胞涂片时,为了使细胞容易粘在载玻片上,可取沉淀的细胞悬液 2 滴,加血清 1 滴,混匀后涂片。涂片染色分类时,如见内皮细胞或异常细胞,则另行描述报告。检验结束后,血细胞计数板用 75%(体积分数)乙醇浸泡消毒 60 min,忌用酚浸泡,以免损坏计数板。

脑脊液细胞计数和分类目前一般仍用手工显微镜法。白细胞直接分类法简单、快速,但属粗略分类,其准确性差,且细胞较小,初学者难把握,尤其是陈旧性标本的细胞变形,分类更困难,误差较大。涂片染色分类法分类详细,结果准确可靠,尤其是可以发现异常细胞肿瘤细胞。但该法操作较复杂、费时。血液分析仪也可进行脑脊液细胞计数和白细胞分类,此法简单、快速,但标本尤其是病理性、陈旧性标本中的组织、细胞碎片以及细胞变形等都可以影响细胞分类和计数,故结果重复性、可靠性有待进一步探讨。

(四)脑脊液蛋白质定性检查

1.原理

脑脊液中球蛋白与苯酚结合,形成不溶性的蛋白盐而产生白色浑浊或沉淀。

2.试剂

制备饱和苯酚溶液:可取苯酚 10 mL(有结晶时,先放入 56℃水浴箱中加热助溶),加蒸馏水至 100 mL,充分混匀,置入 37℃温箱中数小时,见底层有苯酚析出,取上层饱和苯酚溶液于棕色瓶中避光保存。

3.操作方法

取试剂 2 mL 加于小试管中,用尖滴管垂直滴加新鲜脑脊液标本 1～2 滴,充分混合后,在黑暗背景下立即用肉眼观察判定结果。

4.结果判定

立即形成白色凝块、显著浑浊为＋＋＋＋;白色絮状沉淀或白色浓云块状、中度浑浊为＋＋＋;白色浑浊或白色薄云状沉淀、明显乳白色为＋＋;灰白色云雾状、微乳白色为＋;呈微白雾状,对光不易看见,黑色背景下才能见到为±;清晰透明,不呈现云雾状为一。

注意:健康马脑脊髓液为微乳白色。

5.临床意义

健康动物脑脊液仅含有微量蛋白质(40 mg/100 mL 以下),血脑屏障的通透性增大时,脑脊液中的蛋白质增多,且多为球蛋白,见于中暑、脑膜炎、脑炎、败血症及其他高热性疾病。但马发生破伤风、慢性脑水肿及牛发生产后瘫痪时,脑脊液中蛋白质含量仍可能在正常范围内。

【测试模块】

1. 实验室检验的目的是什么?
2. 常用的抗凝剂有哪些?
3. 简述血液涂片的操作方法。
4. 简述各种检验的测定方法、步骤及临床意义。
5. 掌握全自动生化分析仪的使用方法。
6. 掌握各项生化指标的临床意义。
7. 尿液、粪便检验的方法及临床意义。

项目六　X线检查技术

【知识目标】

1. 理解 X 线原理及成像原理。
2. 掌握 X 线机的工作过程,能够对 X 线摄影过程中出现的实际工作问题,进行正确的处理。
3. 掌握使用 X 线机、滤线器和自动洗片机;散射线的辐射反应和防护措施,掌握 X 线摄影技术。
4. 根据处方签描述,掌握操作各种体位 X 线摄影方式的摆位技术。
5. 掌握胶片冲洗技术。

【技能目标】

1. 能掌握 X 线机的工作过程。
2. 能熟练使用 X 线机各种仪表。
3. 能熟练调节各种参数。
4. 能熟练应用透视检查技术。
5. 能熟练应用摄影检查技术。
6. 掌握暗室结构。
7. 能够安全地装卸 X 线胶片。
8. 掌握人工及自动洗片机胶片冲洗技术。

任务一　X 射线与 X 线机概述

一、X 射线的基础知识

(一)X 线的产生

X 线是在 X 线管内产生的。X 线管相当于一个真空二极管,杯状的阴极内装着灯丝,阳极由呈斜面的钨靶和散热附属装置组成。

X 线的发生过程是向 X 线管灯丝供电、加热,在阴极灯丝上形成热电子。当向 X 线管两极提供高电压时,阴极与阳极间的电势差陡增,阴极电子以高速由阴极流向阳极。高速阴极电子轰击阳极靶面,因而发生能量转换,其中 1% 以下的能量转换为 X 线,99% 以上转换热能。

(二)X 线的特性

X 线属于电磁波,波长范围为 $0.0006\sim50$ nm,用于 X 线成像的波长为 $0.008\sim0.031$ nm。在电磁波谱中居 γ 射线与紫外线之间,比可见光的波长短,肉眼看不见。

X线具有以下特性：

1. 穿透性

X线波长短，具有很强的穿透能力，能穿透可见光不能穿透的物体，在穿透过程中有一定程度的吸收，即衰减。X线的穿透力与X线管电压有密切关系，电压愈高所产生的X线波长愈短，穿透力也愈强；反之，其穿透力愈弱。X线穿透物体的能力也与物体的密度和厚度相关。密度高、厚度大的物体吸收X线多，透过的少。X线的穿透性是X线成像的基础。

2. 荧光效应

X线激发荧光物质如硫化锌镉及钨酸钙等，使其产生可见的荧光。这种转换称荧光效应，荧光效应是进行透视检查的基础。

3. 感光效应

涂有溴化银的胶片经X线照射后，感光产生潜影，再经显影、定影等化学处理，感光的溴化银中的银离子被还原成金属银，并沉积在胶片的胶膜内。此金属银的微粒在胶片上呈黑色。而未感光的溴化银在定影及冲洗过程中，从X线胶片上被冲洗掉，因而显出胶片片基的透明本色。依金属银沉积的多少便产生了由黑至白的影像。因此，感光效应是X线摄影的基础。

4. 电离效应

X线通过任何物质都可以产生电离效应。空气的电离程度与空气所吸收的X线量成正比，因而可以通过测量空气电离的程度检测X线的量。X线射入机体也产生电离效应，可引起生物学方面的改变，即生物效应，这是放射治疗的基础，也是进行X线检查中需要注意防护的原因。

（三）X线成像的基本原理

X线之所以能使机体组织结构在荧光屏上或胶片上形成影像，一方面是基于X线的穿透性、荧光效应和感光效应；另一方面是基于机体组织之间存有密度和厚度的差别。当X线透过机体不同组织结构时，被吸收的程度不同，所以到达荧光屏或胶片上的X线量有差异。这样，在荧光屏或X线片上就形成了明暗或黑白对比不同的影像。因此，X线影像的形成是基于以下3个基本条件：第一，X线具有穿透能力，能穿透机体的组织结构；第二，被穿透的组织结构中，存在着密度和厚度的差异，X线在穿透的过程中被吸收的量不同，所以剩余的X线的量有差异；第三，这个有差别的剩余射线是看不见的，只有经过显像过程，如激发荧光或经X线片的显影，才能获得具有黑白对比、层次差异的X线影像。

机体组织结构由不同元素组成，各种组织结构之间存在着密度差异。机体组织结构的密度可归纳为3类：属于高密度的结构有骨组织和钙化灶；中等密度的有软骨、肌肉、神经、实质器官、结缔组织和体液等；低密度的有脂肪组织以及存在于呼吸道、胃肠道和鼻窦等处的气体。

当强度均匀的X线穿透厚度相等而密度不同的组织结构时，由于吸收程度不同，就会出现黑、白、灰亮度不同的影像。在荧光屏上亮的部分表示该部结构密度低，如空气、脂肪等，吸收X线量少，透过的多；黑影部分表示该部结构密度高，如骨骼、金属和钙化灶，对X线的吸收多，透过的量少。在X线片上，其透光强的部分代表物体密度高或，透光弱的部分代表物体密度低。这与荧光屏上的影像正好相反。

病变可以使机体组织密度发生改变。如肺肿瘤病变可在低密度的肺组织中产生中等密度的改变，在胸片上，于肺的黑色背景上出现代表病变的灰影或灰白影。

机体组织结构和器官形态不同，厚度也不一样。厚的部分，吸收 X 线多，透过的 X 线少，薄的部分则相反，于是在 X 线片上和荧光屏上显示出黑白对比和明暗差异的影像。所以 X 线成像与组织结构和器官厚度也有关。

二、X 线机的种类、认识及使用

(一)X 线机的种类

目前兽医临床使用的 X 线机主要是普通诊断用 X 线机，根据动物 X 线检查的特点及实际需要，兽医用 X 线机主要有固定式 X 线机、携带式 X 线机和移动式 X 线机。

一般来说，固定式 X 线机多为性能较高的机器(图 6-1)，这种 X 线机的组成结构包括机头，可使机头多方位移动的悬挂、支持和移动的装置，诊视窗，摄影床，高压发生器及控制台等。机器安装在室内固定的位置，机头可作上下、左右、前后的三维运动，摄影床也可作前后、左右运动，这样在拍片时方便摆位。有些机器还有影像增强器和电视设备，从而方便透视和造影检查，保证工作人员的安全。

图 6-1　固定式 X 线机

图 6-2　X 线机管

(二)X 线机的基本构造

1. X 线管

X 线管(图 6-2)是 X 线机的重要组成部分之一，其基本作用是将电能转换成 X 线。X 线管的组成结构如下。

(1)阳极　阳极由阳极头、阳极帽、玻璃圈和阳极柄构成。

①阳极头:阳极头是由靶面和阳极体组成。靶面承受电子轰击，辐射 X 线。医用 X 线管的靶面一般由钨制成，称钨靶。

②阳极帽:阳极帽由无氧铜制成，主要作用是吸收二次电子。高速运动的电子轰击靶面时，一部分与靶面原子碰撞后反射出来，称二次电子。二次电子属于有害电子，阳极帽可以吸收 50%～60% 的二次电子，减少其对 X 线管的损害。

③阳极柄:阳极柄由紫铜制成，是阳极引出管外部分。它和阳极头相连，浸在油中，通过与油之间的热传导将阳极头产生的热量传导。

阳极又包括固定阳极和旋转阳极两种类型。

(2)阴极　阴极主要由灯丝、阴极头、阴极套和玻璃芯柱等组成。

①灯丝:灯丝由钨绕制成螺旋管状，其作用是发射电子。灯丝通电加热后，温度逐渐上升，到达一定值后开始发射电子。在一定范围内，灯丝电压愈高，通过灯丝的电流愈大，灯丝温度也愈高，发射电子数愈多。因此调节灯丝温度即可改变管电流，也就调节了 X 线的量。

②阴极头:阴极头由纯铁或镍制成，灯丝就装在其中。热电子从灯丝逸出后，初速度较小，这时的电子运动轨迹亦即焦点尺寸和形状主要决定于灯丝附近的电位分布曲线。因此

在阴极头中装置灯丝的地方被加工成圆弧直槽或阶梯直槽,以形成一定的电位分布曲线,对电子进行聚焦,故称为聚焦槽或集射槽。

③玻璃壳:玻璃壳又称管壳,是用来支撑阴、阳两极和保持管内真空度的,通常采用熔点高、绝缘强度大、膨胀系数小的钼阻硬质玻璃制成。

2.高压发生装置

高压变压器是产生高电压并为X线管提供电能的器件,其工作原理与一般的变压器相同,但由于运动状态较为特殊,因此它具有下列特点:

(1)变压比大,次极输出电压很高。诊断X线机为30~150 kV(峰值)左右。

(2)诊断X线机用于摄影时,其瞬间功率很大,管电流可达数百毫安。但工作时间很短,其设计容量可等于最高输出容量的$1/5 \sim 1/3$。而在透视和治疗时负荷很小。一般小型诊断X线机的高压变压器瞬时功率约为数千伏安,而大型的诊断X线机约为30~100 kVA。

(3)由于使用了绝缘油,提高了各部件间的绝缘性能,并可缩小体积和重量,又因为负荷时间短,一般不考虑散热问题,故变压器效率要求也不十分严格。

3.控制器

控制器是X线机的控制中枢,它与X线机的各个部分都有电的联系,是操作人员设定各种功能、选择投照条件和操作机器的地方。控制台上有许多开关、旋钮和指示电表,它们都连接在低压电路上,这是出于安全考虑而特别设计的。

(1)电源电压选择器　大多数机器控制台上都设有电源电压选择器以及时调节供给机器的电源电压。同时配备有电源电压表,随时指示电源电压,若电压表指示不在规定的220V(或380V)上,可以通过电源电压选择器予以调整。所以在进行X线机操作时,首先应对电源电压进行调整,务必使电压表指针指示在220V(或380V)的位置上。

(2)管电流选择器　管电流选择器又称毫安选择器。所谓管电流就是X线管中从阴极流向阳极的电流,这个选择器可以预置管电流的大小。

(3)管电压选择器　管电压选择器又称千伏选择器,是为选择加在X线管两极间的电压而设立的。中小功率诊断X线机管电压的调节范围在30~90 kV;大功率X线机管电压的调节范围在30~150 kV。

(4)电子限时器　目前在大中型诊断X线机,已广泛使用可控硅无触点开关,代替常用的交流接触器。这样可根据限时器的信号,直接控制高压的接入和断开,消除了电磁接触器延迟的影响,且能够准确而有效地作到零相位接入高压,避免过电压的产生。对于单相电源机组,最短控制时间可达到0.01 s;在三相高压整流电路的大型机组中,控时精度可达到0.003 s。

任务二　暗室操作技术

一、暗室的基本要求

一个暗室应该有两个区——干区和湿区。洗片机和药液箱应放在湿区,X线片盒应在干区内操作。未曝光的X线片保存在一个防辐射的箱子内,放在台面下的干燥处。X线包装盒本身有一个开口,方便取放。

保持台面整齐、清洁、干燥。台面上需要有足够的空间来处理片盒和片箱。如果用光照机作 X 线片标记,应确定它是正常工作的。所有物品都必须按厂商的说明保养。如果使用光照机,必须确保病畜信息卡能提供足够的信息。

地板和台面都有可能变湿,室内应准备一块毛巾用于擦去所有溅出的水,使台面干燥。如果地板湿了要墩地或至少每周墩一次。暗室内应放一盒检查手套,用于接触化学药品。

如果暗室维护得不好,可能会成为影响 X 线片质量的一个因素。关上暗室的门检查暗室内是否有白光,如果门缝或其他地方有光线进入暗室,应立即予以处理。检查安全灯,关上门,打开安全灯,把一个未曝光的 X 线片放在台面上,其上放一金属物体,暴露 2 min 后,把 X 线片冲洗出来。如果金属物体能在片上显现出来,则说明安全灯异常或还有其他的光源。

二、暗室操作技术

(一)胶片装卸

装片应在暗室内操作,应关上暗室门并打开安全红灯。片盒面朝下,铰链侧远离操作人员,把盒底部翻起并远离操作人员。取出适合的片箱,打开盖子。每张 X 线片都由一层桔黄色的纸包裹着(有些 X 线片箱没有单独包装纸),纸的折线位于顶部且盖在 X 线片顶部边缘上。抓住 X 线片包装纸并取出 X 线片,把 X 线片放入打开的片盒中并使包装纸缘朝向操作者,把包装纸向外抽去,X 线片就落入片盒中。为证实 X 线片是否完全在片盒内,可用一个手指按在 X 线片的一个角上,先使之上下运动再左右运动,如果 X 线片完全在片盒内,片盒的边缘会完全限制它的运动。把片盒的底部盖在 X 线片上并锁紧片盒。这时可把片盒放在通常保存的地方待用,切记不要让片盒空着。

同样,取片也应该在暗室内操作,应关上暗室门并打开安全灯。把片盒面朝下放置,铰链侧远离操作者。如果片盒背侧是横杆卡住,将其压向边缘,旋转,使得其远离片盒边缘的卡槽。把片盒翻过来,铰链侧朝墙,片盒顶部向上翻起,片盒底仍在台面上。当顶部翻起时,X 线片仍在片盒顶部。X 线片向下掉时,助手抓住 X 线片的一个角,只需用指尖夹住 X 线片的一个角即可。手指必须干净、干燥。把 X 线片放进洗片机或夹在持片器上。片盒仍开着,等待装片。

规范操作片盒和 X 线片可防止划痕、污点、头发或其他污物,这是控制 X 线片质量的一部分。

(二)胶片冲洗

胶片冲洗包括显影、漂洗、定影、流水冲洗及干燥 5 个步骤。前 3 个步骤须在暗室内进行。

1. 显影

显影是将 X 线胶片药膜中的潜影经化学反应还原成可见的黑色金属银组成的影像。将曝光后的 X 线片从暗盒中取出,然后选用大小相当的洗片架,将胶片固定四角,先在清水内润湿 1～2 次,除去胶片上可能附着的气泡。再把胶片轻轻放入显影液内进行显影。可以采取边显边观察的方法,也可以采取定时的显影方法。但后者必须保持恒定的照射量,否则难以保证照片的密度一致。在这一过程中应该注意显影液的新鲜程度、显影效果、显影时间的控制和显影液的搅动。通常以固定的温度、显影时间和搅动方式为好。

显影液是一种还原剂,常用的还原剂有对甲氨基酚硫酸盐、对苯二酚和菲尼酮。对甲氨基酚硫酸盐,又名米吐尔,还原能力强,初显快,以后逐渐减慢,能显出层次丰富柔和的照片。

对苯二酚,商品名为海得尔,其特点是显影速度比较缓慢,比米吐尔约慢20倍。但影像一经出现,显影作用就变得相当强烈,能使强光部分以较快的速度显出,对阴影部分的作用较慢,从而得到反差较强的影像。一般对苯二酚和米吐尔配合使用,这是广泛采用而效果极好的显影液。菲尼酮的特性是显影能力很弱,但是与对苯二酚合用,能获得很强的显影能力,尤其对高对比度的照片显影效果更好。

显影液中还可加入显影促进剂。促进剂是碱性成分,在显影液配方中加入碱类,提高了溶液的pH,从而提高显影速度。常用的碱类有碳酸钠、硼砂、碳酸钾、氢氧化钠和氢氧化钾。

保护剂也称抗氧化剂。最常用的是无水亚硫酸钠,它有3个作用。一是保护显影液,防止被氧化失效;二是能与显影液的氧化产物反应,防止生成污染力强的氧化物;三是起溶剂作用,轻微溶解卤化银颗粒,得到相对的微粒显影效果。

抑制剂又称防灰雾剂。在显影液中加入适量的溴化钾,可防止灰雾的产生,并起抑制作用,延迟显影速度。

2.漂洗

在清水中洗去胶片上的显影剂即称为漂洗。把显影完毕的胶片放入盛满清水的容器内漂洗10~20 s后拿出,滴去片上的水滴即行定影。

3.定影

将漂洗后的胶片浸入定影箱内的定影液中,定影的标准温度和定影时间不像显影那样严格,一般定影液的温度以16℃~24℃为宜,定影时间为15~30 min。当胶片放入定影液中时,不要立即开灯,因为定影不充分的胶片,残存的溴化银仍能感光,如果过早地在灯下曝露,会使影像发灰。如连续洗片时,应按顺序排列,在晃动和观片时要避免划伤药膜及相互粘连。

定影的作用是将X线胶片上未曝光的卤化银溶去,而剩下完全由金属银颗粒组成的影像。通常定影液中含有定影剂、保护剂、坚膜剂、酸以及缓冲剂等。

最常用的定影剂是硫代硫酸钠,俗称大苏打或海波。硫代硫酸钠的定影过程分为两个阶段:第一个阶段,硫代硫酸钠与卤化银发生反应,先形成不溶于水的一银一硫代硫酸钠。完成这一反应时,乳剂层已经透明,但生成物仍留在乳剂膜中;在第二阶段反应中,这种不溶于水的一银一硫代硫酸钠与硫代硫酸钠继续反应,形成可溶于水的一银二硫代硫酸钠,才能真正完成定影过程。

亚硫酸钠在定影液中是一种保护剂,其作用是:在定影液中若不加入亚硫酸钠时,硫代硫酸根离子便与氢离子结合,形成亚硫酸氢根离子,并析出沉淀;若在定影液中加入亚硫酸钠,亚硫酸根离子与氢离子结合形成亚硫酸氢根离子。这种结合就避免了硫代硫酸根离子与氢离子结合形成沉淀。所以在配定影液时,未加酸前先加入保护剂亚硫酸钠。

定影液中还要加入适量的酸,目的是中和X线片从显影液中带来的碱,从而迅速抑制显影,防止斑迹。加入的酸为醋酸之类的弱酸。

4.水洗

水洗时把定影完毕的胶片放在流动的清水池中冲洗0.5~1h。若无流动清水,则需延长浸洗时间。

定影后的乳剂膜表面和内部,残存着硫代硫酸钠和少量银的络合物。如不用水洗掉,残存的硫代硫酸钠以后会与空气中的二氧化碳和水发生化学反应,分解出的硫与照片上的金属银作用,形成棕黄色的硫化银,使影像变黄。

上面反应形成的亚硫酸,又能被空气中的氧所氧化,变成硫酸。硫化银与硫酸缓慢作用,便生成白色的硫酸银,并放出硫化氢气体,使影像褪色。同时所生成的硫化氢气体,又能与金属银作用,形成棕色的硫化银。这样影像逐渐变为黄褐色,失去保存的价值。由此看来水洗是相当重要的。

5. 干燥

冲影完毕后的胶片,可放入电热干片箱中快速干燥。或放在凉片架上自然干燥,禁止在强烈的日光下暴晒及高温烘烤,以免乳剂膜溶化或卷曲。

现在多为自动洗片机(如图 6-3、6-4)冲洗,但是仍然包括上述 5 个步骤。

图 6-3　自动洗片机

图 6-4　自动洗片机内部结构

任务三　X 射线的检查

一、透视检查

透视是利用 X 线的荧光作用,在荧光屏上显示出被照物体的影像,进行观察的一种方法。透视检查时,让 X 线穿过被检对象到达荧光屏上,产生被检对象的影像。检查者面对透视屏或电视屏幕进行观察,必要时还可移动透视屏或被检动物,以便从各个位置和不同的角度观察病变(如图 6-5)。通过透视还能看到内部器官的动态影像,所以透视是一种经济、方便、快速的 X 线技术。

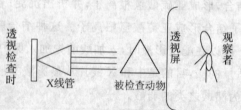

图 6-5　透视检查模式图

普通透视必须在暗房中进行,应用影像增强电视系统时则可在明室操作。透视屏由能够透过 X 线的塑料保护板、荧光屏和一块铅玻璃组成。荧光屏上的荧光物质是硫化锌镉,它在X线激发下能发出人眼敏感的绿色光线。铅玻璃盖在荧光屏上,不影响观察影像,但阻挡了X线,对观察者有防护作用。为此,铅玻璃的铅当量不应小于1.5 mm。为了方便检查者灵活变动观察部位,机头应与透视屏联动,机头前应装上一副能由检查者控制的可变孔隙遮线板,以便调整X线的照射范围。在透视屏的周围应有含铅橡皮的遮挡防护。

透视之前应把患畜需检查的部位皮肤上的泥土、药物等除掉,以免出现干扰阴影,影响观察和发生误诊。透视时要将动物安全保定,必要时给予镇静剂,甚至进行麻醉。

在进行普通透视检查前,检查者必须对眼睛进行暗适应,即在暗房中坐等10 min。如果检查者在透视前必须在日光或灯光下活动,可提前15 min佩带红色眼镜,以使眼睛保持在暗的环境中。

透视时先将检查部位置于X线管和透视屏之间,并使透视屏尽量靠近被检部位。X线焦点与透视屏的距离为50～100 cm,检查部位越厚,距离也应越长。透视时要利用X线管前的可变孔隙遮线器,尽量缩小在荧光屏上观察的范围。透视用的管电压为50～90 kV,管电流为5 mA左右。观察时间即X线的发射时间由透视者掌握,每一个病例不超过5 min,以间断曝光的形式进行。

由于透视的曝光时间较摄影时间长得多,虽然管电流很小,但病畜受到的辐射量还是很大,每分钟可达10 r,附近50 cm处的散射线约为每分钟10～20 mr。因此,透视检查必须十分注意防护设备的应用,必须遵守操作规定。提高视力的暗适应、合理应用可变孔隙遮线器以缩小投照范围、应用间断曝光等措施在透视辐射防护中是非常重要的。

二、摄影检查

摄影是把动物要检查的部位摄制成X线片,然后再对X线片上的影像进行研究的一种方法。X线片上的空间分辨率较高,影像清晰,可看到较细小的变化,身体较厚部位以及厚度和密度差异较小的部位病变也能显示。因此,对病变的发现率与准确率均较高。同时X线片可长期保存,便于随时研究、比较和复查时参考。它是兽医影像检查技术中最常用的一种方法。

摄影前应了解摄影检查的目的和要求,以便决定摄影的位置和使用的胶片大小。摄影前要把患畜被检部位皮肤上的泥土、污物和药物(特别是含碘制剂)清除干净,防止在X线片上留下干扰的阴影。还要确实地保定动物,必要时可使用化学保定,甚至全身麻醉。

摄影时要使X线机头、检查部位和X线胶片三者排在一直条线上,在摆位时可利用各种形状的塑料、海绵块、木块、沙袋以及绷带、绳索等辅助摆正和固定好动物;大动物摄影时常由辅助人员手持片盒,为防止摄影时片盒晃动,应使用带支杆的持片架。摄影距离即焦点到胶片的距离,它的大小应根据所用X线机的容量决定,一般为75～100 cm。管电压则根据被照部位的厚度决定。由于动物不能主动配合,所以在兽医X线检查中多采用高千伏、大电流、短时间的摄影模式,以抓住动物安静的时机进行曝光。曝光后的胶片经过暗室冲洗晾干后才能成为诊断用的X线片。

X线摄影步骤如下:

①确定投照体位:根据检查目的和要求,选择正确的投照体位。

②测量体厚:测量投照部位的厚度,以便查找和确定投照条件。测量所摄部位的最厚处。

③选择胶片尺寸:根据投照范围选用适当的遮线器和胶片尺寸。

④安放照片标记:诊断用X线片必须进行标记,否则出现混乱造成事故。X线片用铅字

号码标记,将号码按顺序放在片盒的边缘。

⑤摆位置对中心线:依投照部位和检查目的摆好体位,使X线管、被检肌体和片盒三者在一条线上,X线束的中心应在被检肌体和片盒的中央。

⑥选择曝光条件:根据投照部位的位置、体厚、生理、病理情况和机器条件,选择大小焦点、千伏(kV)、毫安(mA)、时间(s)和焦点到胶片的距离(FFD)。

⑦在动物安静不动时曝光。

⑧曝光后的胶片送暗室内冲洗,晾干后剪角装套。

三、特殊摄影检查

(一)体层摄影

普通X线片是X线投影路径上所有影像重叠在一起的总会投影。一部分影像因与其前、后影像重叠而不能显示。体层摄影则可通过特殊的装置和操作获得某一选定层面上组织结构的影像,而那些不属于选定层面的结构则在投影过程中被模糊掉。体层摄影常用于明确平片难以显示、重叠较多和处于较深部位的病变。多用于了解病变内部结构有无破坏、空洞或钙化,边缘是否锐利以及病变的确切部位和范围。显示气管、支气管腔有无狭窄、堵塞或扩张。

为了满足不同部位的选层需要,体层摄影机的运动轨迹有直线形、圆形、椭圆形等多种形式。直线形体层摄影机是最简单实用的一种。其X线管与胶片盒在同一联动杠杆的两端,两者成直线形平行反方向协调联动,而检查部位所选定的某一深度组织的平面则相对于联动杠杆的转轴。当曝光时虽然X线管焦点和X线片盒反方向移动,但所选定的层面始终落在胶片的同一部位上,其影像清晰。而其前、后其他层面的组织阴影不能固定地落在胶片上,故影像模糊不清。

应用体层摄影检查技术的注意事项:做好检查前的准备、体位的选择、体层层面的选择、轨迹与照射角的选择和层间距的选择等工作。另外还有严格按照体层摄影步骤进行。

(二)高千伏摄影

高千伏摄影是用120 kV以上的管电压产生的能量较大的X线,获得在较小密度值范围内显示层次丰富的X线片的一种方法。

使用120 kV以上的管电压可获得能量较高的硬质X线,穿透能量强,使获得的照片显示的组织层次丰富。高千伏摄影获得的照片影像对比度较小,各组织间的照片密度差减小,同时因各种组织都被穿透,使照片上显示的组织层次丰富,即层次丰富的影像处在较小密度差条件下,都能在X线胶片特性曲线的直线部分按比例地显示出来。

高千伏摄影需要大容量X线机,管电压可在100～150 kV调节。要用高栅比的滤线栅,一般为10∶1,12∶1,16∶1。选用高速增感屏、高γ值X线胶片,现在多用新屏一片组合体系。

高千伏摄影可用于胸部、腹部、脊柱和头部的检查。如肺部的高千伏摄影使肺野的可见度增加,可透过肋骨阴影见到肺纹理和炎症病灶。纵隔阴影、气管和支气管阴影虽与胸骨和胸椎重叠也可显示。高千伏摄影穿透能力强,能提高较厚部位如腹部、脊柱及头部的投照效果。

(三)X线影像增强器及电视系统

X线影像增强器把X线影像转换成可见光影像,并使亮度得到增强,其输出影像亮度比普通荧光屏亮度增加几千倍。电视是在增强器问世后首先进入X线领域的,目前增强器已全部与电视配套,用监视器进行观察,所以一般统称为X线电视系统。该系统使传统的透视得到了彻底改变,使透视工作从暗室中解放出来,并实现了透视亮度自动调节,降低了X线剂量(降低到原来剂量的1/10)。可使图像传送到一定距离外进行观察、显示。提高了诊断准确率和效率。随着照相技术、电影摄影、录像技术也都进入X线领域,X线的应用范围迅速扩大。所以影像增强器的出现被认为是X线设备发展中的一个主要阶段。

X线电视系统的主要缺陷是影像层次不如荧光屏丰富;对于密度对比差的部位某些细小病灶不易发现,这主要是电视部分的性能所限。但对大多数用途,如消化道钡餐透视、骨折复位、导管定位、取异物或结石等仍是很理想的手段。

X线电视系统由影像增强器、光分配器、电视系统等组成。影像增强系统的核心部件是增强器,它由输入屏、聚焦电极、阳极(加速电极)、输出屏、离子泵和外壳组成。输入屏将接收的X线影像转换成可见光,再由其光电阴极转换成电子影像。光电子在阳极和聚焦电极共同形成的电子透镜作用下加速、聚焦。于输出屏前形成缩小且增强的电子影像,最后由输出屏转换成可见光影像。离子泵是为"吸收"管内少量气体而设的。光分配器又称分光器,是在透视过程中完成光路转换的部件,置于增强器后可以配用电视摄像机、点片照相机和电影摄像机等。

四、X线检查在临床上的应用

(一)骨骼与关节常见疾病的X线诊断

透视检查常对骨折、脱位的复位手术、阳性异物检查和异物摘除进行检查,在骨与关节的检查中因不能显示细微结构和病变,所以只能作为一种辅助检查方法,临床上常采用X线摄影检查。

1.骨骼与关节的摆位

骨骼与关节的摆位主要有正位、侧位,部分关节有伸展屈曲等体位。以肩关节为例。

(1)肩关节侧位投照　患犬侧卧,患肢在下。将患肢向下、向前拉,使肩关节在胸骨和气管的腹侧。头颈向背侧屈曲,对侧肢后拉,但不能使身体旋转。X线中心束对准肩峰(图6-6)。

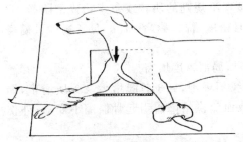

图6-6　肩关节侧位投照

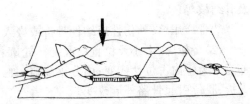

图6-7　肩关节后前位投照

(2)肩关节后前位投照　患犬仰卧,胸腹部适当支撑,拉住后肢,患肢尽可能前拉、轻微内旋,使肩胛骨轻微远离身体,避免与肋骨重叠,肩胛刃垂直于摄影床。X线中心束对准肩关节(图 6-7)。

2.骨骼与关节的投照条件设定

(1)曝光量　由于骨骼对 X 线的吸收能力强,根据曝光实验,通常曝光量选用 8AmS。

(2)管电压　根据投照部位的厚度(cm)×2+40~45 kV 来确定,如果投照部位(如脊柱投照)超过 12cm,需要使用滤线栅时,则在根据厚度确定的管电压的基础上补充 20~25 kV。

3.动物四肢正常骨骼与关节的 X 线摄影片

(1)四肢管状长骨的解剖　正常管状长骨的骨膜不显影,与周围软组织共同呈现暗黑阴影。骨密质呈现均匀致密的白色阴影,在骨干中央部最厚,两端逐渐变薄,骨密质上有时可见条状的营养血管或点状营养血管孔的阴影。骨松质位于骨松质内面充满于长骨两端,呈现细致整齐网状结构的灰白阴影。骨小梁常按机械负重需要规则排列。骨髓腔位于两侧骨密质部中间,成灰黑阴影。

(2)正常关节解剖　四肢正常关节间隙呈黑色阴影,组成单关节的两骨端呈现灰白色阴影;复关节各骨排列正常,轮廓清楚。关节囊和周围韧带及软组织不能区分,均呈灰暗阴影。

4.骨骼病变的基本表现

(1)密度的改变

①密度降低:在常规投照条件下,X 线片上骨质的密度较正常降低,可以是局限性或多骨性改变。

②骨质疏松:又称骨质稀疏,是指单位体积内骨质减少。X 线表现为骨皮质变薄,骨髓腔增宽,骨小梁变细,数目减少,间隙变宽。老龄动物、高度营养不良或代谢障碍等原因所致,表现为广泛性的整个密度降低;由于炎症、外伤或废用等原因所致,则为局限性密度降低。

③骨质软化:指骨样组织中钙盐沉着减少或脱钙,即每克骨中的含钙量减少,未钙化的骨样组织增多,为广泛性的改变。X 线表现为骨质密度普遍降低,皮质变薄,骨小梁稀少,负重骨弯曲变形。多见于幼畜的佝偻病和骨软病。

④骨质破坏:在病理过程中,正常的骨组织被肉芽组织、囊肿或坏死组织等所代替,导致局部骨质溶解、吸收。X 线表现为局部骨质密度降低,骨皮质及骨小梁消失,呈现局部骨质缺损区。

⑤密度增高:骨质增生硬化,即在单位体积内骨质增多。X 线表现为骨皮质增厚,轮廓粗大,盆腔狭窄,骨小梁增粗致密,失去网状结构,使整个密度增高。局限性或多发性,呈慢性经过,见于慢性炎症、骨病修复期等。

⑥死骨:有些骨病在破坏区内如有死骨形成,显现不规则的块状或条索状致密阴影,此阴影在周围坏死透明区对比下,显得死骨形状清楚且密度增高,称"骨柩"。见于慢性骨髓炎及骨结核等。

⑦骨质压缩:外伤性压缩性骨折或嵌入性骨折时,局部密度增高。

(2)骨轮廓、大小及位置的改变　轮廓粗糙,边缘不规则,见于骨膜增生及骨质增生,局部隆突为骨内占位性病变;内分泌障碍、神经营养或血流供给障碍引起骨骼缩小变形;外伤骨折、脱位引起骨骼外形改变。

(3)骨膜的改变　正常骨膜为极薄的结缔组织组成,X 线片不能显示。当骨膜外伤或受病原刺激就会引起增生性改变。常见有以下几种形式:

①平行形:平行于骨皮质呈线条样增生,单层或多层,称"葱皮样"改变,见于骨外伤的

愈合期。

②花边状：呈波形不规则起伏状，见于骨髓炎的愈合期。

③纺锤形：骨膜围绕骨干呈梭形增厚，见于骨折的愈合期。

(4)软组织的改变　正常软组织有一定弧度关系。骨髓炎早期，周围软组织发生肿胀；骨结核时软组织有脓肿形成；外伤时软组织内可能有积气，异物或炎性坏死，软组织出血，可能有肌肉或筋腱的钙化现象。

5.关节病变的X线表现

(1)关节周围软组织肿胀　软组织肿大，密度增高、层次模糊不清，见于软组织挫伤及化脓性关节炎早期。

(2)关节内积液　在渗出性炎症或化脓性关节炎常引起关节腔内积液，X线片表现为关节间隙增宽，密度增加。必要时应对侧片进行对照观察。

(3)关节破坏　常见于化脓性关节炎，关节软骨明显破坏，随之破坏关节板及骨松质。X线表现为关节面不光滑，粗糙不规则，甚至骨质缺损，关节间隙狭窄或消失，严重则引起关节变形、半脱位或畸形。

(4)关节脱位　关节结构发生改变或破坏，常见于髋关节、膝关节及肘关节。

(5)关节强直　为化脓性关节炎或慢性炎症的结果，如仅破坏部分关节软骨。在愈合后纤维组织增生，无骨小梁穿过其间，关节活动受限，为纤维性强直；如软骨及骨质均破坏，在愈合过程中使两骨端融合，X线表现为关节间隙明显狭窄或完全消失，并有骨小梁通过其间，为骨性强直。

6.临床上常见骨关节疾病的X线表现(表6-1)

表 6-1　临床上常见骨关节疾病的X线表现

骨关节疾病	X线表现
骨折	骨完整性破坏，呈现黑色均匀的骨折线，并可见破坏碎骨片由断端移位的影像
骨折愈合	骨折周围软组织肿胀消退，骨折线模糊或消失，骨小梁贯穿两断端
关节脱位	关节窝与关节头的正常解剖关系发生改变，组成关节的两骨端发生部分或全部移位
骨化性骨膜炎	骨皮质表面呈新生致密骨性阴影，常因钙化进行不均匀而呈岛状，最初与骨皮质结合不紧密；增生的新生骨较小者称骨疣或骨赘，呈针状或小结节状高度致密阴影；增生的新骨较大呈局限性结节状的称外生性骨瘤，多无结构
骨关节病	关节间隙狭窄，骨质硬化，其致密度增高；骨组织破坏，在相邻的两关节面上呈现虫蚀样骨质缺损的密度降低阴影，在关节相邻的两骨边缘发生唇样骨质增生
变形性关节炎	关节软骨破坏、关节愈着、关节边缘股质增生、附近韧带和骨膜骨化而形成骨赘等
佝偻病	普遍性骨质稀疏，密度降低，骨皮质变薄，骨小梁稀疏粗糙，甚至消失，重者持重骨弯曲变形，骨干干骺端膨大，呈杯口状凹陷变形
软骨病	全身性骨质密度降低及骨质疏松，骨皮质变薄，骨小梁稀疏粗糙，粗糙模糊或因脱钙形成囊性密度降低区。重者持重骨弯曲变形，骨盆及椎体变形，肋骨胸端膨大，下颌骨粗糙增厚等

(二)胸肺疾病的 X 线诊断

1. 胸部投照的摆位

(1)侧位投照　右侧位投照时,患犬右侧卧,前肢前拉,后肢后拉,头颈自然伸展,垫高胸骨,防止胸部旋转。投照范围从肩前到第一腰椎,投照中心在第 4～5 肋间隙(肩胛骨后缘1～2指处),胸廓的厚度以第 13 肋骨处的厚度为准(见图 6-8)。左侧位投照时,患犬左侧卧,其他同右侧位投照。

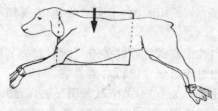

图 6-8　胸部侧位投照

(2)正位投照　背腹位投照时患犬俯卧,前肢前拉,肘头外展,后肢自然摆放,脊柱拉直,胸椎与胸骨上下在同一垂直平面,投照范围从肩前到第一腰椎,投照中心在第 5～6 肋间隙(肩胛骨后缘),胸廓的厚度以第 13 肋骨处的厚度为准(见图 6-9)。腹背位投照时患犬仰卧,前肢前拉,肘头外展,后肢自然摆放,脊柱拉直,胸椎与胸骨上下在同一垂直平面,投照范围从肩前到第一腰椎,投照中心在第 5～6 肋间隙(肩胛骨后缘),胸廓的厚度以第 13 肋骨处的厚度为准(见图 6-10)。

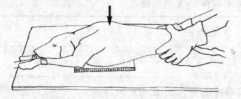

图 6-9　胸部背腹位投照图

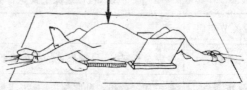

图 6-10　胸部腹背位投照

2. 胸部投照条件设定

(1)曝光量　充满气体的肺脏对 X 线的吸收较少,根据曝光实验通常曝光量选用 4AmS。

(2)管电压　根据投照部位的厚度(cm)×2+40～45 kV 来确定,如果投照部位超过15 cm,需要使用滤线栅时,则在根据厚度确定的管电压的基础上补充20～25 kV。

3. 胸部正常 X 线解剖

胸椎、肋骨和胸骨可较清楚显示。两侧的肋骨重迭,靠近胶片或荧光屏一侧肋骨影像较小而且清晰,远离胶片的对侧肋骨影像放大且较模糊。前至第一对肋骨,后至向前倾斜隆突的横膈,胸椎和胸骨之间的广大透明区域为肺野。肺野中部呈斜置的类圆锥形软组织密度的阴影为心脏。心基部向前的一条带状透明阴影为气管。胸主动脉是一由心基部上方升起弯向背与胸椎平行的较粗宽带状软组织阴影。心基部后方有一向后的较窄短的带状软组织密度阴影,为后腔静脉。在主动脉与后腔静脉之间的肺野,由心基部向后上方发出的树状分枝的阴影,为肺门和肺纹理阴影。心脏后缘与膈肌前下方构成锐角三角区,为心膈三角区(图 6-11)。

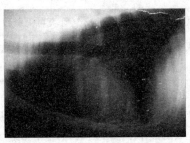

图 6-11　犬正常胸部:显示胸骨、肋骨、胸椎、横膈、肺野、心脏、主动脉、后腔静脉、肺纹理

4.肺部病变的基本 X 线表现

(1)渗出性病变　指肺的急性炎症,肺泡内气体被炎性渗出物代替。X 线表现为云雾状密度增加的阴影,密度均匀或不一致,大小不定,边缘模糊,界限不清,多个小片状阴影可融合成大片状阴影,称软性阴影。

(2)增殖性病变　见于肺的慢性炎症,是肺组织内形成肉芽组织,特点为细胞和纤维组织大量增殖,呈局限性小结节,慢性肺结核的结节样变化最为典型,也见于慢性间质性肺炎。X 线表现为密度较高,边缘较清楚,呈斑点状或花瓣状的阴影,缺乏融合现象,病灶进展缓慢。与渗出性病灶比较,属于硬性阴影。

(3)纤维性病变　是肺组织病变愈合修复的现象,肺组织破坏后产生的局限性或弥漫性纤维结缔组织的阴影。此种病变多见于肺结核、肺脓肿和间质性肺炎等。X 线表现为粗细不一的条索状阴影或网状阴影,密度增高,边缘清晰,属于硬性阴影。条索状阴影无一定的走向,与肺纹理不同,有时呈聚集收缩现象。广泛性纤维性病变,常引起肺组织萎缩,导致附近器官向患侧移位、胸廓塌陷、肋间隙变窄等现象。

(4)钙化　是慢性炎症愈合的另一种形式,多见于肺和淋巴结干酪样坏死病灶的愈合。见于干酪性肺炎、牛肺结核。X 线表现为密度增高、边缘锐利的斑点状、斑块状或形状不规则的球形致密阴影。

(5)空洞　当肺组织坏死液化后经支气管排出即形成空洞。洞壁由坏死组织和肉芽组织等形成。

(6)囊腔　与薄壁空洞形态相似,但壁更薄。由肺组织内的腔隙呈病理扩大引起,如肺大泡、局限性肺气肿、局限性气胸、气囊所致。X 线表现为一环状透亮区,洞壁更薄,周围无炎性渗出及实变阴影,洞内无液平面。

(7)肿块　肿块性病变是肿瘤或囊肿代替了正常肺组织的表现。X 线表现为圆形或类圆形、中等密度的致密阴影,一般边缘清晰锐利,可单发或多发。见于牛、羊的肺棘球蚴病。

动物肺部常见疾病的 X 线表现如表 6-2 所示

表 6-2　动物肺部常见疾病的 X 线表现

胸肺疾病	X 线表现
支气管炎	急性支气管炎缺乏 X 线表现;慢性支气管炎可见肺纹理增粗、阴影变浓
小叶性肺炎	肺野内呈片状或斑点状、密度不均匀、形状不规则、边缘模糊的阴影,并按肺纹理分布,多见于肺野下部;如果病灶融合,可见较大片云雾状阴影,密度不均匀
大叶性肺炎	充血、渗出期缺乏 X 线表现;在肝变期于肺野中下部呈现大片均匀致密,其上界呈弧形向上隆凸的灰暗阴影;在溶解吸收期,原大片实变阴影逐渐缩小,稀疏变淡,呈不规则斑片或斑点状阴影,随病情的好转,病变阴影继续缩小直到消失;非典型性大叶性肺炎时,其病变常发生于肺野的背侧及肺隔叶的后上部
肺坏疽	多见于肺野下部呈现类似蜂窝状的弥漫性渗出性阴影
猪喘气病	背腹位检查时,在肺野中央区域的两隔角及心脏外周,呈现云雾状渗出性阴影,密度不均匀,边缘模糊,致使心形被遮蔽而消失
肺棘球蚴病	肺野内呈现圆形或椭圆形致密阴影,密度均匀,边缘明显,周围无炎性反应,其位置、大小、数量不等
肺脓肿	前期脓汁未排出时,呈现较浓密的局灶性肺实变阴影,密度均匀,但边缘较淡而模糊,中心区密度较深;后期脓汁排出形成空洞时,呈现透明的空洞阴影
肺气肿	肺透明度增高,膈肌运动减弱并向后移,肋间增宽
心包炎和心包	积液心影外缘弧度消失,其后界与膈肌接近或接触
胸腔积液	胸腔有少量积液时,站立侧位检查,可见心膈角钝化消失、密度增高;多量积液时,肺野下部呈现广泛而密度均匀的阴影;当改变体位时,液面随之改变
异物性肺炎	初期,吸入异物沿支气管扩散,在肺门区呈现沿肺纹理分布的小叶性渗出性阴影,随病情的发展,病变发生融合,在肺野下部出现小片状模糊阴影,呈团块状或弥漫性阴影,密度不均匀。当肺组织腐败分解、液化的肺组织被排出后,呈现大小不一、无一定形状的空洞阴影,呈蜂窝状阴影,较大的空洞也能呈现环带状空壁
肺结核	急性粟粒性肺结核:整个肺野有均匀分布、大小相等的点状或颗粒状边缘较清楚的致密阴影,有些病例可见到小病灶融合成较大的点状阴影。结核性肺炎:此型病情较重,多为大片状渗出性的阴影,与融合性支气管肺炎相似,但在渗出阴影中有较致密的结节样病变为其特点。有时在大片状模糊阴影之间出现密度降低区或较明显的空洞形成。此型常可并发结核性胸膜炎。肺硬变:为慢性增殖性经过。表现为范围不等,密度较高,边缘较清楚的致密阴影。有时在病变区出现单发或多发的空洞透明区,并有点状或斑片状钙化灶混杂其间

(三)腹部疾病的 X 线诊断

1. 腹部投照的摆位方法

腹部投照的常规摆位包括腹背位和侧位。右侧位更常用,但左侧位时,胃内气体在幽门处聚积,使幽门显示为较规则的圆形低密度区。也可用相对侧位、背腹位、斜位和水平X线投照等。下文以犬为例介绍腹部投照的不同摆位(大动物的投照略有不同)。

2.腹部投照条件设定

(1)曝光量　腹部为软组织密度,对X线的吸收介于骨骼与肺脏之间,根据曝光实验通常曝光量选用6AmS。

(2)管电压　根据投照部位的厚度(cm)×2+40~45 kV来确定,如果投照部位超过12 cm,需要使用滤线栅时,则在根据厚度确定的管电压的基础上补充20~25 kV。

3.腹部正常X线解剖

腹部内脏器官的正常位置和外观受投照体位、呼吸状态、动物的生理情况及X线束的几何学因素影响。一般来说,位于前腹部的膈、肝脏、胃、降十二指肠、脾脏和肾脏的位置最易发生变化。

(1)胃　大部分情况下,胃内都存在一定量的液体和气体,所以在X线平片上可以据此辨别胃的部分轮廓。右侧位时,胃内存留的气体主要停留在胃底和胃体,从而显示出胃底和胃体的轮廓,而左侧位时,胃内气体则主要停留在幽门,显示为较规则的圆形低密度区。通过胃内钡餐造影可以清楚地显示胃的轮廓、位置、黏膜状态和蠕动情况。

胃在空虚状态下一般位于最后肋弓以内,当胃内充满时则有一小部分露出肋弓以外。胃的初始排空时间为采食后15 min,完全排空时间为采食后1~4 h。

(2)脾　右侧位时,在腹底壁、肝脏的后面可见到脾脏的一部分阴影,表现为月牙形或弯三角形软组织密度阴影。而左侧位时,整个脾脏的影像可能被小肠遮挡而难以显现。背腹位或腹背位时,脾脏为胃体后外侧小的三角形阴影。

(3)肝脏　肝的X线影像呈均质的软组织阴影,轮廓不清,可借助相邻器官的解剖位置、形态变化来推断肝脏的位置。肝的左右缘与腹壁相接,在腹腔内脂肪较多的情况下可清晰显示。肝的下缘可借助镰状韧带内脂肪的对比清楚显现。肝的背缘不显影,后面凹与胃相贴,可借胃、右肾和十二指肠的位置间接估测。在侧位X线片上,肝的后下缘呈三角形、边缘锐利,一般不超出最后肋弓或稍超出肋骨。右侧位投照时,肝的左外叶后移,其阴影比左侧位投照时大。在腹背位X线片上,肝主要位于右腹,其前缘与膈接触,右后缘与右肾前端相接,左后缘与胃底相接,中间部分与胃小弯相接。

(4)肾脏　在平片上,肾脏影像清晰度与腹膜后腔及腹膜腔内蓄积的脂肪量有关,脂肪多影像清晰。犬的右肾位于第13胸椎至第1腰椎水平处,左肾位于第2~4腰椎水平处。猫的右肾位于第1~4腰椎水平处,左肾位于第2~5腰椎水平处。正常犬肾脏的长度约为第2腰椎长度的3倍,范围为2.5~3.5倍。猫肾的长度为第2腰椎的2.5~3倍。幼小的仔猫和大公猫的肾脏相对较大。在实际投照时,为使左右肾更明显分开,多采用右侧位。

(5)小肠　小肠包括十二指肠、空肠和回肠。小肠内通常含有一定量的气体和液体,通过气体的衬托在X线平片上可看到小肠轮廓,显示为平滑、连续、弯曲盘旋的管状阴影,均匀分布于腹腔内。一般犬的小肠直径相当于两个肋骨的宽度,猫小肠直径不超过12 mm。造影剂通过小肠的时间,犬为 $2\sim3$ h,猫为 $1\sim2$ h。

(6)大肠　犬猫的大肠包括盲肠、结肠、直肠和肛管。犬的盲肠位于腹中部右侧,呈半圆形或 C 形,肠腔内常含有少量气体。猫的盲肠为短的锥形憩室,内无气体,在 X 线片上难以确认。结肠由升结肠、横结肠和降结肠 3 部分构成。结肠的形状如"?",结肠进入骨盆腔延续为直肠和肛管。大肠与其邻近器官的解剖位置关系对于大肠及其邻近脏器病变的影像学鉴别有非常重要的意义。

(7)膀胱　正常膀胱的体积、形状和位置处在不断变化之中,排尿后在 X 线片上不显影,充满尿液时则在耻骨前方、腹底壁上方、小肠后方、大肠下方看到卵圆形或长椭圆形(猫)均质软组织阴影。膀胱造影可以清楚地显示膀胱黏膜的形态结构。

(8)尿道　雄性和雌性的尿道在长度和宽度上有较大区别。雌性尿道短而宽,雄性尿道长而细,可分成 3 段,依次为前列腺尿道、膜性尿道和阴茎部尿道。前列腺尿道直径稍宽,但前列腺后界处则轻微缩小。犬阴茎部尿道背侧有阴茎骨包绕,极易发生尿道结石堵塞。

(9)前列腺　前列腺的位置在膀胱后、直肠下、耻骨上,其位置随膀胱位置的变化而变化。当膀胱充满时,由于牵拉作用,前列腺会进入腹腔;若膀胱形成会阴疝,则前列腺进入盆腔管后部。前列腺病变时,通常是向前方变位。未成年犬的前列腺全部位于盆腔管内,到成年后前列腺增大,$3\sim4$ 岁时腺体前移,大部分位于腹腔内。到 10 岁或 11 岁时,腺体通常发生一定程度的萎缩,又回到盆腔内。成年猫前列腺位置和形态与犬相似,但比犬的小,在 X 线片上很难显影。

(10)子宫　平片检查主要用于与子宫相关的腹腔肿块或子宫本身增大,也可用于检查胎儿发育情况、妊娠子宫及患病子宫的进展变化。检查子宫时需要禁食 24 h 和灌肠。未妊娠子宫很难在 X 线平片上与小肠区别。胎儿骨骼出现钙化的时间约在怀孕后 45 d,所以 X 线平片可用于确诊 45 d 后的妊娠检查。

(11)卵巢　卵巢位于肾的后面,母犬和母猫正常卵巢不易显影,X 线检查有一定的局限性。对种犬和种猫要尽量减少对卵巢的辐射。

4.腹部病变的基本 X 线表现

腹腔内的器官种类较多,所患疾病类型也比较复杂,其 X 线表现各有特点,但归纳起来主要有 4 个方面:

(1)体积变化　主要表现为内脏器官的体积比正常时增大或缩小。引起器官体积增大的原因可能是组织器官肿胀、增生、肥大,器官内出现肿瘤、囊肿、血肿、脓肿、气肿或积液。体积缩小可能由于器官先天发育不足或器官因病萎缩所致。

(2)位置变化　位置的变化说明内脏器官发生异常移位。腹腔内的器官除空肠游离性较大外,其他器官的位置相对固定。发生移位主要原因是由于相邻组织器官发生病变推移所致,例如胃后移常见于肝脏肿大或肿瘤。

(3)形态轮廓变化　表现为内脏器官的变形,任何超出生理范围的变形都是病变的表现,例如肝脏肿大后肝的后缘变钝圆。

(4)密度变化　主要表现为密度的增高或降低,可呈广泛性或局限性密度变化。广泛性密度升高见于腹腔积液、腹膜炎等;局限性密度增高见于腹腔器官的肿瘤或增大,器官内的结石常表现为高密度异物阴影。腹部出现低密度阴影可见于胃肠积气或气腹,需要注意正常时,消化道内会或多或少存留一些气体。

5.腹部常见疾病的X线表现

图 6-12　犬胃扭转

侧位显示胃高度充气扩张,一条细长的软组织密度样的皱褶,横跨胃,将胃分成背、腹两部分

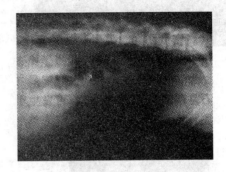

图 6-13　犬肠梗阻

站立侧位水平投照显示多发性肠管扩张积气及高低不等的梯级样液平面

(1)胃扩张—胃扭转　以犬多发,猫偶尔发生,各品种犬均可发病,但以德国牧羊犬、圣伯纳、大丹、杜伯文等大型犬多发。作前腹部X线照片显示,胃高度扩张,充盈气体和食物。一条细长的软组织密度样的皱褶横跨胃,将胃分成两部分(图6-12)。脾脏增大并移至腹部右侧。小肠受推压后移。心脏影像狭长,后腔静脉很狭窄。

(2)肠梗阻　X线检查对小动物的肠梗阻有重要的意义。应作动物站立侧位,X线水平投照。阻塞部上段肠管积气、积液。X线特征性表现为多发性半圆形或拱形透明气影,在其下部有致密的液平面。这些液平面大小、长短不一,高低不等,如阶梯样(图6-13)。如发生肠套叠,钡剂灌肠可显示肠腔内套叠形成的肿块密影,套入部侧面呈杯口状的特征性影像。

(3)腹水　X线显示腹部膨胀,呈烟雾朦胧阴影,清晰度下降,正常腹内组织器官结构被遮蔽而不能清晰显示,仅可显示肠内气体阴影(图6-14)。腹腔穿刺放液后重新拍片,可显示腹内结构影像。

(4)子宫蓄脓　排空直肠后作腹部X线摄片。在中腹部、后腹部以及骨盆前区,子宫蓄脓通常显示为轮廓清楚、密度均匀、盘旋曲管状、团块状或袋状密影,肠管被挤向前方移位(图6-15、图6-16)。应注意与有气体阴影的肠管作鉴别,并结合病史、配种经过等,不可误诊为妊娠子宫。

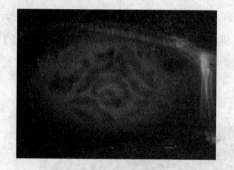

图6-14 猫腹水

侧位片显示腹部明显膨胀,密度增高,结构
模糊,仅显示胃气泡和肠内气体阴影

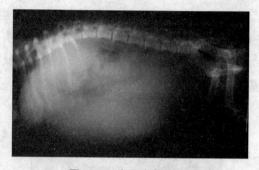

图6-15 犬子宫蓄脓

侧位片显示中腹部盘绕的子宫块状密
影,肠管受挤压,向前背侧移位

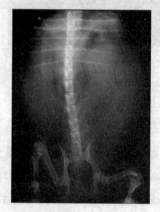

图6-16 犬子宫蓄脓

正位片显示腹部两侧盘绕
的子宫块

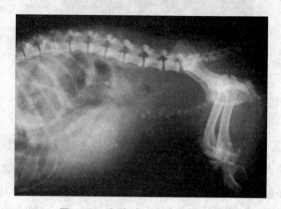

图6-17 犬膀胱结石合并尿道结石

侧位片显示膀胱内由许多高度致密、
边缘清晰聚集成堆的小结石阴影;尿
道内也有大量结石;前列腺增大

(5)尿结石 尿结石按其发生部位分为肾结石、输尿管结石、膀胱结石和尿道结石。临床上以膀胱结石和公畜的尿道结石多见。多数尿结石为X线不透性结石,如磷酸盐、碳酸盐和草酸钙等,普通X线摄影检查可以显示其高密度阴影。但尿酸盐结石密度低,与软组织密度相同,普通X线摄影检查不可显示,为X线可透性结石。犬、猫最常见的尿结石是磷酸盐结石。肾结石可发生于一侧或双侧肾盂或肾盏内,X线表现为单个或多个大小不一、边界清楚、粒状、角形或鹿角形的不透性致密阴影。对尿酸盐X线可透性结石,需在肾盂造影下才能显示,呈透明的充盈缺损。膀胱结石多为X线不透性结石,X线表现单个或多个圆形、椭圆形密影(图6-17),阴影呈分层者多为草酸钙结石。对疑有X线可透性结石者,应作膀胱充气造影检查。

【测试模块】

1. X 线能穿透机体组织,对人体细胞会造成伤害吗?

2. 准备若干张 X 光片,比较 X 光片中各器官的影像学变化。

3. 简述 X 线产生的原理。

4. 简述 X 线产生的特性。

5. 简述 X 线成像的原理。

6. 简述 X 线机的工作过程。

7. 简述骨骼常见 X 光解剖和常见病变特点。

8. 简述胸腔 X 光解剖和常见病变特点。

9. 简述腹腔 X 光解剖和常见病变特点。

项目七　超声检查技术

【知识目标】

1.掌握超声波发生与接收的原理以及超声成像的特点。

2.动物超声诊断仪的类型、操作与维护。

3.掌握各型超声诊断技术。

【技能目标】

1.掌握不同频率超声与显现力的关系。

2.掌握动物组织器官的超声成像原理。

3.能熟练应用常用的各类型兽医超声诊断法。

4.能熟练操作各类型超声仪。

任务一　超声的认识与使用

一、超声成像原理

(一)超声的发生和接收

超声,即超声波的简称,是指振动频率在 20000 Hz 以上,超过人耳听阈的声音。人耳能听见的声波称可听声或声波,其振动频率在 20～20000 Hz,低于 20 Hz 的声波称次声波或次生。兽医超声诊断的超声波是连续波(如 D 型)或脉冲波(如 A 型、B 型和 M 型),其频率多在 2.0～10 MHz。

物体振动可产生声波,振动频率超过 20000 Hz 时可产生超声波。能振动产生声音的物体称为声源,能传播声音的物体称为介质。在外力作用下能发生形态和体积变化的物体称为弹性介质,振动在弹性介质内传播称波动或波。超声和声波都是振动在弹性介质中的传播,是一种机械压力波。

1.超声波的发生

超声波的发生是通过超声诊断仪中的换能器产生的。压电晶片置于换能器中,由主机发生变频交变电场,并使电场方向与压电晶体电轴方向一致,压电晶体就会在交变电场中沿一定方向发生强烈地拉伸和压缩,即机械振动(电振荡所产生的效果),于是产生了超声。在这一过程中,电能通过电振荡转变为机械能,继而转变为声能,也就是负电压效应。如果交变电场频率大于 20000 Hz,所产生的声波即为超声波。超声波在固体中的振动状态有纵波、横波和表面波 3 种。在液体和气体中只能有纵波。超声诊断应用的是超声波的纵波。

2. 超声波的接收

超声波在介质中传播遇到声阻相差较大的界面时即发生强烈反射。反射波被超声探头接收后，就会作用于探头内的压电晶片。

超声波是一种机械波，超声波作用于换能器中的压电晶片，使压电晶片发生压缩和拉伸，于是改变了压电晶片两端表面电荷，即声能转换为电能，超声转变为电信号，也就是正压电效应。主机将这种高频变化的微弱电信号进行处理、放大，以波形、光点、声音等形式表示出来，产生影像、波形或声响。

(二)超声的传播与衰减

同其他物理波一样，超声波在介质中传播时亦发生透射、反射、绕射、散射、干扰及衰减等现象。

1. 透射

超声穿过某一介质或通过两种介质的界面而进入第二种介质内称为超声的透射。除介质外，决定超声透射能力的主要原因是超声的频率和波长。超声频率越大，其透射能力（穿透力）越弱，探测深度越浅；超声频率越小，波长越长，其穿透力越强，探测的深度越深。因此，临床上进行超声探测时，要根据探测组织器官的深度及所需的图像分辨力选择不同频率的探头。

2. 反射与折射

超声在传播过程中，如遇到两种不同声阻抗物体所构成声学界面时，一部分超声波会返回到前一种介质中，成为反射；另一部分超声波在进入第二种介质时发生传播方向的改变，即折射。

超声波反射的强弱主要取决于形成声学界面的两种介质的声阻抗差值，声阻抗差值越大，反射强度越大，反之则越小。两种介质的声阻抗差值只需达到 0.1%，即两种物质的密度差值只要达到 0.1%，超声就可在其界面上形成反射，反射回来的超声称回声。反射强度通常以反射系数表示：

$$反射系数 = \frac{反射的超声能量}{入射的超声能量}$$

空气的声阻抗值为 0.000428，软组织的声阻抗值为 1.5，两者声阻抗值相差约 4000 倍，故其界面反射能力特别强。临床上在进行超声探测时，探头与动物体表之间一定不要留有空隙，以防声能在动物体表大量反射而没有足够的声能达到被探测的部位。这就是超声探测时必须使用耦合剂的原因。超声诊断的基本依据就是被探测部位的回声状况。

3. 绕射

超声遇到小于其波长 1/2 的物体时，会绕过障碍物的边缘继续向前传播，称绕射或衍射。实际上，当障碍物与超声的波长相等时，超声即可发生绕射，只是不明显。根据超声绕射规律，在临床检查时，应根据被检查目标的大小选择适当频率的探头，使超声的波长比探查目标小得多，以便超声波在探测目标时不发生绕射，比较小的病灶也可检查出来，提高分辨力和显现力。

4. 散射与衰减

超声在传播过程中除了透射、反射、折射和衍射外，还会发生散射。散射是超声遇到物体或界面时沿不规则方向反射(非90°)或折射(非声阻抗差异造成的)。超声在介质内传播时,会随着传播距离的增加而减弱,这种现象称为超声衰减。引起超声衰减的原因是:第一,超声束在不同声阻抗界面上发生的反射、折射及散射等,使主声束方向上的声能减弱。第二,超声在传播介质中,由于介质的粘滞性(内摩擦力)、导热系数和温度等的影响,使部分声能被吸收,从而使声能降低。

声能的衰减与超声频率和传播距离有关。超声频率越高或传播距离越远,声能的衰减,特别是声能的吸收衰减越大;反之,声能衰减越小。动物体内血液对声能的吸收最小,其次是肌肉组织、纤维组织、软骨和骨骼。

5. 多普勒效应

Hristian Doppler 发现,声源与反射物体之间出现相对运动时,反射物体所接收到的频率与声源所发出的频率不一致。当声源向着反射物体运动时,声音频率升高,反之降低,此种频率发生改变(频移)的现象称为多普勒效应。

频移的大小取决于声源与反射物体间的相对运动速度。速度越大,频移越大,反射物体所接收的声音频率越多,声响越强;声源与反射物体反向运动时,反射物体所接收的声音频率比声源发射的频率要小,故反射物体所接收的声音比实际音响要小。

D 型超声诊断仪就是利用超声的多普勒效应把超声频移转变为不同的声响以检查动物体内活动组织器官,包括妊娠检查。

6. 方向性

超声波与一般声波不同,由于其频率极高,波长又短,远远小于换能器的直径,在传播时集中于一个方向,类似平面波,声场分布呈狭窄的圆柱状,声场宽度与换能器的压电晶片大小相接近,因而有明显的方向性,故而又称为超声的束射性。

(三)超声的分辨性能

1. 超声的显现力

超声的显现力是指超声检测出物体大小的能力。能被检出物体的直径大小常作为超声显现力的大小。能被检出的最小物体的直径越大,显现力越小;能被检出的物体直径越小,显现力越大。从理论上讲,超声的最大显现力是波长的一半,如 5.0 MHz 的超声波长为3.0 mm,其显现力为1.5 mm。实际上,病灶要比超声波波长大数倍时才能发生明显的反射,故超声频率越高,波长越短,其显现力也越强,但穿透力会较低,如表7-1所示。

表 7-1　不同频率超声与显现力的关系

频率/MHz	2.25	2.5	5.0	7.0	10
显现力/mm	3.35	3.0	1.5	1.05	0.75

2. 超声的分辨力

超声的分辨力是超声能够区分两个物体间的最小距离。根据方向不同,将分辨力分为横向分辨力和纵向分辨力。

(1)横向分辨力　横向分辨力是指超声能分辨与声束相垂直的界面上两物体(或病灶)间的最小距离,以毫米(mm)计。

决定超声横向分辨力的因素是声束直径,声束直径小于两点间的距离时,就能区分这两个点。声束直径大于两点间的距离时,两个点在屏幕上就会变为一个点。

决定声束直径的主要因素是探头中的压电晶片界面的大小和超声发射的距离。随着传播距离的加大,声束直径会因为声束的发散而加大,但近探头处声束直径略同于压电晶片直径。如用聚焦镜头,超声发出后,声束直径会逐渐变小,在焦点处变得最小,随后又增大。高频超声可以增加近场。因此,为提高横向分辨力,可使用高频聚焦探头。

(2)纵向分辨力　纵向分辨力是指声束能够分辨位于超声轴线上两物体(或病灶)间的最小距离。决定纵向分辨力的因素是超声的脉冲宽度,脉冲宽度越小,分辨力越高;脉冲宽度越大,分辨力越低。超声的分辨力约为脉冲宽度的一半。

脉冲宽度是超声在一个脉冲时间内所传播的距离,即脉冲宽度=脉冲时间×超声速度。超声在动物体组织内的传播速度约为 1.5×10^6 mm/s=1.5 mm/μs,假设 3 种频率探头脉冲持续时间分别为 1 μs、3.5 μs、5 μs,其脉冲宽度则分别为 1.5 mm、5.25 mm、7.5 mm,故其纵向分辨率分别为 0.75 mm、2.625 mm、3.75 mm。决定脉冲时间的一个因素是超声频率。频率越高,脉冲时间越短,脉冲宽度越小,超声的纵向分辨力越大;反之,则越小。

3. 超声的穿透力

超声频率越高,其显现力和分辨力越强,显示的组织结构或病理结构越清晰;但频率越高,其衰减也越显著,透入的深度就会大大下降。即频率越高,穿透力越低;频率越低,穿透力越高。

脉冲宽度不仅决定纵向分辨力,也决定了超声能检测的最小深度。脉冲从某一组织或病灶反射后被换能器所接收,超声这一往返时间等于二倍的深度除以超声速度。探测的组织或病灶与探头的距离应大于 1/2 脉冲宽度才能被检出,小于 1/2 脉冲宽度的进场称为盲区。实际上,盲区深度比脉冲宽度的 1/2 要大数倍。盲区内的组织或病灶不能被检出。解决这一问题的主要方法有加大探头的频率或在体表与探头之间增加垫块。

二、动物组织器官的超声成像原理

超声射入动物机体内,由表面到深部,将经过不同声阻抗和不同衰减特性的器官与组织,从而产生不同的反射与衰减。这种不同的反射与衰减是构成超声图像的基础。将接收到的回声,根据回声强弱,用明暗不同的光点依次显示在影屏上,则可显示出动物机体不同组织器官的断面超声图像,称为声像图。

动物组织器官表面有被膜包绕,被膜同其下方组织的声阻抗差大,可形成良好界面反射,声像图上出现完整而清晰的周边回声,从而显出器官的轮廓。根据周边回声能判断器官的形状与大小。

(一)回声强度

回声强度是指声像图中光点的亮度或辉度。超声经过不同正常器官或病变器官的内部,其回声强度不同,这是由回声振幅的高低决定的。回声振幅越高,辉度越高,反之则低。回声强度可用灰阶衡量。与正常组织相比较,把回声强度分为以下 4 种:

1.弱回声或低回声

指光点灰度低,有衰竭的现象。

2.中等回声或等回声

指光点灰度等于正常组织的回声强度(灰度)。

3.较强回声或回声增强

指辉度高于正常组织器官的回声强度(灰度)

4.强回声或高回声

明亮的回声光点,伴有声影或二次、多次回声。

(二)回声次数

回声次数是指回声量。

1.无回声

无回声是超声经过的区域没有反射,成为无回声的暗区(黑影),可能由下述情况造成:

(1)液性暗区　均质的液体,声阻抗无差别或差很小,不构成反射界面,形成液性暗区,如血液、胆汁、尿和羊水等。因此,血管、胆囊、膀胱和羊膜腔等即呈液性暗区。病理情况下,如胸腔积液、心包积液、腹水、脓液、肾盂积水以及含液体的囊性肿物及包虫囊肿等也呈液性暗区,成为良好透声区。在暗区下方常见回声增强,出现亮的光带(白影)。

(2)衰减暗区　肿瘤,如巨块型癌,由于肿瘤对超声的吸收,造成明显衰减,而没有回声,出现衰减暗区。

(3)实质暗区　均质的实质,声阻抗差别小,可出现无回声暗区。肾实质、脾等正常组织和肾癌及透明性变等病变组织可表现为实质暗区。

2.低回声

实质器官如肝,内部回声为分布均匀的点状回声,在发生急性炎症、出现渗出时,其声阻抗比正常组织小,透声增高,而出现低回声区(灰影)。

3.强回声

可以是较强回声、强回声和极强回声。

(1)较强回声　实质器官内组织致密或血管增多的肿瘤,声阻抗差别大,反射界面增多,使局部回声增强,呈密集的光点或光团(灰白影),如癌、肌瘤及血管瘤等。

(2)强回声　介质内部结构致密,与邻近的软组织或液体有明显的声阻抗差,引起强反射。例如骨质、结石、钙化,可出现带状或块状强回声区(白影),由于透声差,下方声能衰减,而出现无回声暗区,即声影。

(3)极强回声　含气器官如肺、充气的胃肠,因与邻近软组织之间声阻抗差别极大,声能几乎全部被反射回来,不能透射,而出现极强的光带。

三、超声诊断类型(A、B、D、M、C、F、多普勒、三维、四维)及使用

根据超声回声显示方式的不同,把兽医超声诊断分为 A 型、B 型、D 型和 M 型。

(一)A 型超声诊断法

A 型超声诊断法又称超声示波诊断法或幅度调制型超声诊断法,简称 A 型(A-mode)超

声或 A 超。A 型超声诊断法是将超声回声信号以波的形式显现出来,纵坐标表示波幅的高度即回声的强度,横坐标表示回声的往返时间即超声所探的深度;有些 A 型超声诊断仪将超声所探测的深度以液晶数字显现出来(如 A 型超声测膘仪)。

A 型超声诊断法现主要用于动物背膘的测定、妊娠检查(A 型警报型)及某些疾病诊断(如脑包虫病等)。

工作原理:A 型超声诊断法是根据回声波幅高低、多少、形状及有无进行诊断。当声速在动物组织中传播遇到不同声阻抗的邻近介质时,在该界面上就产生反射(回声),每遇到一个界面,就产生一个回声,该回声在示波屏的屏幕上以波的形式显现出来。界面两边介质的声阻抗差越大,其回声的波幅越高,反之,界面的声阻抗差越小,其回声的波幅越低。若声束在没有界面的均匀介质中传播,即声阻抗差为零时,则呈现无回声的平段。

(二)B 型超声诊断法

又称超声断层显示法或辉度调制型超声诊断法,简称 B 型(B-mode)超声或 B 超。B 型超声诊断法是将回声信号以光点明暗,即灰阶的形式显示出来。光点的强弱反映回声界面反射和衰减超声的强弱。回声强则光点亮,回声弱则光点暗。光点随探头的移动或晶片的交替轮换而移动扫查。这些光点、光线和光面构成了被探测部位二维断层图像或切面图像,这种图像称为声像图。

B 型超声广泛地应用于动物各组织器官的疾病诊断,如心血管系统疾病、肝胆疾病、肾及膀胱疾病、生殖系统疾病、脾脏疾病、眼科疾病、内分泌腺病变及其他软组织病变的诊断,也广泛地应用于动物妊娠检查、背膘和眼肌面积的测定。

工作原理:与 A 型诊断法基本相同,都是应用回声原理作诊断,即发射脉冲超声进入机体,然后接收各层组织界面的回声和脏器的内部散射回声作为诊断的依据。B 型诊断法与 A 型诊断法不同之处:B 型超声仪将 A 型超声仪的幅度调制为辉度调制显示;B 型的深度扫描在显示器的垂直方向,并在水平方向上加入声束的位移扫描信号,构成二维图,显示组织的切面。

(三)M 型超声诊断法

又称超声光点扫描法,亦属辉度调制式,只是在声像图上加上了慢扫描锯齿波,使回声信号从左向右自行移动扫描。纵坐标为扫描时间(即超声传播时间),横坐标为光点慢扫描时间。当探头固定在一点扫描时,光点移动可观察被扫描物体的深度及其活动状况,显示时间位置曲线图,如 M 型超声心动图。

M 型超声主要应用于心血管系统的检查,可以动态地了解心血管系统形态结构和功能状况,并获取相应的心血管生理或病理的技术指标。

工作原理:类似于 B 型,M 型超声仪在水平偏转板上加上一对慢扫描锯齿波,使回声光点沿水平方向扫描,代表时间,保留原来在垂直方向的深度扫描线。由于探头位置固定、心脏有规律地收缩和舒张,心脏各层组织和探头间的距离便发生节律性的改变。随着水平方向的慢扫描,便把心脏各层组织的回声展开成曲线,即为 M 型超声心动图。

(四)D 型超声诊断法

即多普勒法,简称 D 型(D-mode),是应用多普勒效应原理设计的。包括脉冲多普勒

（PW）、连续波多普勒（CW）、彩色多普勒超声显像（CD-FI）、彩色多普勒能量图法（CDE）、经颅多普勒超声诊断法（TCD）及彩色三维经颅多普勒超声诊断法（TCCDI）。当探头与反射界面之间有相对运动时，反射信号的频率发生改变，即多普勒频移，用检波器将此频移检出，加工处理，即可获得多普勒信号音。D型超声诊断法主要用于检测体内运动器官的活动，如心血管活动、胎动及胃肠蠕动等。

D型超声的主要优点是机械结构简单、体积小、携带方便（如耳机式）。D型超声是以不同的信号音来反映动物某一组织器官的机能状态的，因而，正确分辨这些音响的强度、性质、节律、频率等是科学使用这一类型仪器的关键。此外，由于产生某一特性音响的原因是非特异性的，所以，仔细甄别可能的原因是准确诊断的要领。

工作原理：D型超声诊断法用不同类型的仪器分别可显示出多普勒信号和多普勒曲线图，用PW和CW可以在二维声像图上固定取样点、取样线，再提取多普勒信号，显示出多普勒频谱图，用PW或CW可以探测心脏、血管内血流的流向、流速以及流量，并可以同时听取多普勒信号音。CD-FI是采取平均血流和加速度，用伪彩色编码技术，采用红、蓝色代表血流的向背方向，颜色的深浅代表血流的快慢。CDE法是采取多普勒信号的强度与范围，即单位面积下红细胞通过的数量以及信号振幅的大小来进行成像的方法。TCD法是用较低频率的多普勒超声。TCCDI是用两个探头扫查，将颅内血管的各种轴向多普勒信号输入计算机，再重建三维动脉图，用伪彩色编码技术标明动脉图中血流的方向和速度，从而显示出脑血管的模拟三维图像。

（五）脉冲多普勒超声诊断法

脉冲多普勒血流仪发射的是脉冲波，每秒发射超声脉冲的个数称为脉冲重复频率，一般为5~10 kHz。目前常用的距离选通式脉冲多普勒超声仪由换能器、高频脉冲发生器、主控振荡器、分频器、取样脉冲发生器、接收放大器、鉴相器、低通滤波器和f-v变换器等部件组成。换能器（探头）采用发收分开型，发射压电晶体受持续时间极短的高频脉冲激励，发射超声脉冲。接收压电晶体收到由红细胞散射的高频回波后，经放大后输入鉴相器进行调解，低通滤波器滤去高频载波，让不同深度的多普勒回波信号通过。调节取样脉冲与高频发射脉冲之间的延迟时间，就可以对来自不同深度的回波信号进行选通取样，从而检测到一定深度血管中的血流。按照取样定理，取样脉冲的重复频率必须大于最大多普勒频移的2倍。取样脉冲与发射脉冲之间的延迟时间，可用简单的单稳态延迟电路产生。标明选通距离的度盘直接装在调节延迟时间的电位器的轴上，延迟时间每改变13 μs，距离度盘上的距离标度正好改变1cm。经取样保持电路输出的信号中含有控制脉冲信号成分，经过低通滤波器滤除后，变换成f-v电压输出。

（六）彩色多普勒血流诊断法

彩色多普勒血流仪与脉冲波和连续波多普勒一样，也是利用红细胞与超声波之间的多普勒相应实现显像的。彩色多普勒血流仪包括二维超声显像系统、脉冲多普勒（一维多普勒）血流分析系统、连续波多普勒血流测量系统和彩色多普勒（二维多普勒）血流显像系统。震荡器产生相差为$\frac{\pi}{2}$的两个正交信号，分别与多普勒血流信号相乘，其乘积经模/数（A/D）

转换器转变成数字信号,经疏形滤波器滤波,去掉血管壁或瓣膜等产生的低频分量后,送入自相关检测后得到的是多个血流速度的混合信号。把自相关检测结果送入速度计算器和方差计算器求得平均速度,连同经 FFT 处理后的血流频谱信息及二维图像信息一起存放在数字扫描转换器中。最后,根据血流的方向和速度大小,由彩色处理器对血流资料作伪彩色编码,送彩色显示器显示,从而完成彩色多普勒血流现象。

(七)三维和四维超声

三维超声成像技术(three－dimensional ultrasono－graphy)的研究始于 20 世纪 70 年代,由于成像过程慢,使用复杂从而限制了其在临床上的使用。目前随着计算机技术的飞速发展,三维超声成像取得长足进步,人医已经进入临床应用阶段。表面重建成像对于不同灰阶进行分割,提取出感兴趣结构的表面轮廓,适用于膀胱、胆囊、子宫、胎儿等含液性的空腔和被液体环绕的结构,重建的三维 B 超图像清晰直观,立体感强。由于三维彩超、四维彩超的图像是后期生成的,并不是说观察到的图像就是三维、四维的,而是仍然用普通彩超观察,然后通过仪器中的转换软件将观察到的平面图像转成三维、四维的立体图像。三维彩超和四维彩超的区别就在于在一个"时间维",也就是说,三维彩超是图片,四维彩超是录像。

四、兽医超声波检查的特点

(一)动物种类繁多

目前兽医临床需要进行超声检查的动物品种繁多,按照超声使用目的大概分为两大类:一类是经济动物,另外一类是宠物。经济动物需要进行超声检查的主要是哺乳动物,目前需求量比较大的主要是猪、牛、羊、马等动物,这些动物共同的超声检查需求是妊娠诊断和生殖系统疾病检查。宠物主要是以犬猫为主,其诊断内容涵盖面非常广泛,既有生殖系统、泌尿系统、消化系统、心血管系统,也有肝、胆、脾脏、胰腺、肾上腺等脏器生理病理检查。

(二)动物被毛成为检查干扰因素

动物的超声检查受干扰因素较多,因为绝大多数体表检查都受动物被毛的干扰。除牛马等大动物需要直肠检查外,其他动物基本都是体表检查,体表的被毛对超声的检查有很大影响。一般小动物的检查都需要对被毛进行清理以便超声透射可以获得较好的声像图。

(三)动物需要保定

动物超声检查另外的干扰因素主要是动物需要保定。大动物可以借助于保定栏等进行适当保定后进行超声探查。小动物往往需要人为辅助进行适当保定后进行超声检查,甚至个别情况需要进行适当的化学保定。

五、兽医超声波诊断仪的要求

兽医超声检查对超声设备也有着特殊要求。大动物一般都是在场舍内进行,因此需要极高的便携性和直流供电,这样才便于检查人员携带机器进行场舍内检查操作。小动物临床超声检查一般在室内进行,设备的便携性要求不高,但是小动物一般要求图像更好,所以会建议选择高频探头进行探查,同时探头的接触面尽量要小,一般选择高频小微凸探头进行腹部探查。

任务二　超声的临床应用技术

一、A 型超声诊断仪的临床应用

(一)A 型超声诊断仪的结构特点

A 型超声诊断仪是把界面的强弱回声转化为高低不一的波形。当声束在动物体组织中传播遇到不同声阻抗的界面时,在该界面上就产生反应(回声),每遇到一个界面,产生一次回声,该回声在示波器的屏幕上以波的形式显示出来(图 7-1),故又称为示波法,属幅度调制型。界面两边介质的声阻抗差愈小,其回声的波幅愈低。若声束在没有界面的均匀介质中传播,即声阻抗差为零时,则呈现出无回声的平段。纵坐标代表回声信号的强弱,横坐标代表回声的时间(即代表回声界面至探头间的距离)。A 型诊断法根据回声波幅的高低、多少、形状及有无进行诊断。常用于测量脏器的大小,浆膜腔积液及穿刺定位等。

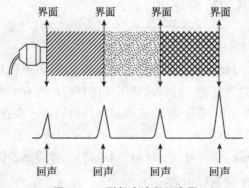

图 7-1　A 型超声诊断示意图

(二)A 型超声仪在动物繁殖上的应用

A 型超声仪目前主要用于背膘和眼肌面积的测定。背膘和眼肌面积的测定主要用于猪的品种选育和改良,是猪选育的两个重要指标。背膘的测定还可以应用于屠体肉质等级鉴定及大腿、腰部、肩部和腹部等主要可食胴体部位和瘦肉率的检测。眼肌厚度可用 A 型超声测定。当超声向活体动物特定部位发射时,超声通过皮肤、脂肪层(背膘)、肌内层(眼肌)等向深部传播,并在不同组织间的声学界面上发生反射,以可测量的图像或数字显示出来。

背膘和眼肌测定部位的选择原则是:①具有代表性,能够反映全身(或胴体)的瘦肉率;②易于活体检测;③受动物体位的变化影响小。主要探测以下 3 点:A 点(第一探测点),第 6 至第 7 胸椎间隙,背正中线侧方即在肩胛骨后缘至鹰嘴后缘的连线上,距背正中线 4 cm 处,此位点主要用于背膘的测定。由于 A 点背膘的厚度受动物体位变化的影响大,故现已不用;B 点(第二探测点),最后肋骨切线与脊柱垂直线上,距脊柱旁开 4 cm 处,B 位点受体位变化影响小,代表性强,易于定位和操作,是目前世界上广泛采用的位点,可同时用于背膘厚度、眼肌厚度和眼肌面积的测定;C 点(第三探测点),髋结节与膝关节连线距背正中线 4 cm 处,现已不用。

以上 3 个位点为传统的探测位点。除此之外还有背正中线 1/2 处(脊柱上、脊柱外侧 2 cm 处、5 cm 处等),倒数第 3 至第 4 腰椎距背正中线 7 cm 处(测背膘,丹麦 SFK)。

二、D 型超声诊断仪的临床应用

(一)D 型诊断仪的结构特点

D 型诊断仪大致分为 3 类,即脉冲式 D 型诊断仪、连续式 D 型诊断仪和彩色多普勒血流显像仪。3 类诊断仪原理相似,但对血流多普勒信号的提取、处理和显示方式不同。

1. 脉冲式 D 型诊断仪

仪器发射超声脉冲波,脉冲重复频率一般为数千赫兹。当一个短脉冲发射后,立刻就有回波不断地到达探头,但其接收器并不接收反射的所有回声信号,而是用电子开关控制接收其回声的时间(T)和每次接收持续时间(t),所接收到的信号是某一深度上的运动目标的散射回声。对回声频率进行快速处理显示后,再发射下一个短脉冲,如此循环工作。由于接收时间 T 是人为控制,所以若发射脉冲后随即接收,则检取近距离的回声;若延迟时间较长接收,则检取较远目标的回声。

例如,从心尖处探测二尖瓣口的血流,设声速为 1500 m/s(1.5 mm/μs),探头距离二尖瓣口为 75 mm,那么声波发出至接收回波信号所需时间为:$75 \times 2 \div 1.5 = 100$ μs,显然,若只想接收 75 mm 处的回声信号,则需在第一个短脉冲发射后,延迟 100 μs 才短暂地打开一下接收器,而此刻正好 75 mm 深处的回声到达探头,大于或小于 75 mm 处的回声都不被接收。

如果控制接收延迟时间,就实现检查目标的深度选择。这种沿超声束的不同深度对某一区域的多普勒信号进行定位检查的能力,称为距离选通能力。如果控制每次接收回声上的长短,就实现了在声束方向上取样长度的选择,取样的截面积取决于声束的粗细与取样脉冲(取样门)的宽度。取样的体积称为取样容积(sv),取样容积具有三维形状,它的高度和宽度等于探查区域声束界面的高度和宽度,长度取决于超声脉冲的持续时间,即脉冲宽度。一般的脉冲多普勒血流仪,取样长度是可调的,而取样容积的宽度和宽度是不可调的。在检测心脏内的分流与返流时,为定位准确,取样容积需调小;而在检测心脏各瓣口血流时,为获得瓣口处的最大血流速度,取样容积需大些。目前认为最佳的取样容积的长度应根据所测血管的内径适当调节,原则上应使取样容积的长度为管径的 1/3～1/4,并置于所检血管的中央。在仪器的显示屏上有一个深度取样的标志,通过调节取样标志放置在二维显示的心血管结构内的任意一点上,显示屏上即显示出血流频谱图,通过电子游标可测出血流速度等参数。

脉冲多普勒的缺点是所测流速的大小受到脉冲重复频率(PRF)的限制。PRF 越高,两个相邻发射脉冲的时间间隔越短,取样深度则越浅;反之则取样深度就越深。它能显示的最大频移为脉冲重复频率的二分之一(1/2 PRF,为奈奎斯特频率极限)。如果多普勒频移超过这一极限,脉冲光多普勒所测量的频率改变就会出现大小和方向上的伪差,即频率失真或称频率混叠,影响对高速血流的测量。

2.连续式 D 型诊断仪

仪器将发射和接收超声的压电晶片并列安装在探头内,其中一个晶体连续不断地发射高频超声,另一个晶体则连续不断地接收超声,发射频率和接收频率之差即为频移,以频谱的形式将频移值显示。由于连续地发射和接收,没有时间间隔,其脉冲重复频率等于探头的频率,通常在 2 MHz 以上,故该仪器可实时地反映动物体内各部位的高速血流(能测试 10 m以上的流速),适宜用于定量性检查,但其缺点是不能指定取样位置,其接收到的是整个声束内所包含的所有血流信号的总和。如果一声束超声透射部位存在两个或两个以上的运动目标,这两个运动目标所产生的多普勒信号会混在一起,被探头接收,使得输出信号无法分辨,即没有距离选通能力。由于它是接收取样线上所有红细胞的信息,所测频谱为充填性。

(二)D 型超声诊断仪在动物繁殖上的应用

D 型超声诊断仪主要用于检测体内运动脏器的活动,如心血管活动、胎心搏动、胎儿活动、胃肠蠕动等,适用于妊娠诊断和检测胎儿死活。监听式多普勒超声诊断仪小型、轻便、直流电源供电,并配有体壁探头、直肠探头或阴道探头等,是为妊娠诊断专门设计的。监听式多普勒超声诊断仪是依据各种信号音进行妊娠诊断。因此,正确辨别各种不同的信号音和实践经验是提高诊断准确率的基础。

1.与妊娠有关的多普勒信号音

(1)子宫动脉血流音　子宫动脉搏动和血流音合成为宫血音(UAS)。随着妊娠期的延长,血流量增加,动脉增粗且管壁变薄,回声信号由低频音转变为高频音。根据音频高低及其与妊娠的关系分为"呼呼音"(+)、"啊呼音"(++)、"蝉鸣音"(+++)和"枪击音"(++++)。宫血音频率与母体心率一致。

(2)胎儿心搏音(FHB)　胎儿心搏音是胎儿心脏搏动和血流的声音,简称胎心音,其频率较母体心率快得多,但随妊娠期的延长而降低。胎心音也是辨别胎儿死活的最重要依据。胎心音为有节律的"咚、咚"声或"扑咚、扑咚"声,似火车行进过程中发出的声音。

(3)脐动脉血流音(UMS)　脐动脉血流音是胎儿脐带动脉搏动和血流的声音,简称脐带音或胎血音。胎血音似蝉鸣声,与胎心音同步。

(4)胎儿活动音(FM)　胎儿活动音是胎儿活动的声音,简称胎动音,似击水音,无规律性,随着妊娠期的延长,其出现的频率和强度不断增强。胎动音也是辨别胎儿死活的重要依据。

(5)胎盘血流音(PBS)　胎盘血流音是胎盘血窦中血液回流的声音,简称胎盘音,频率低,似大风呼啸,是盘状胎盘动物妊娠时所特有的,如人、犬等。

2.与妊娠无关的多普勒信号音

(1)动脉血流音　动脉血流音是母体其他较大动脉搏动和血流信号音,低频、强而有力的"啪嗒、啪嗒"声,与母体心率同步。

(2)静脉血流音　静脉血流音是母体静脉中血流信号音,低频似刮风声,节律不明显,常与动脉血流伴随。

(3)肠胃蠕动音　肠胃蠕动音为连续的"沙沙"音,有时夹有流水声。

3.D 型超声检查妊娠效果评价

以下结果依动物品种、探测方式和探头种类而有差异。羊:17～25 d 可探到宫血音, 25～30 d 可探到胎心音和胎血音,42～50 d 可探到胎动音;牛:16～21 d 可探到宫血音,31～ 50 d 阳性符合率可达 98%,49～61 d 可探到胎血音,79 d 可探到胎动音;马:42～56 d 可探 到宫血音和胎动音,90 d 可探到胎心音和胎动音;犬:最早探到宫血音、胎血音和胎心音的时 间分别是 19d、25d 和 29～30 d,30～34 d 妊娠诊断的阳性符合率可达到 100%;猪:9～14 d 可探到宫血音,19～20d 可探到胎心音,胎血音比胎心音稍早,41 d 可探到胎动音。

三、B 型超声诊断仪的临床应用

B 型超声诊断仪是在 A 型基础上发展起来的,是超声诊断的主要设备,获得的是二维切 面图像,为灰度调制型。

(一)B 型超声诊断仪的检查方法、体位及其他技术

1.检查方法

横向或纵向扫查,探头移动手法主要有:

(1)连续滑行扫查法　探头在皮肤上做连续、缓慢的滑行扫查。通过一系列的连续扫 查,可以纵向、横向或任意方向的连续平移扫查,也可使探头的一端固定,另一端作连续旋转 滑行扫查。适用于较大的脏器和病变的检查。

(2)扇形扫查法　扫查平面按顺序作扇形移动,以形成立体概念,此法可避开骨骼和含 气器官的影响,对感兴趣区进行系统扫查。适用于心脏及较小脏器的检查。

(3)十字交叉法　以病变为中心,在相互垂直的两个方向上作连续纵切和横切扫查。使 用该方法可以确定被检查目标的整体空间方位,常用于病变定位。在实际超声检查过程中, 常将十字交叉法和扇形扫查法相结合,例如胆囊、肾脏、膀胱检查先纵切显示其长轴,然后向 两侧动探头,从一侧观察到另一侧,然后改为横切面侧动探头,从一端观察至另一端,完成一 个脏器的检查。

(4)追踪扫查法　发现某一异常结构或病变后,沿其走向进行追踪扫查,以全部显示其 结构。适用于管道结构如胆总管、输尿管、胃肠道、血管的超声检查。

(5)对比扫查法　对对称性器官,如肾、肾上腺、卵巢、眼球等,除仔细检查患侧病变之 外,应对健侧进行常规性检查。这样可以了解健侧的状况和判断病变的存在。

(6)加压法　进行腹部超声检查时,若因胃肠气体影响而显示不清,可通过加压探查,驱 散局部的胃肠气体,缩短探头与被检查脏器或病变之间的距离,使其得以显示。

2.检查体位和扫查断面

(1)检查体位　检查体位包括仰卧位、俯卧位、左或右侧卧位、左前斜或右前斜位检查法 等。检查时应采用多种体位进行观察,以克服盲区,提高超声显示率及其清晰度。

(2)常用扫查断面

①纵断面(矢状断面):扫查平面与动物体长轴平行。

②横断面:扫查平面与动物体的长轴垂直。

③斜断面:扫查平面与动物体长轴成一定角度。

④冠状断面：扫查平面与动物体额状面平行。

3.超声检查若干技术

(1)改变体位　改变体位检查目的：①克服扫查盲区和死角。②提高超声显示率和清晰度。例如，通过改变体位可以克服肝脏的超声扫查盲区和死角，全面观察肝脏病变。

(2)加压扫查　加压扫查的目的：①排除腹腔内肠气干扰，较少伪像。②缩短皮肤与被检病变的探测距离，使被检病变恰好在超声场的聚焦区内。

(3)适当调整增益　肝脏肋间扫查要适当提高增益，观察胆囊结石或肾结石则应适当减低增益，以减少伪像或漏诊。

(4)辅助方法　给动物饮水充盈胃腔，一方面有利于胃部本身病变的显示，另一方面有利于胰腺、胆总管及其他深部组织或病变的显示。速尿法有利于梗阻输尿管的显示。

(二)B型超声在大动物繁殖中的应用

1.卵巢机能状态

卵巢检查常用 2.5 MHz、3.5 MHz、5.0 MHz 直肠探头或体壁探头，如用腹壁探头，则要用力挤压腹部。牛成熟卵泡直径 10 mm 以上，马卵泡在排出前直径可达 41.8 mm，驴为 39.4 mm，猪约为 10.0 mm；超数排卵的卵泡直径较小。

卵泡壁为强回声，周壁光滑完整，中间为暗区，圆形(牛、羊、猪)或类圆形(马)。猪可同时观察到多个卵泡，马、驴也可以观察到 1～4 个卵泡。

利用直肠穿刺探头可以通过阴道内探查进行 B 超介导的活体取卵术。这一技术在胚胎工程技术中具有广阔的应用前景。此技术可以弥补以前使用的"盲取"技术的不足。

黄体检查常用 5.0 MHz 直肠探头或体壁探头。马属动物排卵后形成的血体中间为暗区或杂有强回声的网状结构；新形成的黄体呈现强回声，或中间杂有低回声，或者周边为低回声。

牛排卵后形成的血体回声弱，成熟的黄体具有凹陷结构，容易辨认。黄体中央回声较强，有的中间有一腔状暗区。牛的囊肿性黄体(有腔黄体)占整个黄体数 37% 以上，其中 60% 以上的有腔黄体其腔的直径在 7.0～10.0 mm。有腔黄体多在 10 d 后萎缩或消失，但未发现其与不孕的关系。

牛卵泡囊肿、黄体囊肿和囊肿性黄体的鉴别：卵泡囊肿暗区直径明显大于成熟卵泡，泡壁光滑，反射性强；黄体囊肿中间也为大暗区，但边缘有不光滑的黄体组织，厚薄依黄体组织的多少而定，回声不强；囊肿性黄体中间暗区较前两种小，有排卵凹陷，黄体组织多，低回声区域较大。

2.妊娠检查

多用于 3.5 MHz 或 5.0 MHz 的直肠探头或体壁探头。妊娠的早期诊断的主要依据是在子宫内检测到早期的囊胚(子宫内球状暗区)、胚斑—胎体反射(胚囊暗区内的弱反射光点)和胎心搏动(胎体反射内的光点闪烁)。由于扫查方向的不同，其切面图像多为不规则的圆形。

(三)哺乳动物各脏器探查技术与影像图

1.肝脏与胆道系统

肝脏是一个均质性很强的实质器官，B 超探可测其大小、厚度及内部病变。胆囊是含液器官,在声像图中呈液性暗区,B超对其部位、形状及大小等的判定有较高的准确性。进行超声探查时,除注意识别肝叶和胆囊外,门脉、胆管和腹腔大血管也是探查并定位的重要指标,还应确定相邻器官的位置关系和回声特点。

犬肝脏前后扁平,前表面隆凸,形态与膈的凹面相适应;后表面凹凸不平,形成几个压迹。肝分为6叶,即左外侧叶(呈卵圆形)、左内侧叶(呈梭形)、右内侧叶、右外侧叶(呈卵圆形)、方叶和尾叶。尾叶覆于右肾前端,形成一个深窝(肾压迹)。左外侧叶覆盖于胃体之上,形成大而深的胃压迹,容纳胃底和胃体。胆囊位于右内侧叶脏面,隐藏于右内侧叶、方叶和左内侧叶之间。

犬肝胆超声检查3个部位:仰卧保定下在剑突后方探查;在下方开口的树脂玻璃台上作俯卧保定,于剑突后方探查;仰卧或侧卧保定下于右侧11或12肋间作横切面探查。

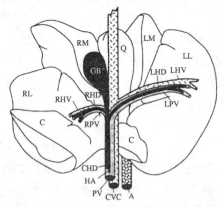

图 7-2　犬的肝叶、胆囊及脉管、胆管的解剖关系示意图

L-右外测叶;RM-右内侧叶;Q-方叶;LL-左外侧叶;LM-左内侧叶;C-尾叶;GB-胆囊;

HA-肝动脉;A-腹主动脉;CHD、RHD、LHD-总胆管及其右支、左支;

PV、RPV、LPV-门静脉及其右支、左支;CVC-后腔静脉;RHV-右肝静脉;LHV-左肝静脉

犬肝胆超声探查时主要有6个参考矢状切面和4个横切面,如图7-3、7-4所示。

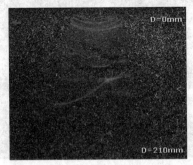

图 7-3　肝脏及脉管

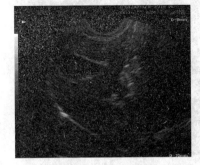

图 7-4　肝脏及胆囊

2.脾脏

脾脏的均质程度较高,可用B型超声诊断仪对脾脏体表投影面积及体积进行探测。犬脾脏长而狭窄,下端稍宽,上端尖而稍弯,位于左侧最后肋骨及右侧胁部。

犬脾脏超声探查部位可在左侧11~12肋间。由于胃内积气而在腹部纵切面和横切面难于显示脾头时可用此位置探查。也可在前下腹壁探查脾脏的纵切面,该位置可显示脾头、

脾体和脾尾,将探头旋转 90 度即为横切面。在纵、横两个切面上可系统探查到整个脾脏。如图 7-5 所示

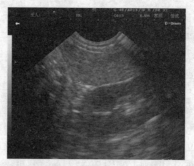

图 7-5　脾脏

3. 肾脏

肾脏为有一定的大小、厚度和较平滑的界面,且距体壁较近,有利于超声探查。犬肾呈蚕豆形,表面光滑,大部被脂肪包围。右肾位置较固定,位于前 3 个腰椎体下方,肷部位于肝尾叶形成的压迹内,腹侧面接降十二指肠、胰腺右叶等。左肾偏后,位置变化大,与第 2～4 腰椎相对,腹侧面与降结肠和小肠襻为邻,前端接胃和胰脏的左端。其探查方法与肝脏类似,如图 7-6 所示。

4. 膀胱

膀胱的大小,形状和位置随尿液多少而异。一般采取体表探查法,犬站立或仰卧,于耻骨前缘作纵切面和横切面扫描。若要显示膀胱下壁结构,可在探头与腹壁间垫以透声垫块。当膀胱充满尿液时,声像图为无回声暗区,周围由膀胱壁强回声带所环绕,轮廓完整,光洁平滑,边界清晰,如图 7-7 所示。

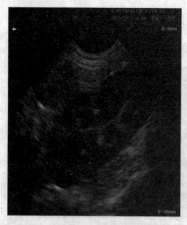

图 7-6　肾脏

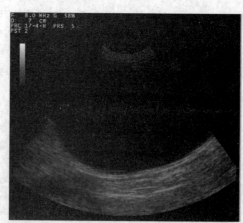

图 7-7　膀胱

5. 胃肠道

动物采用仰卧位、右或左侧卧位、或站立位,需要时,还可改变体位使胃肠道腔内液体流到目标区域以获得更好的声窗。左侧卧位有利于检查胃底,右侧卧位有利于幽门和十二指肠,站立位有助于检查幽门和胃体的腹侧面。不过,体位的选择还取决于动物的配合度、胃扩张程度、胃内容物性质和动物主人的配合。

推荐使用高频率(7.5MHZ 或更高)的扇扫、凸阵或线阵探头。高频率的探头能更好地检查胃肠道壁层次结构。微型凸阵探头更易于从肋弓下或肋间扫查以检查胃和近端十二指肠。胃肠道的横轴切面和长轴切面都要进行扫查,以完整地评价厚度和可疑病变区域的范围。

检前禁食 12 h 可减少胃内容物及气体的干扰,但不一定有效。胃肠道内的气体是造成伪影最常见的原因,例如混响、彗星尾和声影。

6.胰腺

胰腺右叶的解剖定位标志有右肾、降十二指肠(沿着右侧腹壁肠断)。纵切定位降十二指肠和右肾。经腹面途径,探头放置于最后肋弓下朝向背侧使右肾呈像。扫面切面向中部移动直到降十二指肠在近右肾的中部呈像。扫查切面从剑状软骨尾侧开始。在纵切面上,可辨别出胃,扫面切面向右横移,从幽门窦一直追踪到降十二指肠。胰十二指肠静脉纵行于胰腺右叶实质中,可以追踪至胃十二指肠静脉和门静脉。

侧面扫查途径用于定位深胸犬的降十二指肠。无论是从腹面还是侧面扫查一旦找到了降十二指肠则胰腺右叶和胰十二指肠静脉就可辨别。在大型深胸犬,通常需要通过肋间声窗扫查降十二指肠和相应的胰腺头侧部分。有时,采取动物右侧卧从右侧扫查更易看到胰腺右叶,因为胃内液体移至支持侧的幽门窦。

使动物处于仰卧、右侧或左侧位,胰体可以腹侧或右侧扫到,探头向前腹中部移动至近端降十二指肠,向尾侧移动至幽门窦。门静脉是重要的定位标志,它位于胰体的背侧偏左。横切扫查肝门和幽门尾侧可以定位此静脉和胰体。胰腺左叶很难扫查到,容易受相邻的胃内气体和横结肠的干扰。扫查胰腺需要使用高频探头(大于 7.5 MHz),尤其是猫和小型犬。正常胰腺为均质的,与周围肠系膜脂肪的回声相近,比肝脏回声稍低或等同于肝脏回声,比脾脏回声低。在更罕见的情况下,正常的胰腺呈现弥散性回声增强,但是大小在正常范围内。

【测试模块】

1.超声波是如何产生和接收的?

2.动物组织器官有哪些超声特性? 如何影响声速的传播?

3.简述超声诊断仪的基本结构。

4.同一种动物用同一设备进行超声检查时,不同脏器探头的选择方法。

5.不同类型探头图像质量如何区别?

6.各类超声诊断仪在功能上能互补吗?

项目八　心电图的检查技术

【知识目标】

1. 了解心电图的原理。

2. 熟记心电图的导联方法。

3. 熟记各波、段、间期的名称。

【技能目标】

1. 能进行心电图仪的操作。

2. 能识别各种心电图波形。

任务一　心电图基础

一、心电图定义与原理

心电图（ECG 或者 EKG）是利用心电图仪从体表记录心脏每一次心动周期所产生的电活动变化图形。

动物机体的组织和体液都可以导电，并具有长、宽、厚三维空间，所以动物机体也是一个容积导体。心脏相当于一个"电池"，处于容积导体的内部。在心动周期中心脏的电变化能从体表两点间的电位差反映出来，可以用导线连接记录电极，通过心电图仪进行记录。在动物体表测出的电位描记出的心电图，代表着整个心脏细胞激动时所产生的综合电位变化。

二、心电图的导联

心电图仪与导线如图 8-1、图 8-2 所示。

图 8-1　心电图仪

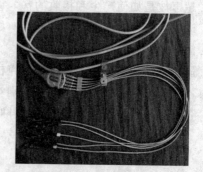

图 8-2　心电图导线

（一）导联

导联是指心电图仪正、负极导线与动物体表相连而构成描记心电图的电路。

（二）常用导联

心电图导联常常选择右侧卧位，如图 8-4 所示。

1.标准肢体导联

标准肢体导联又称双极肢导联，由 3 个导联组成，分别用罗马数字"Ⅰ、Ⅱ、Ⅲ"表示，其导联的电极放置位置和连接方法分别如下：

（1）Ⅰ导联　即将心电图描记仪的正极置于左前肢内侧与胸廓交界处，负极置于右前肢内侧与胸廓交界处（左、右前肢之间，左正右负）。

（2）Ⅱ导联　即将心电图描记仪的正极置于左后肢膝内侧上方，相当于股内侧下方，负极置于右前肢内侧与胸廓交界处（右前肢，左后肢，左正右负）。

（3）Ⅲ导联　即将心电图描记仪的正极置于右后肢膝内侧上方，负极置于左前肢内侧与胸廓交界处（左前右后，前负后正）。

3 个导联的接地线电极均置于右后肢膝内侧上方。

2.加压单极导联

左前肢（L）、右前肢（R）、左后肢（F）3 个肢体导联上各串联 1 个 5 kΩ 的电阻，共接于中心站。置于左、右前肢和左后肢的电极分别用"aVL"、"aVR"、"aVF"表示。

常见机型电极连接时：红色（R）——连接右前肢；黄色（L）——联接左前肢；蓝色或绿色（LF）——连接左后肢；黑色（RF）——连接右后肢；白色（C）——连接胸导联。

操作时，只要按上述颜色的导线连在四肢的电极板上，然后将心电图机上的导联选择开关拨到相应的导联处，即可描出该导联的心电图。见图 8-3、图 8-4、图 8-5。

注意：不同机型的电极颜色可能出现连接位置不同，做心电图前需明确导联正确。

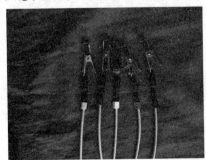

图 8-3　不同颜色导线

图 8-4　犬的导联

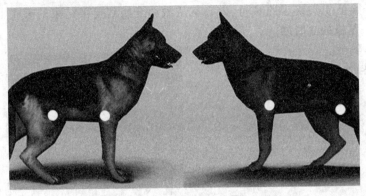

图 8-5　犬的连接位置

三、心电图的正常波形观察

（一）心电图各波、段、间期的名称（图 8-6）

1.P 波

由心房激动所产生,代表左右心房除极时的电位变化。

2.QRS 波群

由心室激动所产生,代表全部心室肌除极时的电位变化和时间。

(1)Q 波　第 1 个负向波,它前面可有可无负向波。

(2)R 波　第 1 个正向波,它前面可有可无负向波。

(3)S 波　R 波后的负向波。

(4)R′波　S 波后的正向波。

(5)S′波　R′波后又出现的负向波。

(6)QS 波　波群仅有的负向波。

(7)R 波粗钝(切迹)R 波上出现负向的小波或错折,但未达到等电线。

QSR 波群有多种不同的形态,通常以英文大、小写的字母分别表示大小。波形不超过波群中最大波的一半者称为小波,用 g、r、s 表示,见图 8-7。

3.T 波

代表心室肌复极时的电位变化和时间。

4.P-R 段

自 P 波终了到 Q 波开始的时间,代表激动通过房室结及房室束的时间。

5.S-T 段

自 S 波终了到 T 波开始,为心室除极刚结束到复极前的一段无明显电位变化的短暂时间。

6.P-R 间期

自 P 波开始至 Q 波开始的时间,为心房开始除极到心室开始除极的时间,反映电活动从心房到心室的传导时间。

7.QRS 间期

自 Q 波开始至 S 波终了的时间,为两侧心室肌(包括心室间隔肌)的电激动过程。

8.Q-T 间期

自 Q 波开始至 T 波终了的时间,为心室从激动开始到复极结束的整个心电活动时间。代表心室除极、复极的总时间。

9.J 点(结合点)

S 波终了与 S-T 段衔接处。

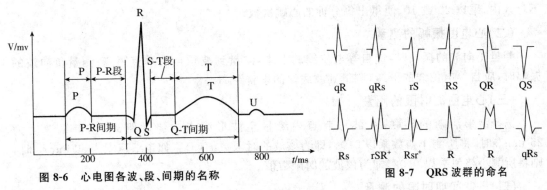

图 8-6 心电图各波、段、间期的名称

图 8-7 QRS 波群的命名

(二)心电图记录纸

心电图记录纸有粗细两种纵线和横线,横线代表时间,纵线代表电压。

心电图是被记录在布满大小方格的纸上,所以想要知道心电图怎么看,首要的是知道这些格子代表的意义。这些方格中每一条细竖线相隔 1 mm,每一条细横线也是相隔 1 mm,它们围成了 1 mm 见方的小格。粗线是每 5 个小格一条,每条粗线之间相隔就是 5 mm,横竖粗线又构成了大方格。心电图记录纸是按照国际规定的标准速度移动的,移动速度为 25 mm/s,也就是说横向的每个小细格代表 0.04 s;每两条粗线之间的距离就是代表 0.2 s。国际上对记录心电图时的外加电压也是有规定的,即外加 1 mV 电压时,基线就应该准确地抬高 10 个小格,也就是说,每个小横格表示 0.1 mV,而每个大格就表示 0.5 mV,每两个大格就代表了这 1 mV。

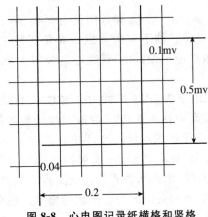

图 8-8 心电图记录纸横格和竖格

四、心电图的测量方法

(一)心率的测定

1. 测量 R-R 间期或 P-P 间期时限(s)

$$心率(次/min) = 60 \div R\text{-}R(或 P\text{-}P)间期$$

例如:在某一组心电图上测出 5 个是 0.86 s、0.82 s、0.81 s、0.90 s、0.86 s,则其平均值为:(0.86 s + 0.82 s + 0.81 s + 0.90 s + 0.86 s)/5 = 0.85 s

其心率为:60/0.85 = 70 次/min

2. 在一条连续描记的心电图纸上数出 3 s 或 6 s 内的 R 波(或 P 波)个数,起始点的 R 波不计入内,乘以 20 或 10,便得出每分钟的心跳次数。

(二)心电图振幅的测量

测量正向波的振幅时,应自等电位线的上缘,测量到波顶点的垂直距离;测量负向波的振幅时,应自等电位线的下缘,测量到波底端的垂直距离。

(三)心电图波时限的测量

选择波形清晰的导联,从波形起点内缘量至波形终点内缘的距离,在走纸速度为 25 mm/s 时,将所测小格数乘以 0.04,即为该波的时限数值(s)。如走纸速度为 50 mm/s 时,则将所测小格值乘以 0.02,即为该波的时限数值。

(四)P-Q 间期时限的测量

应选择 P 波宽大显著且具有明显 Q 波的导联测量,一般以测量 A−B 导联或单极胸导联比较适宜。

(五)Q-T 间期时限的测量

应选择具有明显 Q 波和 T 波比较清楚的导联来进行。当心率过快时,尤其是家禽和实验动物,T-P 段常常消失,T 波终末部与 P 波相连,不易分开,或者 T 波低平,其起点与终点难以确定,或者存在明显的 U 波或 T 波与 U 波重叠而易误认为 T 波存在切迹,这些情况都会给测量造成困难。这时应选择 T 波电压较高的导联测量。

(六)心电轴的测量

1.心电轴

又称平均心电轴,简称电轴,是一个既有方向又有量值的指标。心电轴的方向通常以 QRS 综合波额面向量与 I 导联导联轴下侧所构成的夹角度数来表示,在其下方者为正,在其上方者为负。心电图中报告的心电轴数值,就是心电轴与 I 导联正侧段的夹角度数。

2.测定方法

最简单的方法是目侧 I、III 导联 QRS 波群的主波方向,估测电轴是否偏移:若 I、III 导联 QRS 主波均为正向波,可推断电轴不偏;若 I 导联出现较深的负向波,III 导联主波为正向波,则属电轴右偏;若 III 导联出现较深的负向波,I 导联主波为正向波,则属电轴左偏。准确的方法通常采用分别测算 I 和 III 导联的 QRS 波群振幅的代数和,然后将这两个数值分别在 I 导联及 III 导联上画出垂直线,求得两垂直线的交叉点。电偶中心 O 点与该交叉点相连即为心电轴,该轴与 I 导联轴正侧的夹角即为心电轴的角度。也可将测算的 I、III 导联 QRS 波群振幅代数和值直接查表求得心电轴。

五、心电图的分析步骤和报告方法

1.将各导联心电图按双极导联、加压单极导联、双极胸导联、单极胸导联、A-B 导联的顺序剪下,并贴在同一张纸上。

2.从 I 导联开始观察整个心电图的标准电压打得够不够,阻尼是否适当,导联线有否接错,有无各种干扰因素的影响。

3.找出 P 波,尤其注意它与 QRS-T 波群之间的关系,以确定心律。

4.测量 R-R 或 P-P 间期时限,以计算心率。

5.测量各波、P-Q 和 Q-T 间期时限,测量各波的电压。观察各波波向、QRS 综合波波型和 S-T 段移位情况。

6.用目测法和查表法测量心电轴。

7.经阅读和分析的心电图,一般以正常心电图、可疑心电图和异常心电图 3 种方式表达。报告中必须写明心率、心律、心电轴,有无期前收缩和传导阻滞等内容。

表 8-1 心电图检查报告单

检查日期		主人姓名		动物姓名		病历号	
动物种类		性 别		年 龄		兽医师	
心率 _____ 次/min			犬 60~140 次/min 巨型犬 70~60 次/min 成犬 180 次/min				
节律表现:			玩具犬 220 次/min 幼犬 120~240 次/min 猫 120~240 次/min				
各波段检测							
P 波 w= _____ s;h= _____ mV			犬:w<0.04 s; 巨型犬:w<0.05 s;h<0.4 mV 猫:w<0.04 s;h<0.2 mV				
QRS w= _____ s;Rh= _____ mV			犬:小型犬 w<0.05 s;R_h<2.5 mV 大型犬:w<0.06 s;Rh<3.0 mV 猫:w<0.04 s;Rh<0.9 mV				
P-R 间期 _____ s			犬:0.06~0.13 s;猫:0.05~0.09 s				
Q-T 间期 _____ s			犬:0.15~0.25 s;猫:0.12~0.18 s				
提示与建议:							

任务二 心电图各波、段、间期变化的临床意义

一、P 波变化的诊断意义

(一)P 波电压增高

见于交感神经兴奋、心房肥大和房室瓣口狭窄等。P 波增高但时间正常,波形呈高尖形,是右心房肥大的特征,多见于肺源性心脏病,故称为"肺型 P 波"。P 波增高且时间延长时,波形有明显切迹呈双峰型,是左心房肥大的特征,多见于二尖瓣狭窄,故称"二尖瓣 P 波"。

(二)P 波消失

表示心脏节律上的失常。心房颤动时 P 波消失,代之以许多颤动的小波(F 波)。

（三）P波倒置

在P波本身应为阳性波的aVF导联中变为阴性波,表示有异位兴奋灶存在,如激动来自左心房或房室结附近,因激动在心房中的传导方向自上而下,故形成阴性波。

（四）P波低平

可属于正常,但电压过低则属异常。

二、P-R间期的诊断意义

（一）P-R间期延长

见于房室传导障碍,迷走神经紧张度增高。

（二）P-R间期缩短

见于交感神经紧张,应激综合征。

三、QRS波群的诊断意义

（一）QRS间期增宽,波形模糊、分裂

见于心肌损伤并有房室束传导障碍。

（二）QRS波群电压增高

见于心室肥大、扩张、心脏与胸腔距离缩短。

（三）QRS低电压

见于心肌损害、心肌退行性病变和心包积液时。

（四）Q波增大或加深

多见于LⅢ导联与心肌梗死有关。

四、S-T段的诊断意义

在S-T段偏移的同时,多伴有T波改变,二者都说明心肌的异常变化。

（一）S-T段上移

多见于心肌梗死。

（二）S-T段下移

见于冠状动脉供血不足、心肌炎、严重贫血。

五、T波的诊断意义

T波是心室复极波。T波的正常形态是由基线慢慢上升达顶点,随即迅速下降,故上下两支不对称。T波形态的变化常是病理性的,如高血钾症时,T波不仅高尖且升支与降支对称,急性心肌缺血常呈现深尖的倒置T波。T波减低或显著增高多属异常变化,尤其是在同时伴有S-T段偏移时更具有诊断意义。

六、Q-T 间期的诊断意义

(一)Q-T 间期延长

见于心肌损害、低血钾、低血钙。

(二)Q-T 间期缩短

见于使用洋地黄、高血钾、高血钙。

七、R-R(P-P)间期的诊断意义

R-R 间期时限缩短主要见于窦性心动过速、房性心动过速以及一切能使心率加快的疾病;延长主要见于窦性心动徐缓、窦性静止等。

任务三　心电图的临床应用

一、左心室增大

主要变化反映在Ⅱ、Ⅲ和 aVF 导联中,QRS 波群时间延长,超过 0.129 s 甚至 0.16 s,电压增高。有时还可见 S-T 段低垂,T 波倒置的变化。有人把仅有电压增高,而没有 S-T 段和 T 波改变者称为"左心肥厚";仅有 S-T 段和 T 波改变,而没有电压增高的称为"左室劳损";同时具有再者改变的称为"左室肥厚劳损",如图 8-9 所示。

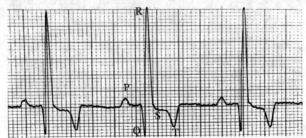

图 8-9　R 波增高振幅 6.0 mV 且 QRS 波间期延长为 0.06 s(50 mm/s 5 mm/mV)

二、左心房增大

左心房增大或扩张时,P 波时限延长,有时出现切迹,因左心房增大多与二尖瓣疾病有关(如二尖瓣闭锁不全、膜钙化等),故切迹 P 波称为二尖瓣型 P 波,如图 8-10 所示。

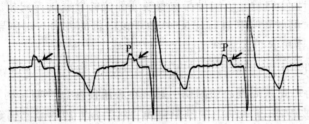

图 8-10　时限延长为 0.06s,出现切迹表现(50mm/s 10mm/mV)

三、右心室增大

右心室肥大主要变化在 aVR 导联中,心电图 QRS 时限增宽,可超过 0.11 s,波形呈 R 或 RS 形,电压增高至 0.14 mV 以上;aVR 导联中 R 波电压增高,超过 0.14 mV。如图 8-11。

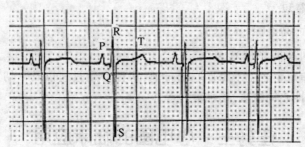

图 8-11　S 波加深(25 mm/s 5 mm/mV)

四、右心房增大

右心房增大或扩张时,P 波振幅增加,外形高耸。右心房增大多与肺部疾病有关,故此类 P 波称为肺型 P 波,常见于易发生慢性呼吸道的品种,如巴哥犬、斗牛犬类。如图 8-12。

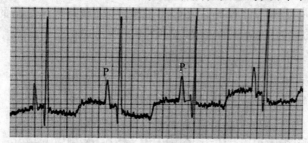

图 8-12　高耸 P 波振幅 0.5 mV(25 mm/s 10 mm/mV)

五、心肌梗塞

(一)异常 Q 波

异常 Q 波是由于坏死的心肌丧失了除极的能力引起的。在坏死区缺乏兴奋能力,形成一个缺口,该区没有除极向量和其他各方面的向量相抗衡,因而坏死区形成了一离开该区指向对侧的病理向量,即 Q 向量。该向量与覆盖梗塞部位的导联轴方向相反,故得一负波即 Q 波。如果在梗死区对侧放置导联进行记录时,由于该向量的方向与对侧导联的方向一致,可得到一个正波,使该导联 R 波反而增高。

(二)S-T 段变化

S-T 段变化是由坏死区周围心肌损伤引起。在心肌梗塞急性期有明显的 S-T 段升高与起始时为直立的 T 波相连,呈一向上的拱形曲线。随后 S-T 段逐渐回到等电位线上,T 波由直立转为倒置,并逐渐加深形成两侧对称的"冠状 T 波"。随着病情的好转,T 波倒置减浅或恢复直立,并趋于稳定。最后留永久性的异常 Q 波,称为陈旧性心肌梗塞。

六、心肌缺血

心肌缺血型心电图的特征主要表现在心内膜下心肌缺血时出现巨大高耸的冠状 T 波，心外膜下心肌缺血为主时呈 T 波倒置；QRS 综合波和 S-T 段没有变化；心电图的变化是可复性的。但是，可引起 T 波发生变化的因素很多，如寒冷、饥饿、炎症、缺氧等均可影响心肌代谢，从而引起心肌轻度损伤发生缺血型心电图变化。某些动物如马、犬等在正常时就有 T 波不恒定和可变的特征，其机理目前尚不清楚。因此，在兽医临床上诊断心肌缺血，光凭 T 波的变化是不可信的，必须结合临床上其他资料才能得出较可信的结论。

七、窦性节律

窦房结(主起搏点)发出的持续规则的激动使心房与心室正常去极化，形成协调的房室收缩，此为正常节律。

心电图表现以正常的 P 波后跟随形状正常的 QRS 波，节律规整连续。如图 8-13、图 8-14。

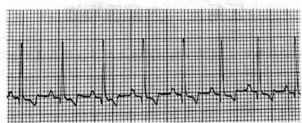

图 8-13　正常小型犬窦性节律心电图窦性节律(25 mm/s 10 mm/mV)

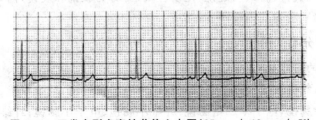

图 8-14　正常大型犬窦性节律心电图(25 mm/s 10 mm/mV)

【测试模块】

1.在动物体上操作心电图仪。
2.观察心电图波形并进行分析。

项目九　内窥镜检查技术

【知识目标】

1.掌握内窥镜的种类、组成。

2.掌握内窥镜的操作步骤及注意事项。

【技能目标】

1.能够正确操作内窥镜。

2.能够通过内窥镜观察动物的组织、器官,并进行分析。

任务一　内窥镜概述

内窥镜又称内镜,是指临床上通过一根管道深入机体深部腔道来诊治疾病的技术。

一、内窥镜的种类

(一)按其成像构造分类

可大体分为 4 大类:硬管式内窥镜、光学纤维(可分为软镜和硬镜)内窥镜和电子内窥镜(可分为软镜和硬镜)、胶囊式内窥镜。

(二)按其功能分类

1.用于消化道的内窥镜

硬管式食道镜、纤维食道镜、电子食道镜、超声电子食道镜;纤维胃镜、电子胃镜、超声电子胃镜;纤维十二指肠镜、电子十二指肠镜;纤维小肠镜、电子小肠镜;纤维结肠镜、电子结肠镜;纤维乙状结肠镜和直肠镜。

2.用于呼吸系统的内窥镜

硬管式喉镜、纤维喉镜、电子喉镜、纤维支气管镜、电子支气管镜。

3.用于腹膜腔的内窥镜

硬管式腹腔镜、光学纤维式腹腔镜、电子手术式腹腔镜。

4.用于胆道的内窥镜

硬管式胆道镜、纤维胆道镜、电子胆道镜。

5.用于泌尿系统的内窥镜

膀胱镜、输尿管镜、肾镜。

6.用于生殖系统的内窥镜

阴道镜、宫腔镜。

7.用于血管的内窥镜

血管内腔镜。

8.用于关节的内窥镜

关节腔镜。

二、内窥镜的组成

医用内窥镜系统大体由 3 大系统组成：窥镜系统、图像显示系统和照明系统

(一)窥镜系统

由镜体、镜鞘组成。镜体由物镜、传像元件、目镜、照明元件及辅助元件组成。

(二)图像显示系统

由 CCD 光电传感器、显示器、计算机、图像处理器组成。

(三)照明系统

由照明光源(氙灯冷光源、卤素灯冷光源、LED 光源)、传光束组成。

任务二　内窥镜的临床检查法

一、食管镜检查

(一)适应症

主要用于食管炎、扩张食道等的检查治疗。

(二)操作方法

1.动物保定

大动物站立保定；小动物左侧卧保定。

2.麻醉

大动物表面麻醉；小动物全身麻醉。

3.插镜

用开口器打开口腔,经口插入内窥镜,观察管腔走向,调节插入方向,边送边插,并进行观察即可。

二、胃镜检查

(一)适应症

主要用于胃炎、胃内息肉、胃内异物、胃溃疡及胃出血等。

(二)操作方法

1.动物保定

单胃动物取左侧卧保定；牛、羊取站立保定。

2.麻醉

全身麻醉。

3.插镜

用开口器打开口腔,经口插入胃镜,当有阻力时不可强行插入,以免引起血肿或其他损伤;入食管后边进镜边充气,令部分气体先入胃内,到达贲门后如镜端与胃体后壁呈直角则向左旋转镜身并同时向左调节小旋钮继续向前,进入胃内边送气边进镜,即可观察扩张的胃腔,顺胃大弯到达幽门口;入幽门时等幽门口自然扩张,镜端尽量不接触胃黏膜;进入球部后可少量注气,向右旋转小旋钮,以看清球部;退出幽门口后在胃窦部向上旋转大旋钮作 J 型反转,观察胃角,如没有看到胃角则前后轻轻移动镜身或左右旋转镜身(或稍等胃窦的蠕动)即可找到胃角;观察完胃角后将镜身(继续保持 J 型)一边向外拉一边向左旋转,沿胃大弯到达胃底,观察胃底、贲门及贲门口。

三、腹腔镜检查

(一)适应症

主要用于动物结肠、膀胱、十二指肠、脾、肾、肝、膈、卵巢、子宫、腹股沟环、胃等的探查;胆囊切除、胆管癌切除、脾切除、肝叶切除、胃穿孔缝合修补、阑尾切除、左或右半结肠切除、直肠癌根治术、疝修补术、卵巢囊肿剥除、子宫肌瘤切除、宫颈息肉切除、肾切除、胚胎移植等。

(二)术前动物准备

禁食、禁水。马、牛、羊禁食 24 h,禁水 12 h。

(三)术部处理

剪毛、剃毛、除污、消毒。

(四)操作方法

1.动物保定

侧卧保定;仰卧保定;站立保定(牛)。

2.麻醉

全身麻醉(马、羊、犬),腰旁神经麻醉配合进套管针部位局部浸润麻醉(牛)。

3.插镜

(1)制造人工气腹 在脐上部 2 cm 处将气腹针刺入腹部,确定气腹针位置后,启动气腹机,向腹腔内注入二氧化碳气体,形成人工气腹。目的是将腹壁和腹内脏器分开,从而暴露出手术操作空间。

(2)建立手术通道 根据手术需要做 2~4 个 5~8 mm 的手术切口,置入鞘管。目的是提供手术操作通道,便于手术器械的深入和操作手术器械。

(3)连接光学系统 将腹腔镜与冷光源、电视摄像系统、录像系统、打印系统连接,并经鞘管插入腹腔。通过光学数字转换系统,将腹腔内影响反映在电视屏幕上。

(4)进行手术 根据光学数字转换系统反映在屏幕上的图像,经鞘管插入特殊的腹腔镜手术器械进行手术。

（5）完毕　观察完毕后缓缓放气,拔出套管,并对穿刺口进行缝合。

四、结肠镜检查

（一）适应症

结肠。

（二）术前动物准备

禁食,正常饮水。猫、犬禁食 24 h,牛、羊禁食 48 h;检查前 1～2 h 用温水灌肠,以排空直肠和结肠后部蓄粪。

（三）操作方法

1.动物保定

左侧卧保定。

2.麻醉

全身麻醉。

3.插镜

术者经肛门插入结肠镜,边插边送入空气,当镜头通过直肠时,顺着肠管自然走向深入,将镜头略向上方弯曲,便可进入降结肠。

4.完毕

观察完毕后拔出结肠镜。

五、膀胱镜检查

（一）适应症

多用于母畜膀胱检查。

（二）操作方法

1.动物保定

站立保定。

2.麻醉

荐腰硬膜腔麻醉;全身麻醉(小动物)。

3.插镜

术者先用导尿管插入膀胱并向膀胱内打气;而后取出导尿管,通过阴门、尿道插入内窥镜探头至膀胱进行观察。

4.完毕

观察完毕后拔出膀胱镜。

六、胶囊镜检查

(一)适应症

不明原因的消化道出血；各种炎症性肠病，但不含肠梗阻者及肠狭窄者；小肠肿瘤（良性、恶性及类癌等）；其他检查提示的小肠影像学异常；无法解释的腹痛、腹泻；不明原因的缺铁性贫血。

(二)操作方法

1. 动物保定

站立保定。

2. 插镜

术者先用开口器打开被检动物的口腔，然后用手或借助器械将一颗胶囊送入咽部让其吞咽，在动物消化道内经过的腔道连续拍照，并以数字信号无线传输给体外携带的图像记录仪，兽医只需回放胶囊拍摄到的图像资料即可对病情作出诊断。

【测试模块】

1. 什么是内窥镜？
2. 谈谈内窥镜在临床诊疗中的作用。
3. 术前给动物禁食、禁水的目的是什么？

项目十 注射技术

【知识目标】

1. 掌握注射技术的种类。
2. 掌握各种注射的适应范围、注射部位、操作步骤及注意事项。

【技能目标】

1. 能够熟练安装、使用各型注射器。
2. 能够正确抽吸各类型药物制剂。
3. 能够熟练进行各种注射。
4. 能够熟练进行注射前后的正确消毒。

任务一 皮内注射

一、适应范围

小剂量注射。如牛结核、副结核、马鼻疽、药物过敏试验等。也用于炭疽疫苗、绵羊痘苗等的预防接种。一般仅在皮内注射药液或疫(菌)苗 0.1~0.5 mL。

二、部位

皮肤松软处。牛、马多在颈部两侧;羊在颈侧或股内侧;犬、猪在耳根后或股内侧。

三、操作步骤

(一)动物保定

站立保定。

(二)术部处理

剪毛、除污、消毒。

(三)注射

排尽注射器内空气,左手绷紧注射部位的皮肤,右手持注射器,针头斜面向上与皮肤呈5°左右角刺入皮内。待针头斜面全部进入皮内后,左手拇指固定针柱(栓),右手推注药液,局部可见一半球形隆起,俗称"皮丘"即可。

(四)注毕

拔出针头,消毒。

四、注意事项

进针不可过深,以免刺入皮下,应将药物注入表皮与真皮之间;拔出针头后注射部位不可用棉球按压揉擦。

任务二　皮下注射

皮下注射的目的是将药液准确注入皮下结缔组织内而发挥药效,以达到防治疾病。

一、适应范围

凡是易溶解、无强刺激性的药品及疫苗、菌苗、血清、抗蠕虫药(如伊维菌素等),某些局部麻醉药,不能口服或不宜口服的药物要求在一定时间内发挥药效时,均可做皮下注射。

二、部位

皮肤松软处。牛、马多在颈部两侧;猪在耳根后或股内侧;羊在颈部两侧、背胸侧、肘后或股内侧;犬猫在背胸部、股内侧、颈部两侧和肩胛后部;禽类在翅膀下。

三、操作步骤

(一)动物保定
站立保定。

(二)术部处理
剪毛、除污、消毒。

(三)注射
术者左手中指和拇指捏起注射部位的皮肤,同时用食指尖下压使其呈皱褶陷窝,右手持连接针头的注射器,针头斜面向上,从皱褶基部陷窝处与皮肤呈 30°～40°角刺入 2/3 的针头(根据动物大小,适当调整进针深度),此时如感觉针头无阻抗,且能自由活动时,左手把持针头连接部,右手回抽活塞无血时即可向皮下推注药液。见图 10-1、图 10-2。

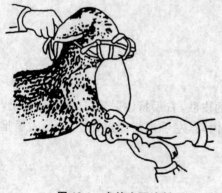

图 10-1　犬的皮下注射

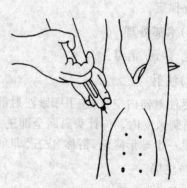

图 10-2　猪的皮下注射

（四）注毕

拔出针头，消毒。

四、注意事项

刺激性强的药品不能做皮下注射；大剂量药液应分点皮下注射；长期给药应经常更换注射部位。

任务三　肌肉注射

因为肌肉内血管丰富，药液注入肌肉内吸收较快，肌肉内的感觉神经较少，疼痛轻微，所以将药液准确注入皮下结缔组织内而发挥药效，以达到防治疾病的目的。

一、适应范围

刺激性较强的药液；较难吸收的药液；血管内注射而有副作用的药液；不能进行血管内注射的药液（如油剂、乳剂等）；为了缓慢吸收、持续发挥作用的药液等。

二、部位

牛、马、羊多在颈部两侧及臀中部；猪在耳根后、臀部或股内侧；犬在颈部两侧、臀中部或背部腰肌；禽类在胸肌部或大腿部。

三、操作步骤

（一）动物保定

站立或侧卧保定。

（二）术部处理

剪毛、除污、消毒。

（三）注射

左手的拇指与食指轻压注射局部，右手持注射器，使针头与皮肤垂直，迅速刺入肌肉内。牛马等大动物也可右手持注射针头，迅速用力刺入注射部位，然后连接好注射器与针头，再行药液注射。一般刺入 2～4 cm（可根据动物大小进行调整），而后用左手拇指与食指捏住露出皮外的针头结合部分，以食指指节顶在皮上，再用右手抽动针管活塞，无回血后即可缓慢注入药液。如有回血，可将针头拔出少许再行抽试，见无回血后方可注入药液。见图 10-3、图 10-4、图 10-5、图 10-6。

10-3　猪的肌肉注射部位

图 10-4　猪肌肉注射

图 10-5　马肌肉注射部位

图 10-6　羊肌肉注射

（四）注毕

用酒精棉球压迫针孔部,迅速拔出针头。

四、注意事项

注射部位应避开大血管及神经径路的部位;针体刺入深度一般在 2/3,以防针梗根部折断。若针体折断,保持局部和肢体不动,迅速用止血钳夹住断端拔出;强刺激性药物如水合氯醛、钙制剂、浓盐水等不能肌肉内注射;长期进行肌肉注射的动物,注射部位应交替更换,以减少硬结的发生;两种及两种以上药液同时注射时,要注意药物的配伍禁忌;根据药液的量、黏稠度和刺激性的强弱,选择适当的注射器和针头。

任务四　静脉注射

静脉注射是将药液注入静脉内,以治疗危重疾病。

一、适应范围

大量输液、输血;急需速效的药物(如急救、强心等);有较强刺激作用的药物。

二、部位

牛、马、羊、骆驼、鹿等均在颈静脉的上 1/3 与中 1/3 的交界处;猪在耳静脉或前腔静脉;犬、猫在前肢腕关节正前方偏内侧的前臂皮下静脉、后肢跗部背外侧的小隐静脉或颈静脉;禽类在翅下静脉。特殊情况,牛也可在胸外静脉及母牛的乳房静脉。

三、操作步骤

（一）颈静脉飞针注射法

本法多用于牛、马、骆驼等大动物,其操作步骤如下:

1. 动物保定

站立保定。

2.术部处理

剪毛、除污、消毒。

3.注射

术者左手拇指压迫颈静脉的下方（近心端），或用一根细绳或乳胶管将颈部的中 1/3 下方缠紧，使静脉怒张，右手持针头对准注射部位并使针头与皮肤呈 $30°\sim45°$ 角，用腕部的弹拨力迅速将其刺入血管，见有血流出后，再沿血管向针头端推送，然后连接输液器或输液瓶的乳胶管，打开乳胶管上的小阀门，药液即可徐徐流入血管，同时调整好滴液的速度。注意连接输液器或输液瓶前要放开拇指、解开细绳或乳胶管。

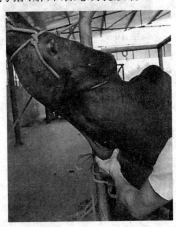

图 10-7　牛颈静脉注射

4.注毕

用酒精棉球压迫针孔部，迅速拔出针头。

(二)颈静脉直接注射法

本法多用于马、羊、犬等动物，其操作步骤如下：

1.动物保定

站立保定。

2.术部处理

剪毛、除污、消毒。

3.注射

术者用左手拇指按压注射部位稍下方（近心端）的颈静脉沟，使脉管怒张充盈；右手持针头使针尖斜面向上，沿颈静脉径路在压迫点前上方将针头与皮肤呈 $30°\sim45°$ 角迅速刺入静脉内，当出现回血后，再沿脉管向针头端进针，松开左手，同时用拇指与食指固定针头的连接部，靠近皮肤，放低右手减少其间角度，此时即可推动针筒活塞，徐徐注入药液。见图 10-8、图 10-9、图 10-10。

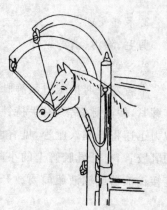

图 10-8　马颈静脉注射　　　图 10-9　羊颈静脉注射　　　图 10-10　马颈静脉注射

4. 注毕

用酒精棉球压迫针孔部,迅速拔出针头。

(三)耳静脉注射法

本法多用于猪、兔,其次是牛、马、羊、犬等动物,操作步骤如下:

1. 动物保定

马、兔多站立保定,猪侧卧保定。

2. 术部处理

剪毛、除污、消毒。

3. 注射

助手用手按压耳背面耳根部的静脉管使之怒张充盈,术者用左手把持耳尖并将其托平,右手持连接注射器的针头或头皮针,沿静脉管的径路刺入血管,抽动针筒活塞,见有回血后,再沿血管向近心端进针。松开压迫静脉的手指,术者用左手拇指压住注射针头,连同注射器固定在猪耳上,右手徐徐推进针筒活塞或连接输液瓶即可注入药液。见图 10-11、图 10-12、图 11-13。

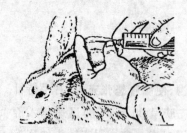
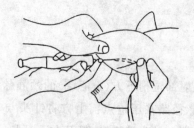
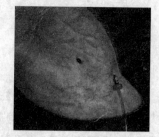

图 10-11　兔耳静脉注射　　　图 10-12　猪耳静脉注射　　　图 10-13　猪耳静脉注射

4. 注毕

用酒精棉球压迫针孔部,迅速拔出针头。

(四)前臂皮下静脉(也称桡静脉)注射法

本法多用于犬、羊等动物,其操作步骤如下:

1. 动物保定

侧卧、俯卧或站立保定。

2. 术部处理

剪毛、除污、消毒。

3. 注射

术者先用止血带或乳胶管结扎静脉使之怒张充盈,然后持注射针由近腕关节 1/3 处向近心端刺入静脉,当见到回血即可确定针头在血管内,然后顺静脉管进针,松开止血带或乳胶管即可注入药液,并调整输液速度。静脉输液时,可用胶布缠绕固定针头。见图 10-14。

图 10-14　犬静脉注射　　　　　图 10-15　猪前腔静脉注射

4. 注毕

用酒精棉球压迫针孔部,迅速拔出针头。

(五)后肢外侧小隐静脉注射法

本法多用于犬、羊等动物,其操作步骤如下:

1. 动物保定

侧卧保定。

2. 术部处理

剪毛、除污、消毒。

3. 注射

术者左手从内侧握住下肢以固定静脉,右手持注射针由左手指端处向近心端刺入静脉,当见到回血即可确定针头在血管内,然后顺静脉管进针,松开手指即可注入药液,并调整输液速度。静脉输液时,可用胶布缠绕固定针头。

4. 注毕

用酒精棉球压迫针孔部,迅速拔出针头。

(六)后肢内侧面大隐静脉注射法

本法多用于犬、羊等动物,其操作步骤如下:

1. 动物保定

侧卧或仰卧保定。

2. 术部处理

剪毛、除污、消毒。

3.注射

方法同前述的后肢小隐静脉注射法。

4.注毕

用酒精棉球压迫针孔部,迅速拔出针头。

(七)前腔静脉注射法

本法多用于猪大量输液或采血,其操作步骤如下:

1.动物保定

站立或仰卧保定。

2.术部处理

剪毛、除污、消毒。

3.注射

术者持注射针在第一肋骨与胸骨柄结合处的前方,稍斜向中央及胸腔方向刺入,刺入深度依据猪体大小而定,一般2~6 cm,边刺入边抽动注射器活塞,见有回血时,即表明已经刺入前腔静脉内,可徐徐注入药液。见图10-15。

4.注毕

用酒精棉球压迫针孔部,迅速拔出针头。

四、注意事项

严格遵守无菌操作;注射前要检查针头是否畅通。

任务五　气管内注射

一、适应范围

气管内注射多用于治疗肺部疾病,如肺部驱虫、气管炎、支气管炎、肺炎等肺部疾病。

二、部位

颈部气管上1/3腹侧,两气管环之间。

三、操作步骤

(一)动物保定

牛、马多站立保定;猪、羊、犬、猫仰卧保定或侧卧保定。使前躯高于后躯。

(二)术部处理

剪毛、除污、消毒。

（三）注射

术者左手拇指和食指固定好气管环，右手持连接针头的注射器垂直刺入两气管环之间，当阻力消失，说明已刺入气管内；缓缓注入药液。见图10-16。

（四）注毕

用酒精棉球压迫针孔部，迅速拔出针头。

四、注意事项

为防止咳嗽可先注入2%普鲁卡因溶液1～2 mL（小动物）或3～6 mL（大动物）；药液温度加至畜体温度，可减轻刺激；注入速度不能过快，注入剂量不宜过大，一般注入犬、猫2～5 mL，猪、羊5～10 mL，牛、马20～40 mL。

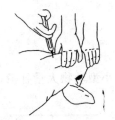

图10-16　猪气管内注射

任务六　胸腔注射

一、适应范围

取胸腔积液；治疗胸膜炎等疾病。

二、部位

牛、羊在右侧第5肋间（左侧第6肋间）胸外静脉上方2 cm处；马在右侧第6肋间（左侧第7肋间）胸外静脉上方2 cm处；猪在右侧第7肋间与肩关节水平线相交点的下方2 cm处；犬、猫在右侧第6肋间（左侧第7肋间）与肩关节水平线相交点的下方2 cm处。

三、操作步骤

（一）动物保定

站立保定。

（二）术部处理

剪毛、除污、消毒。

(三)注射

术者左手将术部皮肤向上或向前稍移动1～2 cm;右手持连接注射针头的注射器沿肋骨前缘垂直刺入 3～5 cm;取积液或注入药液。

(四)注毕

用酒精棉球压迫针孔部,迅速拔出针头。

四、注意事项

防止空气进入胸腔;药液尽量加温至畜体温度。

任务七　腹腔注射

一、适应范围

抽取腹腔积液;给猪、犬、猫等中小型动物大量补液;治疗腹水症、腹膜炎等。

二、部位

牛在右肷窝;马在左肷窝;猪、犬、猫在两侧后腹部。

三、操作步骤

(一)动物保定

牛、马站立保定;猪、犬、猫倒立保定。

(二)术部处理

剪毛、除污、消毒。

(三)注射

术者左手把握猪、犬、猫的腹侧壁;右手持连接针头的注射器于耻骨前缘 3～5 cm 的中线旁垂直刺入 2～3 cm,当出现空虚感时即可;注入药液。牛、马于肷中部垂直刺入后注射药液即可。如图10-17 所示。

图 10-17　猪腹腔注射

四、注意事项

注射药液应无刺激性;药液加温近畜体温度。

任务八 瓣胃内注射

一、适应范围

瓣胃阻塞、皱胃阻塞的给药。

二、部位

右侧肩关节水平线与第7～10肋间相交点上下2 cm范围内,最佳位置在第9肋间。

三、操作步骤

(一)动物保定

站立保定。

(二)术部处理

剪毛、剃毛、除污、消毒。

(三)注射

术者左手拇指微微向上提取注射部位皮肤,右手持瓣胃注射针头垂直刺入8～10 cm。

(四)判断

将针头接上注射器并回抽,如果见有血液或胆汁,提示针头刺入到肝脏或胆囊,说明位置过高;如没见有血液或胆汁,用注射器注入20～50 mL生理盐水后迅速回抽,如见回抽液体呈草绿色并混有草屑,说明刺入正确。

(五)给药

连接注射器注入所需药物。

(六)注毕

用酒精棉球压迫针孔部,迅速拔出针头。

四、注意事项

一定要确保针头刺入瓣胃内。

任务九 乳房内注射

一、适应范围

乳房炎、通过导乳管送入空气治疗奶牛生产瘫痪。

二、操作步骤

(一)动物保定

站立保定。

(二)术部处理

除污、挤干乳房内乳汁、消毒。

(三)注射

1.术者蹲于动物腹侧,左手握紧乳头并轻轻下拉,右手持乳导管自乳头口徐徐导入,当乳导管导入一定长度时,术者的左手把握乳导管和乳头,右手持注射器,使之与乳导管连接,徐徐将药液注入。

2.乳房内送风时,可使用乳房送风器(或100 mL注射器或打气筒)与乳导管连接分别对4个乳头进行充气,充气量以乳房皮肤紧张、乳腺基部的边缘清楚变厚、轻敲乳房发出鼓音为标准。送风前用灭菌纱布放置金属滤过筒内过滤空气,防止感染。

3.冲洗乳房时,先注入溶液后再挤出,反复数次,直至挤出透明液体为止;最后注入抗生素溶液。

(四)注毕

用酒精棉球压迫针孔部,拔出针头。

三、注意事项

要严格消毒,防止感染;进针及注药时,动作要轻柔,速度要缓慢,以免损伤乳房。

【测试模块】

1.简述牛、猪、犬皮内注射、皮下注射、肌肉注射、静脉注射的部位和操作步骤。

2.简述静脉注射的应用范围及注意事项。

3.怎样鉴别药物已注入皮内?

4.腹腔注射主要用于哪些动物?为什么用于这些动物?

5.简述盐酸普鲁卡因用于封闭的原理。

项目十一　穿刺技术

【知识目标】

1. 掌握穿刺的类型。

2. 掌握各种穿刺的目的、适用范围、部位、操作步骤及注意事项。

【技能目标】

1. 能够在动物体上准确找到各种穿刺的部位。

2. 能够熟练进行穿刺操作。

任务一　瘤胃穿刺

一、适应范围

瘤胃臌气、瘤胃注入药液、瘤胃液 pH 及瘤胃纤毛虫的检查。

二、部位

穿刺点在瘤胃隆起的最高点或左肷中部。见图 11-1。

三、操作步骤

（一）动物保定

站立保定。

（二）术部处理

剪毛、剃毛、除污、消毒。

（三）穿刺

术者可用手术刀在穿刺点将皮肤作 1 cm 左右十字形切口,右手握住套管针,由切口处向对侧肘关节方向刺入 8～12 cm 后固定套管针,拔出针芯,排出瘤胃内气体。见图 11-1、图 11-2。

（四）排气完毕

排气后将针芯插入套管内,连同套管一同拔出,局部消毒。并用火棉胶封住切口或将皮肤缝合一针。

四、注意事项

放气速度不宜过快,以防发生急性脑贫血;严防感染。

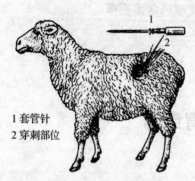

1 套管针
2 穿刺部位

图 11-1　羊瘤胃穿刺

图 11-2　牛瘤胃穿刺

任务二　瓣胃穿刺

一、适应范围

瓣胃阻塞、皱胃积食、某些药物给药(如治疗血吸虫的吡喹酮等)。

二、部位

右侧第 9 肋间与肩关节水平线相交处的下方 2 cm 处。见图 11-3。

三、操作步骤

(一)动物保定
站立保定。

(二)术部处理
剪毛、剃毛、除污、消毒。

(三)穿刺
术者左手稍移动皮肤,右手持针头垂直刺入,刺入深度为牛 8~10 cm,羊 6~8 cm,当刺入瓣胃内阻力减小，并有沙沙感，此时注入 20～40 mL 生理盐水后立即回抽，如有食糜或内容物时，即为穿刺正确。可注入所需药物。见图11-4。

(四)穿毕

用酒精棉球压迫针孔部，迅速拔出针头。

四、注意事项

当穿刺针刺入后回抽如有血液表明刺入肝脏，有胆汁表明刺入胆囊；瓣胃内注射，每日注射 1 次，最多连注 2～3 次。

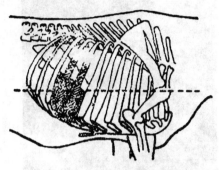

图 11-3　瓣胃穿刺部位

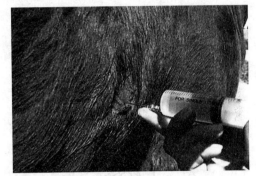

图 11-4　检验穿刺针是否刺入瓣胃内

任务三　盲肠穿刺

一、适应范围

马属动物急性肠膨气。

二、部位

右侧肷窝中心或膨气时右肷最高点。见图11-5。

三、操作步骤

(一)动物保定

站立保定。

(二)术部处理

剪毛、剃毛、除污、消毒。

(三)穿刺

术者可用手术刀在穿刺点将皮肤作 1 cm 左右十字形切口，右手握住套管针，由切口处向对侧肘关节方向刺入 6~8 cm 后固定套管针，拔出针芯，排出肠内气体。见图 11-6。

(四)排气完毕

排气后将针芯插入套管内，连同套管一同拔出，局部消毒。并用火棉胶封住切口或将皮肤缝合一针。

四、注意事项

同瘤胃穿刺。

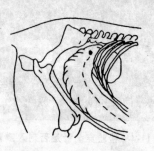

图 11-5　马盲肠穿刺部位

图 11-6　马盲肠穿刺

任务四　胸腔穿刺

一、适应范围

排除胸腔积液并作鉴别诊断；冲洗胸腔；治疗胸膜炎等。

二、部位

牛、羊、马在右侧第 6 肋间(左侧第 7 肋间)，胸外静脉上方约 2 cm 处；猪、犬在右侧第 7 肋间，胸外静脉上方约 2 cm 处。

三、操作步骤

(一)动物保定

站立保定。

(二)术部处理

剪毛、剃毛、除污、消毒。

（三）穿刺

术者左手将术部皮肤向上或向前稍稍移动,右手持套管针(针头)沿肋骨前缘垂直刺入3～4 cm,左手把握套管针,右手拔出针芯即可流出积液或血液,放完后根据需要可进行冲洗、注入药液。

（四）穿毕

穿刺完毕,插入针芯后,拔出套管针(针头),术部消毒。

四、注意事项

放液速度不宜过快,可在放液过程中用拇指堵住针孔调控速度;刺入深度根据动物大小而定,不应过深,防止刺伤心肺;防止空气进入胸腔;防止损伤肋间神经、血管。

任务五　腹腔穿刺

一、适应范围

排除腹腔积液并作鉴别诊断;冲洗腹腔;治疗腹膜炎等。

二、部位

牛在剑突后 10～12 cm 正中线偏右 2 cm 处;马在剑突后 10～15 cm 正中线偏左 2 cm 处;猪在倒数第 2、3 对乳头间,腹中线两侧;犬、猫在后腹部两侧。

三、操作步骤

（一）动物保定

牛、马多站立保定;猪侧卧保定;小猪、犬、猫多提举两后肢倒立保定。

（二）术部处理

剪毛、剃毛、除污、消毒。

（三）穿刺

同胸腔穿刺。

（四）穿毕

穿刺完毕,插入针芯后,拔出套管针(针头),术部消毒。

四、注意事项

放液速度不宜过快,可在放液过程中用拇指堵住针孔调控速度;不宜刺入太深,防止刺伤肠管。

任务六　心包穿刺

一、适应范围

排出心包积脓；心包冲洗；取心包液供实验室检查。

二、部位

牛、羊在左侧第 4 肋间，肩关节水平线下 2 cm 处；马、猪、犬在左侧第 5 肋间，胸廓中 1/3 与下 1/3 交界处的水平线上。

三、操作步骤

(一)动物保定

牛、羊、马多站立保定；猪、犬、猫多右侧卧保定。

(二)术部处理

剪毛、剃毛、除污、消毒。

(三)穿刺

术者左手将术部皮肤向前移动，右手持针沿穿刺部位肋骨前缘垂直刺入 2～4 cm，待针尖抵抗力感突然消失，同时感到心搏动时，将针后退少许，由助手将针头上的胶管接上注射器，松开止血钳，缓缓抽吸心包积液。

(四)送检

取出的心包液可送往实验室检查。

(五)冲洗

如果心包液为脓性时，先注入溶液后再排出，反复数次，直至排出透明液体为止；最后注入抗生素溶液。

(六)穿毕

用酒精棉球压迫针孔部，迅速拔出针头。

四、注意事项

操作过程要严格消毒；保定要确实，进针要缓慢，以免操伤心脏；严防气胸。

任务七　膀胱穿刺

一、适应范围

主要用于尿路阻塞;膀胱麻痹;尿潴留的辅助治疗。

二、部位

牛、马通过直肠对膀胱进行穿刺;猪、羊、犬在耻骨前缘白线侧旁 1 cm 处。

三、操作步骤

(一)动物保定

牛、马等大动物站立保定;羊、猪、犬等中小动物横卧保定或仰卧保定。

(二)术部处理

剪毛、剃毛、除污、消毒。

(三)穿刺

1. 大动物的穿刺

先灌肠排出直肠内粪便,术者将事先消毒好的连有胶管的针头握于手中并使手呈锥形缓缓伸入直肠,在直肠下方触到充满尿液的膀胱时,在膀胱最高点将针头向前下方刺入,并固定好针头,直到排完尿液。排尿结束,也可向膀胱注入所需药物。

2. 中小动物的穿刺

在耻骨前缘或腹部波动最明显处进针,向后下方刺入 2～3cm,刺入膀胱后,固定好针头,直到排完尿液。排尿结束,也可向膀胱注入所需药物。

(四)冲洗

如果需要冲洗膀胱时,先注入溶液后再排出,反复数次,直至排出透明液体为止;最后注入抗生素溶液。

(五)穿毕

用酒精棉球压迫针孔部,迅速拔出针头。

四、注意事项

针头刺入膀胱后一定要固定好,防止滑脱;治疗过程中穿刺次数不宜过多,以防发生腹膜炎或膀胱炎;操作要规范。

任务八　肝脏穿刺

一、适应范围

肝功能检查异常,性质不明者;肝功能检查正常,但体征明显者;不明原因的肝大,门脉高压或黄疸;肝内胆汁淤积的鉴别诊断;慢性肝病的鉴别诊断;肝内肿瘤的细胞学检查及进行药物治疗;对不明原因的发热进行鉴别诊断等。

二、部位

牛在右侧第 11~12 肋间与髂结节中央至肩关节连线的交点上;羊在右侧倒数第 2~3 肋间,距背正中线约 7 cm 处;马在右侧第 14~15 肋间,髂关节水平线上;犬在剑状软骨与腹白线的右侧。

三、操作步骤

(一)动物保定

站立保定。

(二)术部处理

剪毛、剃毛、除污、消毒。

(三)麻醉

犬、猫局部麻醉。

(四)穿刺

可在 B 超或在腹腔镜的监视下进行。

1.先用采血针刺破穿刺部位皮肤,术者左手放于动物背部作支点,右手握穿刺器柄沿针孔向地面垂直刺入直至底部后,立即拔出穿刺器,送回针芯,通出肝组织块固定于 10% 甲醛溶液内。

2.用长 12~15 cm 内径 1~2 mm 的针头时,按前法刺入后,拎转针头或连接上注射器轻轻抽吸并立即拔出,推出针管内的肝组织液作成涂片送检。

(五)穿毕

用酒精棉球压迫针孔部,迅速拔出针头。

四、注意事项

确实保定好动物,以保证穿刺准确;选择适合穿刺动物的穿刺针头。

任务九　脾脏穿刺

一、适应范围

主要适用于马。采取脾脏液涂片、作细胞学检查诊断血液病及焦虫病的虫体检查。

二、部位

第 17 肋间及第 18 肋骨后缘后的髋结节水平线上;也可在肺上界后方的绝对浊音区内的脾头部位刺入。

三、操作步骤

(一)动物保定

站立保定。

(二)术部处理

剪毛、剃毛、除污、消毒。

(三)穿刺

术者用干燥的消毒针头与皮肤垂直刺入 2～3 cm 达脾脏;然后接上干燥的消毒注射器,强力抽吸采取脾脏液后并立即涂片;血片染色后镜检。

(四)穿毕

用酒精棉球压迫针孔部,迅速拔出针头。

四、注意事项

确实保定好动物,以保证穿刺准确。

任务十　喉囊穿刺

一、适应范围

采取喉囊液检验;喉囊冲洗与治疗。

二、部位

在第 1 颈椎横突中央向前移动一指处。

三、操作步骤

（一）动物保定

站立保定。

（二）术部处理

剪毛、剃毛、除污、消毒。

（三）穿刺

术者持针头垂直刺入皮肤，然后再缓缓刺入到喉囊内，固定好针头，连接注射器，吸出喉内液体即可。喉囊蓄脓时，先排出脓汁，然后冲洗，再注入所需药物。

（四）穿毕

用酒精棉球压迫针孔部，迅速拔出针头。

四、注意事项

确实保定好动物，以保证穿刺准确；确保针头畅通。

任务十一 颈椎及腰椎穿刺

一、适应范围

采取脑脊髓液作理化检验和病理检查；测定颅内压或排出脑脊髓腔内积液来降低颅内压；向脊髓腔内注入药液进行治疗。

二、部位

颈椎穿刺在后头骨与第1颈椎或第1、2颈椎之间的脊上孔；腰椎穿刺在腰荐十字部，最后腰椎棘突与第1荐椎棘突之间的凹陷处。

三、操作步骤

（一）动物保定

大动物站立保定；小动物横卧保定。

（二）术部处理

剪毛、剃毛、除污、消毒。

（三）穿刺

术者持脑脊髓穿刺针（配以针芯的长封闭针头）对准术部缓缓垂直刺入，待针穿通棘间韧带及硬膜进入脊髓腔时,手感阻力突然消失,拔出针芯,脑脊液流出。

(四)穿毕

用酒精棉球压迫针孔部,迅速拔出针头。

四、注意事项

确实保定好动物,以保证穿刺准确;确保针头畅通;操作器械要严格消毒,以防感染;穿刺不宜过深并不拧转穿刺针,以免损伤脊髓组织;排液速度不宜过快,排液量不宜过多,以免因椎管内压力骤减而发生脑疝。

【测试模块】

1.简述各种穿刺的部位及注意事项。
2.简述瘤胃穿刺、腹腔穿刺的操作步骤。

项目十二　投药技术

【知识目标】

1.掌握各种投药的适应范围、操作步骤及注意事项。

2.掌握胃管投药的判断方法。

【技能目标】

1.能够熟练进行各种投药时的动物保定。

2.能够熟练进行投药操作。

任务一　胃管投药技术

一、适应范围

主要用于投喂大剂量药液。还用于人工喂饲、洗胃、抽取胃液、排出胃内容物、食道阻塞时探诊、瘤胃排气。

二、部位

牛、马可经口腔、鼻腔插管；猪、羊、犬、猫多经口腔插管。

三、操作步骤

（一）动物保定

牛、马、羊多站立保定；猪多侧卧保定；犬、猫多仰卧保定。

（二）胃管处理

根据动物种类、动物大小选取相应口径大小、长度及软硬适宜的橡皮管或塑料管；胃管涂布润滑油。

（三）插管

术者左手握住鼻中隔或开口器参与固定，右手持胃管从口腔（先装好开口器）或鼻腔缓缓插入胃管至胃内。如插至咽部有阻力无法插入时，可轻轻来回抽动胃管刺激咽部，引起吞咽动作，并随吞咽动作插入胃管。见图 12-1、图 12-2、图 12-3、图 12-4。

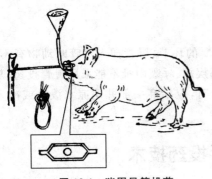

图 12-1　猪胃导管投药

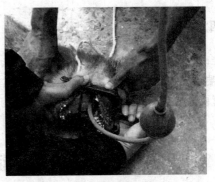

图 12-2　犬胃导管投药

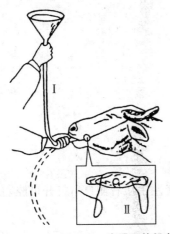

图 12-3　牛胃导管投药

图 12-4　牛胃导管投药

（四）判断

确定胃管插入食道还是气管。右手将体外胃管端放于耳边感知气管内的气流，左手感知鼻腔或口腔的呼出气流，若手耳感知的气流一致，说明插入气管，需重新插入，若手耳感知的气流不一致，从耳端胃管能听到胃音，说明已插入食道或胃内，可进行投药；将体外胃管端连接漏斗，倒入 10～40 ml（牛、马用量）洁净水，缓缓抬高漏斗，若动物出现咳嗽，说明插入气管，若动物无异常，并且口鼻无液体流出，说明已插入食道或胃内，可进行投药；马属动物胃管插至颈部时，若在左侧看到胃管移动现象，说明已插入食道或胃内，可进行投药；带气球胃管先用手压扁气球，再用拇指堵住气球出气孔，然后放开压扁气球的手指，若气球鼓起，说明插入气管，若气球不会鼓起，并从出气孔听到胃音，说明插入食道或胃内，可进行投药。

（五）投药

胃管连接漏斗进行投药。

（六）投毕

投药完毕，折叠胃管并缓缓向外拔出，安装过开口器的需卸下开口器。

四、注意事项

准确判断插入食道或胃内是本法最难、最重要的环节;胃管插入气管时动物有不安、咳嗽、气喘现象,应立即停止插入;患食道疾病、咽部疾病、呼吸困难不能采用胃管投药;从口腔插胃管要防止动物咬坏胃管;遇拉出胃管有出血时,应抬高头部并用凉水泼撒或冷敷鼻部止血。

任务二　徒手投药技术

一、适应范围

牛、羊少量给药。

二、操作步骤

(一)动物保定

站立保定,并抬高头部,使口角与耳平行。

(二)投药

投前先把少量药物用菜叶或瓜叶等包好,然后术者左手从右侧口角打开口腔,右手把包好的药物从左侧口角送入口腔内让其自然咀嚼即可。

三、注意事项

当出现强烈咳嗽时停止投药,待安静后再投。

任务三　兽用灌药瓶及牛灌角投药法

一、适应范围

适用于马、牛、羊、小猪、犬、猫等动物少量片剂、粉剂、水剂、糊剂、丸剂等的给药。

二、操作步骤

(一)动物保定

马、牛、羊多采用站立保定,并抬高头部,使口角与耳平行;小猪、犬、猫多采用提举前肢保定。

(二)投药

术者左手从右侧口角处伸入口腔,并轻压舌头,右手持盛好药液的灌药瓶或牛灌角从左侧口角伸入舌背部并抬高,促进药液流入口腔灌服即可。反复以上操作,直至灌完。

三、注意事项

每次灌入药物不宜过多、过急,以防误咽;当出现强烈咳嗽时,应立即停止灌药,并放低头部,待安静后再灌;当动物出现嚎叫时,应暂停灌药,待安静后再灌;小猪、犬、猫等小型动物也可不用灌药瓶或牛灌角,改用注射器(不带针头)、小勺、竹筒灌服。

图 12-5　牛灌角投药

任务四　饲料投药技术

一、适应范围

适用于长期给药、不溶于水的药物。

二、操作步骤

将所投药物与饲料充分拌匀,让动物自由采食即可。

三、注意事项

采食少或不采食的动物不宜采用此法;对群体投药时要确保每个动物采食的匀衡,以防采食多的发生药物中毒,而采食少的达不到治疗目的。

任务五　饮水投药技术

一、适应范围

适用于短期给药、治疗给药等。

二、操作步骤

将所投药物放入饮水中溶解,让动物自由饮水即可。

三、注意事项

饮用药物水前应停止饮水 3h 左右，防止饮水不均匀、时间过长，降低药效；要计算好动物群每次的饮水量，防止饮水不足和饮水不均匀造成动物摄入体内的药物不足。

【测试模块】

1. 简述胃管投药的操作步骤。
2. 饲料、饮水投药多在哪些情况下使用？

项目十三　术前准备与术后措施

【知识目标】
1.认识术前准备与术后护理的内容及其方法。
2.准确掌握术者、助手、器械助手、麻醉助手的任务和分工。
3.了解施术动物准备应包括的内容。
4.掌握手术计划的基本内容。
5.掌握术后的措施及其护理。

【技能目标】
1.掌握施术动物准备的方法及内容。
2.学会拟定手术计划。
3.掌握术前准备与术后护理的基本操作技能。

术前准备与术后护理包括手术动物的准备、施术器械的准备、手术计划的拟定、手术人员工作的组织；术后一般护理、术后治疗、术后饲养管理等。

任务一　术前准备

一、手术动物的准备

(一)术前检查

对患病动物进行全面检查，为诊断提供依据，并能决定保定及麻醉的方法，是否可以实施手术，如何进行手术等，并作出预后判断。

(二)术前治疗

一是给以抗生素预防和治疗感染；二是应用止血剂预防手术中出血过多；三是预防破伤风，术前1～2周皮下注射破伤风类毒素0.5～1 mL，紧急情况下注射破伤风抗毒素0.3～0.4万单位。

(三)禁饲

术前应禁饲半天到一天，但是不宜过长，倒卧保定以及腹腔手术时尤其重要。禁饲过程中一般不禁水。

(四)畜体的准备

术前刷洗动物体表，或者进行洗浴，清除体表污垢，术部剪毛、剃毛或脱毛，然后喷洒0.1%新洁尔灭溶液或1%来苏尔溶液。腹部、后躯、肛门或会阴部手术时，术前应包扎尾绷带。会阴部手术还应进行术前灌肠和导尿,以免因术中排尿排粪污染术部。

二、拟定手术计划

手术计划的拟定是术前的必备工作,根据全身检查的结果,拟定手术方案,通过召开术前会议的形式,拟定出合理的手术计划。必要时,参阅标本及相关资料。拟定手术计划应包括以下内容:

1. 手术名称、手术目的、手术日期以及手术人员的分工。
2. 手术保定及麻醉的种类和方法。
3. 手术通路及其手术进程。
4. 术前准备,如器械、物品、敷料的准备与消毒,手术动物的准备,人员的准备等。
5. 手术的方法和手术中应注意的事项。
6. 术后护理、治疗及饲养。

三、手术人员工作的组织

(一)术者

术者指手术的负责人和主要操作者。负责患病动物的诊断,拟定手术计划,明确手术人员的安排和分工,实施手术。

(二)助手

协助术者进行手术,协助术者进行术部的消毒和隔离、切开显露、止血、清创、缝合等,处理手术过程中发生的应激情况,一般有 1~3 人,即第一助手、第二助手、第三助手,第二、三助手的职责是补充第一助手的不足。

(三)器械助手

专门司管手术器械的准备和消毒,熟悉手术器械及主刀者手势的人员,手术中及时传递器械,合理应用器械,放置器械;手术后清洁和整理器械并清点。

(四)麻醉助手

全面掌握患病动物的体质状况,术前、术中及术后 T. R. P(HR)的测定及记录,负责术中的输液、输血。

(五)保定助手

负责患病动物的保定,术前术后的护理,手术场地的消毒及清理。

四、手术记录

手术记录是记录手术的档案和依据,完整地总结手术经验,是提高手术技术水平的重要资料,也是临床、教学和科研的重要依据。手术记录包括患病动物登记、病史、症状摘要、诊断;手术名称、手术目的、手术日期以及手术人员的分工;手术的保定及麻醉的种类和方法;手术通路及其手术进程;术前准备,如器械的准备与消毒,手术动物的准备,人员的准备等;手术的方法和手术中应注意的事项;术后护理、治疗及饲养等措施。(见表 13-1)

表 13-1　手术记录

手术号：　　　　　　　　　　　　　　　　　　　　手术日期：　　年　　月　　日

畜主姓名		住址			电话	
畜别		性别		年龄	体重	
初诊日期				术前诊断		
病史摘要						
术前检查						
手术名称		手术时间	时　分～　时　分		术后诊断	
手术者		助手				
保定方法						
麻醉方法及效果						
手术方法						
术后处理						
医嘱						

兽医师：

任务二　术后措施

　　术前准备、手术治疗和术后护理是手术医疗的主要环节。俗话说："三分治疗，七分护理"，由此可见术后护理的重要性。手术医疗中术后护理也同样重要，应该同等重视。

一、一般护理

（一）麻醉苏醒

　　全身麻醉的宠物，手术后应尽快苏醒，以防并发症的发生，苏醒过程中应设专人看护；术后 6～8 h 内禁止饮水和饲喂，防止误咽。

（二）保温

　　全身麻醉后的宠物体温降低，应注意保暖，以防感冒。

（三）处理并发症

　　手术后应及时防止休克、出血、窒息等严重并发症的发生。

（四）制动

　　骨折、肌腱断裂的犬猫，手术后 2～3 天内宜制动，以后才能适当运动；不能运动和站立的动物,应该勤翻身,防止发生褥疮。

(五)监护

术后 24 h 严密观察动物的 T. R. P(HR),精神状态、食欲、排便等。

二、术后治疗

(一)输液

手术后的动物由于各种原因,可能导致不同程度的脱水或失血,应当及时补充体液,犬猫一般按 33 mL/kg 补充,有条件的可以通过血气分析来确定补充,必要时可以输血治疗。如葡萄糖氯化钠注射液等。

(二)抗感染

手术后应当及时抗感染,以防感染的发生而影响手术治疗;一般应联合用药,例如,抗革兰氏阳性菌+抗革兰氏阴性菌+厌氧菌的药物治疗,青霉素+链霉素+甲硝唑等。

(三)补充营养

手术后应给以维生素和矿物质等,以及增强体质的药物。如维生素 A、维生素 B 及维生素 C 等,增强体质的黄芪多糖,补充能量的 ATP,CO－A,肌酐等。

三、术后饲养管理

注意术部清洁,合理饲喂,给以容易消化吸收的饲料,增加蛋白质、维生素、矿物质的补充以及适当的运动。

【测试模块】

1. 术前准备与术后护理包括哪些?
2. 简述术者、助手、器械助手和麻醉助手的分工。
3. 手术动物准备包括哪些内容?
4. 怎样拟定手术计划?

项目十四 无菌技术

【知识目标】

1.了解无菌术,掌握消毒与灭菌的基本原理和作用。

2.掌握消毒与灭菌的方法。

3.了解和掌握施术动物的消毒方法以及手术人员的消毒方法。

4.熟悉常用外产科器械的名称、使用与消毒灭菌方法。

【技能目标】

1.化学消毒与物理灭菌的基本操作技能及其要领。

2.会利用各种技术为外科手术器械进行消毒灭菌。

3.能准确进行手术人员的准备与消毒工作。

任务一 基本概念

一、无菌术

无菌技术是指在外科范围内防止伤口发生感染的一门综合预防性技术。无菌术主要采用消毒与灭菌两种方法来防止伤口感染。

(一)灭菌

用物理的方法来杀灭器械物品上附有的细菌,以防止接触感染的发生,称之为灭菌,如高压灭菌法。灭菌可杀灭真菌、孢子、病毒、立克次氏体、衣原体等。

(二)消毒

用适宜化学消毒剂来消灭皮肤、伤口、物品、空气中的细菌的方法,称之为消毒。消毒又称抗菌术。

消毒不能完全杀灭病原微生物,灭菌、消毒与清洁在外科无菌技术中的意义和作用是相对的,其灭菌的程度分别是灭菌、消毒与清洁3个等级。

二、手术感染的来源和预防

(一)皮肤被毛上的细菌

畜体的皮肤被毛和术者的皮肤。

(二)鼻咽部的细菌

手术人员的鼻咽部有大量的细菌,当手术人员深呼吸、说话、咳嗽、喷嚏时,细菌会随飞沫落入创口或与伤口接触的器械物品上而发生感染。戴口罩、少说话可以减少手术的感染。

(三)空气中的细菌

空气中的细菌也是发生感染的原因,减少空气中细菌感染伤口的措施有:

1. 保持室内清洁。

2. 工作人员进入手术室前必须更换专用衣、裤、鞋、帽及口罩。

3. 手术室内人数不宜过多和走动。

4. 手术动物进入手术室前必须清洁畜体。

5. 外科手术室必须保持清洁。

(四)器械、物品、敷料、药物等沾染的细菌

通常这些器械、物品、敷料、药物等都可以采用消毒与灭菌处理,一般不会成为感染的来源。这些器械、物品、敷料、药物等造成感染的原因有如下几个方面:

1. 消毒灭菌工作人员责任心不强,未按操作规程进行消毒、灭菌。

2. 灭菌器发生故障,消毒药液失效、过期或浓度不对。

3. 消毒灭菌后又被污染。

三、常用外科无菌技术(消毒与灭菌)

(一)煮沸灭菌法

清洁的水,煮沸 15～30 min,芽孢 60 min 以上,可加入 2% 碳酸氢钠或 0.25% 氢氧化钠,沸点可达 102℃～105℃,可以防止生锈(橡胶制品不能使用),玻璃制品不能骤冷骤热以防破碎;丝线、橡胶制品煮沸 15 min 即可;锐利器械最好不用煮沸法以免变钝;煮沸时水要淹没器械,并且盖好锅盖。

(二)高压蒸汽灭菌法

高压蒸汽灭菌法是一种常用、最有效的灭菌方法,可杀灭真菌、孢子、病毒、立克次氏体、衣原体等。将器械物品包装放入高压蒸汽灭菌锅内加热,蒸汽压力为 0.1～0.137 MPa,温度可达 121.6℃～126.6℃,连续 30 min,是常用而最可靠的灭菌方法。使用高压蒸汽灭菌法的注意事项:

1. 灭菌包不宜过大过紧(体积不应大于 30 cm×30 cm×30 cm),灭菌器内物品的放置总量不应超过灭菌器柜室容积的 85%。各包之间留有空隙,以便于蒸汽流通、渗入包裹中央,排气时蒸汽迅速排出,保持物品干燥。

2. 盛装物品的容器应有孔,若无孔,应将容器盖打开。

3. 布类物品放在金属、搪瓷类物品之上。

4. 被灭菌物品应待干燥后才能取出备用。

5. 灭菌锅密闭前,应将冷空气充分排空。

6. 随时观察压力及温度情况。

7. 注意安全操作,每次灭菌前,应检查灭菌器是否处于良好的工作状态。

8. 灭菌完毕后减压不要过猛,压力表回"0"位后才可打开盖或门。

不同物品灭菌所需的压力、温度及时间见表14-1。

表 14-1　不同物品灭菌的压力、温度及时间

物品种类	压力(Pa)	温度(℃)	时间(min)
布类、敷料	1.38×10^5	126	30
金属器械、陶瓷	1.04×10^5	121	30
玻璃器皿	1.04×10^5	121	30
乳胶、橡胶制品	1.04×10^5	121	20
药液	1.04×10^5	121	15～20

(三)干热灭菌法

1. 干燥灭菌法

160 ℃、2 h 才能灭菌,主要用于玻璃器皿、陶瓷和不能高压蒸汽灭菌的明胶海绵、油脂、凡士林。

2. 火焰灭菌法

用于紧急外科手术时,容易损伤器械,临床多不采用。

(四)紫外线灭菌法

用于手术室的消毒,10～15 m² 安装 40 W 紫外灯一支,距地面高度不超过 2 m,照射 30～60 min。

(五)化学消毒法

1. 0.1%新洁尔灭溶液

0.1%用于金属器械的消毒和小动物的体表消毒;为了防止金属器械生锈,在 1000 mL 本溶液中加入 5 g 亚硝酸钠;0.5%浓度用于大动物的术部消毒,0.1%用于小动物的术部消毒。

2. 碘酊

5%用于大中家畜术部消毒,3%用于小动物术部消毒。

3. 碘伏(碘络酮)

0.5%～1%用于术者手背、动物体表的消毒,器械多不用。

4. 75%酒精

浸泡器械 40 min 以上,用于皮肤的消毒。

5. 1%洗必泰溶液和度米芬溶液

方法同新洁尔灭。

6. 10%福尔马林溶液(4%甲醛溶液)

用于橡胶塑料制品的消毒,一般浸泡 30 min;人医上浸泡 4～6 h。还可用于手术室的熏蒸 $KMnO_4$ 1 g +40%甲醛溶液 2 mL/m³ 空间。

7. 来苏尔溶液

金属器械 5%溶液浸泡 30 min,纯浓度的浸泡 5 min,1%～2%用于术者手背和动物体表的消毒。

8. 戊二醛

2%的戊二醛用于金属器械的清洗与消毒,将清洗、晾干待灭菌处理的物品浸入 2%的戊二醛溶液中,加盖,浸泡 10 h,无菌操作取出,用灭菌水冲洗干净;一般细菌浸泡 10 min,病毒浸泡 30 min。

9. 过氧乙酸

本品高效快速,能杀灭细菌、真菌、芽孢、病毒等。常用 0.1%～0.5%溶液消毒。

四、各种器械物品的消毒与灭菌方法的时间表(见表 14-2)

表 14-2　各种器械物品不同消毒灭菌方法的时间　　　　　　　　(单位:min)

灭菌方法	玻璃类	安瓿类	肠线类	橡皮、乳胶类	布类、敷料	金属器械	锐利器械	膀胱镜、搪瓷导尿管	搪瓷类	洗手刷	油膏、凡士林	注射针头
高压蒸汽法 121℃	30	15		15	30	15			15			30
干热灭菌法 160℃	120						120				120	120
煮沸灭菌法 100℃	10	10	10	10		10		10				20
75%酒精		30	30				30					
2%来苏尔溶液	30				30				30	30		30
4%甲醛溶液								30				
1%新洁尔灭溶液			30			30	30		30			30
1‰洗必泰			30		30			30				
1‰度米芬			30			30	30	30			30	
2%戊二醛	10	10	10	10		10		10	10			
0.1%过氧乙酸	20	20	20	20	20	20		20	20	20		20
0.5%过氧乙酸	10	10	10	10				10	10			

五、化学药品消毒时要注意的事项

1.器械消毒时应将其上面的油垢清洗干净,松开轴节,内外套管分开。

2.器械消毒时,消毒药液必须淹没器械,盖紧容器。

3.使用化学消毒剂时,尽可能使用安全高效,毒副作用小的药物。

4.化学消毒剂消毒的器械物品,在使用之前必须用灭菌生理盐水或蒸溜水冲洗后才可以使用。

5.阳离子的药物,如新洁尔灭、洗必泰、度米芬溶液等,遇肥皂和碘酊、高锰酸钾、升汞属配伍禁忌。

任务二　器械物品敷料的消毒灭菌

一、手术器械的准备与消毒灭菌

手术器械首先必须清洗洁净,锐利性器械中的手术刀最好不用高压高温方法,宜采用化学消毒法。对齿合性的器械必须松开关节,以免消毒不彻底或失去弹性。化学消毒的器械物品,在使用之前必须用灭菌生理盐水或蒸馏水冲洗后才可以使用。煮沸灭菌或高压蒸汽灭菌的器械暂时不用最好是干燥后保存,但不宜超过二周。

二、玻璃、搪瓷类的消毒灭菌

玻璃器皿不宜骤冷骤热以免破碎,或者用火焰灭菌法、化学消毒法处理。

三、橡胶、尼龙和塑料的消毒灭菌

宜采用化学消毒法处理,煮沸灭菌或高压蒸汽灭菌时必须要用纱布包好,不能与锅面接触,也不能高温高压时间过长。

四、敷料、手术巾、衣帽、口罩等的消毒灭菌

1.棉球,将棉花撕成 3～4 cm 小块后塞入拳心中,做成汤圆大的棉球,制成酒精或碘酊棉球。

2.止血纱布,其大小自己确定,一般为 15 cm×25 cm 或 40 cm×40 cm,80 cm×100 cm 等。

3.手术巾有一块开口或四块组成的。

4.衣帽口罩清洗后晒干,高压蒸汽灭菌。

五、器械物品的处理与保存

(一)处理

未污染的清洗;细菌污染的消毒后再清洗,然后擦干晒干或烘干。

（二）保存

长期不使用的器械涂凡士林或石蜡油、乳胶手套上滑石粉后保存。

任务三　手术人员的准备与消毒

一、一般准备

更换手术专用的鞋帽衣裤,戴好口罩,不露出头发、口和鼻尖;剪指甲、剔除污垢。

二、手臂的刷洗与消毒

手术人员的手臂是接触感染和交叉感染的媒介。通常每刷洗 6 min,细菌可减少一半,刷洗 10 min 可减少 2/3;洗手的方法是先用普通肥皂和清水清洗手臂一遍;再用灭菌刷蘸肥皂液按照一定的顺序刷洗手臂,一般由指尖开始至肘甚至到肩部,然后由指尖向肘或肩部冲洗直至肥皂液清除。

（一）肥皂水刷洗酒精浸泡法

肥皂水刷洗手臂→流水冲洗干净→灭菌小毛巾擦干→75％酒精浸泡擦洗 5 min。

（二）肥皂水刷洗新洁尔灭浸泡法

肥皂水刷洗手臂→流水冲洗干净→灭菌小毛巾擦干→0.1％新洁尔灭溶液浸泡刷洗 5 min,待干。（新洁尔灭溶液每桶 10 kg 可用 40 人次）

（三）其他方法

可用 0.5％碘伏,0.1％洗必泰,1％－2％来苏尔溶液进行手臂消毒。

三、几种消毒溶液及单纯洗手后手指菌落数降低情况（见表 14-3）

表 14-3　几种消毒溶液及单纯洗手后手指菌落数降低情况表

药物名称	试验次数	洗手前平均菌落数	洗手后平均菌落数	菌落降低率％
0.1％新洁尔灭	30	541.6	25.7	95.3
1％来苏尔	32	559.7	76.1	86.4
75％酒精	23	828.4	158.1	80.9
肥皂＋流水	27	727.1	146.5	79.9

四、穿无菌手术衣

1. 取一件手术衣,认清衣服的上下、正反面并注意衣服的折法。提起衣领两端展开,使手术衣单折朝向胸前,双折朝外,抖开全衣。

2. 将手术衣轻轻上抛,双手同时伸入袖筒,两臂前伸,由护士从背后提起衣领后拉穿上。

3.提起腰带双手交叉向后递,由护士系结。

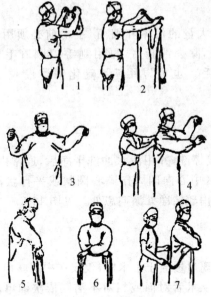

图 14-1 穿无菌手术衣

五、戴无菌手术套

(一)戴干手术套法(先穿手术衣后戴手套)

取出手套内无菌滑石粉包,轻轻地敷擦双手,使之干燥光滑。用左手自手套夹内捏住手套口翻折部,将手套取出。先用右手插入右手手套内,注意勿接触手套外面,再用已戴好手套的右手指插入左手手套的翻折部,帮助左手插入手套内。已戴手套的右手不可触碰左手皮肤。将手套翻折部翻回盖住手术衣袖口,用无菌盐水冲洗干净手套外面的滑石粉。

(二)戴湿手术套法(先戴手套后穿手术衣)

手套内要先盛放适量的无菌盐水,使手套撑开,便于戴上。戴好手套后,将手腕部向上举起,使水顺前臂沿肘流下,再穿手术衣。戴手套注意事项:修剪指甲,以防刺破手套;防止手套无菌面触及任何非无菌物品,或未戴手套的手接触手套外面;发现手套有破洞,应立即更换。

图 14-2 戴湿手术套法

任务四 手术动物术部准备与消毒

术部常规处理的 3 个步骤分别是术部除毛、术部消毒、术部隔离。

一、术部除毛

动物的被毛浓密,藏有大量的污垢和细菌,手术前必须用剪毛剪逆着毛流的方向剪毛,然后用肥皂水反复擦洗,除去油脂后,再用剃毛刀顺着毛流的方向剃毛。现在多用宠物专用电动剃毛剪来剃毛。也可以用 7‰硫化钠溶液脱毛。最后用肥皂水反复擦洗,并用清水冲洗干净。

二、术部消毒

术部除毛,用肥皂水反复擦洗,并用清水冲洗干净后,通常由助手用镊子或敷料钳夹消毒棉球(如碘酊等),由手术区中心向四周作同心圆状或平行状消毒,每一圈之间不能有间隙。污染或已感染的手术则由较洁净处涂向患处。见图 14-3。

三、术部隔离

一般采用一大块有孔隔离巾覆盖于手术区,仅仅在中间露出切口部位,使术部与周围完全隔离。也可用 4 块隔离巾从术者对面或相对不洁区依次铺单,手术巾用巾钳固定于动物皮肤上,再铺第二层手术巾。

A. 感染创口的皮肤消毒　　　　B. 清洁手术的皮肤消毒

图 14-3　术部皮肤消毒

【测试模块】

1. 什么是无菌术、灭菌法和消毒法?
2. 灭菌法和消毒法的方法各有哪些?
3. 手术室内无菌操作规则有哪些?
4. 手术区消毒的正常范围?
5. 肥皂水刷手法步骤及注意事项?
6. 穿无菌手术衣和戴无菌手套要注意哪些问题?

项目十五 麻醉技术

【知识目标】

1.了解麻醉的种类及其基本原理。

2.掌握全身麻醉、局部麻醉、复合麻醉的方法及其操作技术。

3.了解和掌握猪、牛、羊、犬等动物的常用麻醉药物以及麻醉时注意的事项。

4.了解和掌握全身麻醉的程度。

【技能目标】

1.能够进行全身麻醉、局部麻醉、复合麻醉的操作。

2.能够掌握全身麻醉的临床表现及全身麻醉的程度。

麻醉是指应用物理或化学药物方法,使动物的全身或局部痛觉暂时消失或迟钝,以便顺利进行手术的一种方法。麻醉的目的是为了手术时避免动物的骚动,减少手术时对动物体的不良刺激,以安全顺利地进行手术。麻醉的意义是防止疼痛性休克肌肉松弛利于手术,防止人兽受伤。现今兽医临床麻醉大体分为3类:全身麻醉、局部麻醉和电针麻醉。犬、猫临床多用全身麻醉,局部麻醉较少用。

任务一 局部麻醉

局部麻醉是应用局部麻醉药作用于机体的一定部位,使局部疼痛的传入冲动暂时阻断,从而达到手术区局部痛觉消失的一种麻醉方法。局部麻醉主要用于局部外伤处理和其他诊疗技术,如牛的腹腔手术、腹腔、胸腔、膀胱穿刺排液及骨髓穿刺等。如今兽医临床多用全身麻醉。

一、常用的局部麻药

(一)盐酸普鲁卡因

本品注入组织后 $1\sim3$ min 可出现作用,但作用的时间较短,一次用药可维持 $30\sim60$ min。由于其穿透黏膜的能力弱,不宜用作表面麻醉,常用于浸润麻醉。局部浸润麻醉 $0.5\%\sim1\%$;传导麻醉 $2\%\sim5\%$;脊髓麻醉 $2\%\sim3\%$;关节麻醉 $4\%\sim5\%$。为了延长其在局部的作用时间,减缓吸收或因吸收过快、过多而中毒和减少局部出血,临床上,每 100 mL 本品中加入 1% 肾上腺素 $0.3\sim0.5$ mL。

1.毒性

普鲁卡因毒性小,但若用药量大,也可中毒。动物轻度中毒可耐过,不需处理。中毒时,兴奋、唇抽搐、狂躁、呼吸困难、脉搏快、大出汗、惊厥、后期转为抑制，呼吸麻醉、死亡。大家畜一般不超过 1～2 g。

2. 稳定性

可煮沸消毒，但不耐高压灭菌，遇碱、氧化剂被分解，遇酸性盐减低药效，在组织中被酯酶水解。

（二）盐酸利多卡因

毒性较普鲁卡因大，但低于 1% 浓度时，二者相似。与普鲁卡因相比，穿透力强，扩散性好，见效快、维持时间长（60 min 以上）。表面麻醉 2%～5%；浸润麻醉 0.25%～0.5%；传导麻醉 2%；麻醉硬膜外 2%。溶液稳定性好。

（三）盐酸丁卡因

本品常用作表面麻醉，穿透力强，见效快，局部作用强，但毒性大，是普鲁卡因的 12～13 倍。不宜作浸润麻醉。本品点眼后不散瞳，不妨碍角膜愈合，在角膜麻醉中常用，浓度为 0.5%。用于黏膜表面麻醉，浓度为 1%～2%。

二、常用的局部麻醉方法

（一）表面麻醉

利用麻醉药的渗透作用，使其透过黏膜而阻滞浅在的神经末梢功能的麻醉，使该局部疼痛消失的方法，称为表面麻醉。多用于麻醉黏膜、滑膜和浆膜。1%～2% 丁卡因溶液，2%～5% 利多卡因溶液点入结膜囊内 5～6 滴，经 2～5 min 开始麻醉，持续 10～15 min。用 1%～2% 丁卡因或 5%～10% 可卡因溶液涂布或浸渍法麻醉口腔、鼻腔、直肠和阴道黏膜。麻醉膀胱黏膜，可用 1%～2% 的丁卡因或 2%～4% 的利多卡因溶液，利用注射器和导尿管注入膀胱内。关节、腱鞘以及黏液囊中的滑膜，可用穿刺方法注入 3%～5% 普鲁卡因。

（二）浸润麻醉

局部浸润麻醉是将局部麻醉药注射到局部的各层组结中，来麻醉该部位的神经末梢。常用 0.5%～1% 盐酸普鲁卡因加微量 0.1% 的肾上腺素液。在操作中，应注意使麻醉药液能浸润到手术区的各层组织内，如图 15-1。浸润麻醉方法具体可分直线麻醉（如图 15-2）、菱形麻醉、扇形麻醉（如图 15-3）、分层麻醉（如图 15-4）和多角形麻醉（如图 15-5）等。

图 15-1　浸润麻醉的注射方法

图 15-2　直线麻醉

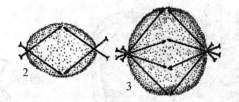

图 15-3　菱形麻醉、扇形麻醉

图 15-4　分层麻醉图

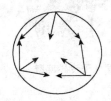

图 15-5　多角形麻醉

（三）传导麻醉

在神经干周围注射局部麻醉剂，使其所支配的区域失去痛觉，称为传导麻醉。特点是使用少量麻醉药，就能产生较大区域麻醉，常用 2％利多卡因或 2％～5％普鲁卡因，麻醉药的浓度和用量与麻醉效果成正比。

1. 牛腰旁 N 干传导麻醉

（1）第一注射部位最后肋间神经干传导麻醉（第 13 肋间神经、马为第 18 肋间神经） 在第一腰椎横突游离端前角，针垂直刺入皮肤，直达横突骨面后，再将针头向前移动，沿腰椎横突游离端前缘向下刺入 0.5～0.7 cm，注入 3％普鲁卡因 10 mL，提至皮下再注射 10 mL。

（2）第二注射部位髂腹下神经干传导麻醉 在第二腰椎横突游离端后角，针垂直刺入皮肤，直达横突骨面后，再将针头向后移动，沿腰椎横突游离端后缘向下刺入 0.7～1 cm，注入 3％普鲁卡因 10 mL，提至皮下再注射 10 mL。

（3）第三注射部位髂腹股沟神经干传导麻醉 在第四腰椎横突游离端前角，针垂直刺入皮肤，直达横突骨面后，再将针头向前移动，沿腰椎横突游离端前缘向下刺入 0.7～1 cm，注入 3％普鲁卡因 10 mL，提至皮下再注射 10 mL。

2. 马腰旁 N 干传导麻醉

马腰旁 N 干传导麻醉第三注射点在第三腰椎横突游离端后角，其余两注射点方法同牛。

（四）椎管内麻醉

将局部麻药注射到脊髓椎管内，阻滞脊神经的传导，使脊神经所支配的区域无痛或痛觉减弱，称为脊髓麻醉。兽医临床上多数采用硬外腔麻醉，还有蛛网膜下腔麻醉。根据局麻药注入部位的不同，椎管内麻醉可分为蛛网膜下腔麻醉和硬膜外腔麻醉。临床上多用硬膜外腔麻醉。麻醉时进行椎管内穿刺的部位可选择在腰椎与荐椎间隙或第一、第二尾椎或荐椎与第一尾椎间隙。常用 2％～3％盐酸普鲁卡因溶液注射。

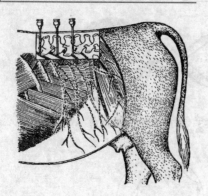

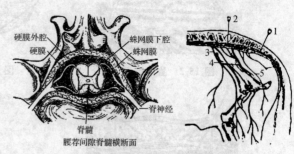

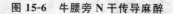

图 15-6　牛腰旁 N 干传导麻醉　　　　图 15-7　椎管内麻醉

任务二　全身麻醉

应用全身麻醉药,使动物的中枢神经呈现抑制状态,动物全身肌肉呈现松弛,对外界刺激反应暂时消失或减弱,但生命中枢(T、R、HR)保持正常状态,称之为全身麻醉。

一、全身麻醉前准备

麻醉前应注意检查动物的全身状况。如患有心、肺、肝、肾等疾病,以及消瘦、贫血、中暑、长期热症、妊娠,最好不要用全身麻醉,以防发生危险。麻醉前犬猫禁食 8～12 h,禁水 2 h。有条件时应进行血液学检查和尿分析。

二、麻醉前给药

麻醉前给药是在给予麻醉药前不久对病畜给予某种药物的总称。麻醉前给药的主要目的是使病畜有平静而安定的诱导麻醉和建立起平衡麻醉。麻醉前给药常用阿托品、东莨菪碱、乙酰丙嗪、氯丙嗪、吗啡、二甲苯嗪、氯胺酮、巴比妥等。

三、全身麻醉给药方法

全身麻醉药大多采用吸入或静脉注射给药法,其他的给药途径如肌肉注射、口服,直肠、腹腔和胸腔内注射也有使用。

(一)吸入法

挥发性麻醉药主要是经半闭式或闭合式麻醉装置给药。氟烷、甲氧氟烷、异氟烷、七氟烷是维持外科麻醉的主要挥发性麻醉药。

(二)静脉注射

有些药物如巴比妥类、二甲苯胺噻嗪、氯胺酮、静松灵可供静脉注射,麻醉作用迅速,常在极短时间即可达到预期麻醉程度。在静脉给药麻醉之前,一般先给予硫酸阿托品。由于静脉给药麻醉过快,深度难以掌握。故目前用超短时作用型巴比妥类作吸入麻醉前诱导麻醉的静脉注射,便于在气管内插管。

(三)肌肉注射

肌肉给药迅速方便,也可用作静脉给药途径所需的保定工作,是目前临床上小动物较常用的一种麻醉,但是肌肉注射给药其麻醉深度不如静脉注射或吸入麻醉给药那样容易控制。

(四)腹腔注射

在腹腔内注射全身麻醉目前已较少用。这一给药途径常用于中效巴比妥类麻醉如戊巴比妥钠等,对于凶猛的犬、猫用这种药可能比别的途径较为容易。

(五)胸腔注射

对猫临床上不主张胸腔注射巴比妥类,因为可引起肺组织损害和坏死。如在安乐死术中需要快速麻醉而又难于静脉注射时,胸腔内注射可能便于采用。

(六)口服

口服麻醉药只用于少数动物,以产生镇静和催眠效应,或供不可接近的凶猛动物,特别是对野生肉食兽的麻醉。药物放在一块肉或其他食饵中给予。

四、常用麻醉剂及临床应用

(一)846 麻醉剂

由保定宁 60 mg、双氢埃托啡 4 μg、氟哌啶醇 2.5 mg 复合而成的 846 麻醉剂是一种新的复合麻醉药,麻醉效果良好。用量:肌注每 kg 体重:杂种犬 0.1 mL,纯种 0.04~0.08 mL,猫 0.04 mL,兔 0.2~0.3 mL,牛 100 kg 0.5~1.5 mL。用苏醒灵 3 号作为 846 合剂的特效拮抗剂,有兴奋中枢、改善心血管功能和促进胃肠蠕动的作用。抢救时宜小剂量(1/2 麻醉药量)静注,复苏宜肌肉或皮下注射,有的出现过敏、兴奋或心动过速。静注 30 s;肌注 1~5 min 起效。苏醒灵 3 号与速眠新用量比为 1.51,稍比麻醉药量大些。

(二)舒泰

舒泰是法国维克公司生产的一种新型麻醉剂,它含镇静剂替来他明和肌松剂唑拉西泮。在全身麻醉时,舒泰能够保证诱导时间短、极小的副作用和最大的安全性。在经肌肉盒静脉途径注射时,舒泰具有良好的局部受耐性。舒泰是一种非常安全的麻醉剂。用于犬、猫和野生动物的保定及全身麻醉。纯种犬 0.04~0.08 mg/kg,杂种犬 0.05~0.1 mg/kg(5~7 mg/kg 体重)维持量为 1/2~2/3。舒泰在犬猫麻醉中最常用,适用于各种手术及其保定检查、肌肉或静脉注射。

(三)静松灵(二甲苯胺噻唑)

常作为牛麻药,用量小,作用快,安全。肌注 0.2~0.4 mg/kg,20min 即可达到镇痛、静肌松弛、麻醉高峰。表现精神沉郁、活动减少、头颈下垂、眼睛半闭、唇下垂、大量流涎、站立不稳、呈睡眼状态,俯卧头扭向躯体一侧、全身肌松弛、躯干及四肢上部针刺无痛觉,意识未完全丧失。维持 60~120 min。羊每 1kg 体重用量为 1 mg,麻醉效果与牛相似。

（四）陆眠灵

曾用名鹿眠宁，是以二甲苯胺噻嗪为主的复方制剂（不含氯胺酮）。具有较强的中枢镇静、镇痛和肌肉松弛作用，主要用于犬、兔、鼠、熊、狮、虎、马、牛等动物的手术麻醉和药物制动。肌注给药，每 1 kg 体重的杂种犬用量为 0.08～0.10 mL；纯种犬 0.04～0.08 mL；兔 0.1～0.2 mL，羊、猴 0.1～0.15 mL。

（五）盐酸吗啡

本品为纯粹的阿片受体激动剂，有强大的镇痛作用，同时也有明显的镇静作用，通常用 1 mg/kg 体重皮下注射。

（六）氯胺酮

犬一般先皮下注射硫酸阿托品 0.05 mg/kg 体重和甲苯噻嗪 1～2 mg/kg 体重，10～20 min 后肌注氯胺酮 5～20 mg/kg 体重；猫可先肌注 0.1 mg/kg 体重后，肌注氯胺酮 10～30 mg/kg 体重。

（七）硫喷妥钠

硫喷妥钠是属于超短时作用型的巴比妥类药。适用于短时间的手术和快速诱导麻醉，反复使用又可作维持麻醉。如作诱导麻醉之用，可按每千克 6～8 mg 静注，如果需要 10～20 min 的外科手术，应静注 15～25 mg/kg。注射时，约 1/3 剂量应在 15 秒内快速注射，然后停注 30～60 s，剩下的在 1～2 min 注完，以产生所需的麻醉深度。

（八）硫戊巴比妥钠

硫戊巴比妥钠与硫喷妥钠一样，都是一种超短时作用型的硫代巴比妥类药。其作用与硫喷妥钠相同。在犬猫的常见诊疗中，本品广泛用于各种手术和检查，常配成 4% 的水溶液，仅供静脉注射。犬猫为 16～20 mg/kg 体重。

（九）麻醉乙醚

乙醚麻醉安全、方便、价格便宜。作为麻醉药，应为符合药典标准的麻醉乙醚。乙醚易被空气和光分解，遇热也被分解。分解后产生过氧化物，其麻醉作用减弱。已开封的乙醚，不宜再用。乙醚对呼吸道黏膜有强刺激性，引起分泌增加；进入胃内易引起呕吐，故在麻醉前需用阿托品。乙醚尚可降低胃肠平滑肌紧张性；引起胃扩张和肠弛缓。其血/气分配系数（即在血中和肺泡气中的浓度比）较大，诱导和苏醒都较缓慢，常出现麻醉前兴奋。例如乙醚为 12.10，甲氧氟烷为 13.1。因此需要先进行诱导麻醉，可用巴比妥钠、安定等。沸点为 35 ℃，易挥发。可用于开放式、半关闭式、关闭式的吸入麻醉。

（十）氟烷

本品优点是麻醉力强，是乙醚的 4～5 倍，诱导快，苏醒也快，对呼吸道黏膜无刺激，病畜吸入无不适感。对肝、肾功能无损害；其缺点是对心肺功能产生明显的抑制作用。麻醉过深，出现一般易于纠正的呼吸暂停，能引起心跳缓慢，但麻醉前用阿托品可以防止。此外，本品还可引起血压下降。氟烷麻醉应注意药物浓度的控制，若控制不当，麻醉易过深或过浅。所以需要有精密的挥发器，上面标有 0.1%～4% 的刻度，以控制麻醉气体浓度。如果没有氟烷挥发器,可使用国产 103 型乙醚吸入麻醉机,在乙醚挥发瓶中注入 5～10 mL 氟烷,去掉挥发芯,将调节器开到 3～4 档,使之快速到达所需要的深度,再开到 1～2 档处作维持麻醉。麻醉时,可根据病畜心率、呼吸、血压变化等调节档次,控制麻醉深度。

(十一)甲氧氟烷

甲氧氟烷是一种液态麻醉剂,在挥发前澄清无色,但在挥发后或放在气化器中时,则变为琥珀色。本品颜色的变化并不改变麻醉力,对动物也不会产生不良作用。本品有一种水果样气味,无刺激性,易被病畜所吸入。各种浓度不具有爆炸性和易燃性。具有强大的麻醉作用,其麻醉强度大于氟烷、氧化亚氮。能产生极好的肌松弛和镇痛作用,缺点在血中有较高的溶解度。这一性质使诱导麻醉期延长,难以控制和改变麻醉的深度,苏醒期长,此外,甲氧氟烷对肝、肾损害严重。在国外,甲氧氟烷常用于小动物外科麻醉,为减少其用量,吸入麻醉前犬荐用二甲苯胺噻唑(或二甲苯胺噻嗪),猫荐用氯胺酮。

吸入麻醉时,如没有专门的挥发器,则可如氟烷一样使用乙醚挥发器,取掉挥发芯,注入 10 mL 甲氧氟烷于瓶内,并加一块纱布于瓶内(以增加挥发浓度),调节 1.5～2 档作维持,可获得理想的麻醉效果。

任务三　复合麻醉

根据手术需要和不同的麻醉深度,为了减少麻药毒副作用,扩大麻药应用范围,选用几种麻药配合使用,这种麻醉方法称复合麻醉。

一、全身麻醉的复合

吸入麻醉与非吸入麻醉的复合,例如先注射丙泊酚,再吸入异氟烷、二甲苯胺噻唑与氯胺酮等。

二、全身麻醉与局部麻醉的复合

临床上通常在全身麻醉的浅麻或中麻后配合某种局部麻醉。如全身麻醉后,再对手术切开敏感的部位进行局部传导麻醉或局部浸润麻醉。

三、局部麻醉的复合

脊髓麻醉或传导麻醉的同时,再进行浸润麻醉来加强麻醉的效果。

任务四　麻醉的注意事项

一、麻醉前体格检查

麻醉前需要了解患病动物的整体状态,以便选择适宜的麻醉药。如牛的瘤胃切开术需要站立保定才有利于操作,因此,宜采用腰旁 N 干传导麻醉。

二、麻醉操作要正确,严格控制药量

麻醉过程中要时刻注意观察动物的状态,特别要监测动物的呼吸、循环、反射功能、体温、脉搏的变化,发现不良反应,立即停药,防止中毒。

三、处理不良反应

麻醉过程中,动物出现呼吸、循环紊乱,如呼吸浅表、间歇,脉搏细弱、节律不齐,瞳孔散大等症状时,应及时抢救。注射 CNB、尼可刹米、苏醒灵、肾上腺素等。

四、麻醉苏醒阶段

动物开始苏醒时,先抬起头部,提起尾巴,扶住四肢,直至能自行站立,要防止摔伤致脑震荡、骨折等。冬季和寒冷天气,要注意保暖防寒,以防感冒。

【测试模块】

1. 什么是麻醉?什么是全身麻醉?什么是局部麻醉?
2. 牛、羊、猪、犬的全身麻醉常用药物及麻醉方法有哪些?
3. 简述表面麻醉、浸润麻醉、传导麻醉、脊髓麻醉的方法及注意事项。
4. 简述牛腰旁 N 干传导麻醉的方法。

项目十六　组织分离与止血技术

【知识目标】

1. 掌握常用的外科手术器械及其使用方法。
2. 掌握组织切开的原则及组织切开、分离的方法。
3. 掌握预防出血的方法。
4. 掌握止血的方法及急性失血的急救方法。
5. 了解出血的种类及出血的原因。

【技能目标】

1. 能够正确使用、保养及维护外科手术器械。
2. 能够使用不同的外科手术器械对组织进行分离和切开。

任务一　常用外科手术器械及其使用

常用的外科手术器械有手术刀、手术剪、手术镊、止血钳、持针钳、缝合针、创巾钳、肠钳、牵开器、探针等。

一、手术刀

(一)手术刀的种类

手术刀主要用于切开和分离组织,有固定刀柄手术刀和活动刀柄手术刀两种。固定刀柄手术刀其刀片部分与刀柄为一整体,目前已很少使用;活动刀柄手术刀目前较为常用,由刀柄和刀片两部分组成。

(二)装卸刀片的方法

装刀片时刀柄有槽一侧朝向术者,用止血钳或持针钳夹持刀片背的上方,将刀片装置于刀柄前端的槽缝内。卸刀片时用止血钳或持针钳夹刀片背的尾部翘起卸下。

(三)刀柄与刀片的规格

刀柄常用的规格是 4 号、6 号和 8 号,可以安装 19~24 号大刀片。3 号、5 号和 7 号刀柄安装 10、11、12、15 号小刀片。刀片又分为圆刃、尖刃、弯形尖刃等形状。22 号圆刃刀片常用于切开皮肤;10 号及 15 号小圆刃刀片适于做细小的分割;23 号圆形大尖刀适用于由内部向外表的切开,亦用于脓肿的切开;11 号角形尖刃刀及 12 号弯形尖刃刀通常用于健、腹膜和脓肿的切开。(刀柄常具有测量单位以备使用。这可以作为某些需要照相病例的参考标准)见图 16-1。

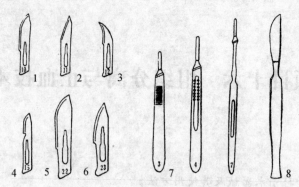

图 16-1　不同类型的刀片及刀柄

1.10 号小圆刃；2.11 号角形尖刃；3.12 号弯形尖刃；

4.15 号小圆刃；5.22 号大圆刃；6.23 号圆形大尖刃；

7.刀柄；8.固定刀柄圆刃

(四)执刀的姿势

1.指压式

又称餐刀式，是常用的一种执刀方法。执刀时拇指放于刀柄齿槽处，中指、无名指和小指放对侧，食指压住刀片与刀柄结合处，用手腕和手指的力量切割。指压式运用灵活，动作范围大，切开平稳有力，适用于切开皮肤、腹膜和切断钳夹组织。见图 16-2。

2.执笔式

执刀的姿势如同执钢笔，主要用手指的力量切割。执笔式适用于小力量短距离精细操作，常用于切开皮肤以及分离血管和神经等精细操作。见图 16-3。

3.全握式

又称抓持式，执刀时拇指与其余 4 指相对握刀。全握式执刀力量在手腕，切割范围广，适用于切开较长的皮肤切口、筋膜及慢性增生组织。见图 16-4。

4.反挑式

姿势同执笔式，只是把刀反过来拿，刀刃向上，运刀时用力向上，由组织内向外挑开，以免损伤深部组织。此法多用于小脓肿的切开，也常用于腹膜切开。见图 16-5。

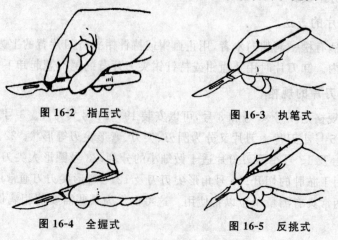

图 16-2　指压式　　　　　　图 16-3　执笔式

图 16-4　全握式　　　　　　图 16-5　反挑式

（五）用途

1.锐性分离　钳夹、切断横过的血管。（见图 16-6）
2.钝性分离　用刀柄分离组织。（见图 16-7）
3.钝性分离　刀背分离皮下疏松结缔组织。（见图 16-8）
4.钝性分离　刀柄顺肌纤向开切。（见图 16-9）
5.代替线剪切断缝线　代替手术剪切开腹膜等。（见图 16-10、图 16-11）

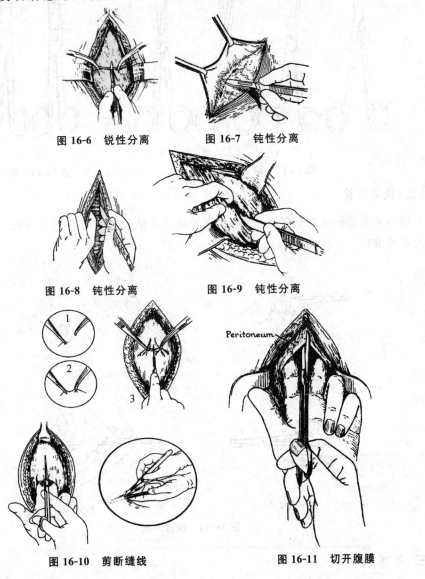

图 16-6　锐性分离　　　　图 16-7　钝性分离

图 16-8　钝性分离　　　　图 16-9　钝性分离

图 16-10　剪断缝线　　　　图 16-11　切开腹膜

二、手术剪

（一）种类

1.组织剪

用于剪断组织，其尖端较薄，剪刀锐利。分大小、长短、弯直几种，直剪用于浅部操作，弯剪用于深部操作,使手和剪刀柄不妨碍视线。见图 16-12。

2.剪线剪

用于剪断缝线。剪线剪头钝而直,刃较厚,一侧刃尖部有一弧形凹陷,剪线时将缝线放于此处。见图 16-13。

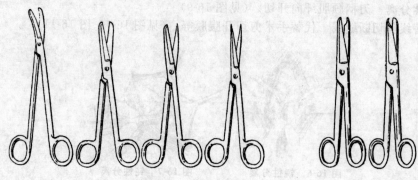

图 16-12　组织剪　　　　　　　　　　图 16-13　剪线剪

(二)执剪方法

拇指和无名指插入剪柄的两环内,食指轻压在剪柄与剪刀交界的关节处,中指放在无名指环的前外方柄上。见图 16-14。

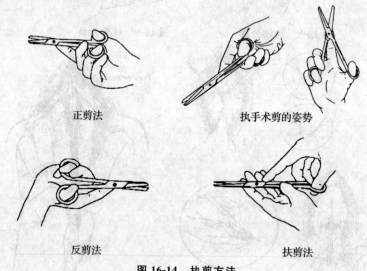

正剪法　　　　　　　　　　执手术剪的姿势

反剪法　　　　　　　　　　扶剪法

图 16-14　执剪方法

三、手术镊

(一)种类

根据手术镊的尖端是否有齿分为有齿镊(鼠齿镊),无齿镊(平镊)两种。有齿镊损伤性大,用于夹持坚硬组织,用得较少;无齿镊损伤小,用于夹持一般的组织和脏器。

另外手术镊还有长、短和尖头、钝头之分。

（二）执镊方法

拇指与食、中指相对握镊横纹处。见图 16-15。

（三）用途

用于夹持、稳定或提起组织以利切开和缝合等操作。

四、止血钳

（一）种类

有直、弯两种，直止血钳用于浅表组织和皮下止血，弯止血钳用于深部止血。

止血钳又分大、中、小号。最小的止血钳称蚊式止血钳，用于眼科及精细组织的止血和操作。用于血管手术的止血钳齿槽的齿较细、较浅，弹力较好，对组织和血管壁的损伤较轻，称"无损伤"血管钳。见图 16-16。

（二）执止血钳的方法。

执止血钳的方法同剪刀，松钳方法则略有不同。右手松钳时，在执钳的姿势下用拇指和无名指相对用力即可松开止血钳；左手松钳时，用拇指和食指持一柄环，中指和无名指顶住另一柄环，相对用力即可松开止血钳。见图 16-17。

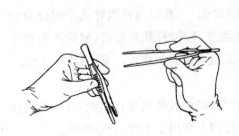

图 16-15　执镊方法

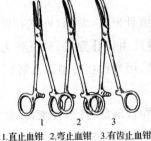

1.直止血钳　2.弯止血钳　3.有齿止血钳

图 16-16　止血钳

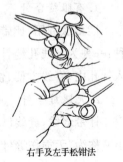

右手及左手松钳法

图 16-17　执钳方法

（三）用途

用于夹出血点和血管止血，钝性分离组织，牵引缝线。不要用它夹皮肤、脏器和脆弱组织，防止组织损伤。

五、持针钳

（一）种类

持针钳又称持针器，分为握式持针器和钳式持针器两种。兽医外科以前用握式持针器，现多用钳式持针器。持针器前部有横齿槽和纵齿槽相互交错，前端比止血钳短而钝。缝针应夹在持针器的尖端（前端），持针钳应夹住缝针针体中、后 1/3 交界处，缝线应重叠 1/3，以便于操作。见图 16-18。

(二)执持针器的方法

拇指、中指、无名指、小指和手掌握持针器柄环，食指压持针器关节处；也可用执剪刀的方法。松开持针器同止血钳右手松开法。见图 16-19。

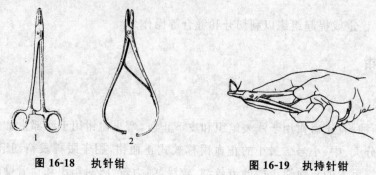

图 16-18　执针钳　　　　　　　　图 16-19　执持针钳

六、缝合针

(一)种类

缝合针由不锈钢丝制成，可重复使用，分为有眼缝合针和无眼缝合针（又称带线缝合针、无损伤缝合针）两种。见图 16-20。

1. 有眼缝合针

能多次利用，比带线缝针便宜，常用，针尾有针眼（针孔）。有眼缝针以针孔不同分为两种：一种为穿线孔缝针，缝线由针孔穿进；另一种为弹隙孔缝针，针孔有裂槽，缝线由裂槽压入针孔内，穿线方便，快速，因缝线挤过裂隙而磨损易断且对组织损伤较严重，目前已少用。

2. 无眼缝合针

针带缝线，缝线已包在针尾部，针尾较细，线也较细仅以单股缝线穿过组织，对组织损伤小又称为"无损伤缝针"。无眼缝合针已灭菌，可直接使用。多用于血管、肠管吻合。

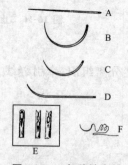

图 16-20　各种缝合针

A. 直针；B. 1/2 弧形；C. 3/8 弧形；D. 半弯形

E. 无损伤缝针；F. 弹机孔针尾构造

(二)用途

缝针的长度和直径是缝针规格的重要部分，缝针长度需要能穿过切口两侧，缝针直径较大,对组织损伤严重。根据形状缝针可分为弯针和直针两种。弯针有 1/2 弧形,3/8 弧形,直弯形(半弯形,针的前端弯,后端直),其中 3/8 弧形的弯针操作灵活,最常用。弯针缝合较深组织,并可在深部腔穴内操作,应用范围较广,使用时需用持针器钳住缝针。直针用于操作空间较宽阔的浅表组织缝合,应用范围不如弯针广泛,由于使用时不需持针器,故操作较弯针简便。

各种类型的缝合针尖端断面分圆锥形和三角形两种。断面为圆锥形者称为圆针,用于缝合组织和脏器。断面为三角形者称为三棱针。三棱针有锐利的刃缘,能穿过较厚致密组织,用于缝皮肤和腱等较硬的组织。弯圆针缝合胃壁,弯三角针缝合皮肤,无损伤针缝合小血管。

七、牵开器

(一)种类

牵开器又叫拉钩,分为手持牵开器和固定牵开器两种,有不同的形状。见图 16-21。

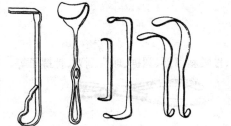 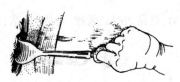

图 16-21　各种拉钩　　　图 16-22　拉钩的使用

手持牵开器应用较多,其优点是可随手术的需要灵活改变牵引的部位、力量和方向;缺点是长时间使用易导致手术人员疲劳。

(二)用途

牵开器用于牵开术部表面组织,便于显露深部组织,以利于手术操作。见图 16-22。

固定牵开器用于牵开力量大的组织,以及手术人员不足或显露不需要改变的手术区。使用手持牵开器时,拉力应均匀,不要突然用力,为保护组织可在牵开器上垫纱布。

八、巾钳

用来固定手术巾,防止术中手术巾移动,可用缝合代替。见图 16-23。

九、肠钳

用于肠管手术,以阻断肠内容物的溢出及肠壁出血,防止污染术部。

肠钳结构上的特点是齿槽薄,弹性好,对组织损伤小,用时外套胶管,以减少对组织的损伤。见图 16-24。

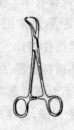

图 16-23 巾钳

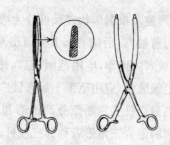

图 16-24 肠钳

十、探针

分为普通探针和有沟探针两种。用来探查窦道和瘘管,借以引导进行窦道及瘘管的切除或切开。在腹腔手术中,常用有沟探针引导切开腹膜。

十一、骨科器械

包括骨剪、骨凿、骨锤、骨锉、骨锯、骨钻、骨膜剥离器、圆锯、球头刮刀、骨螺子等。见图 16-25。

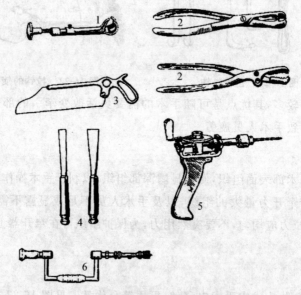

图 16-25 骨科常用手术器械

1.三爪持骨器 2.狮牙持骨器 3.骨锯 4.骨凿 5.骨钻 6.圆锯

任务二 手术器械的传递及保护

一、手术器械的传递

在施行手术时,所需要的器械较多,为了避免在手术操作过程中刀、剪、缝针等器械误伤手术操作人员和争取手术时间,手术器械必须按一定的方法传递。见图16-26。

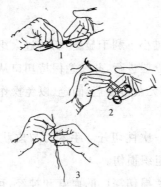

图16-26　手术器械的传递

1.手术刀的传递;2.持针钳的传递;3.直针的传递

　　器械的整理和传递是由器械助手负责。器械助手在手术前应将所用的器械分门别类依次放在器械台的一定位置上,传递时器械助手必须将器械之握持部分递交在术者或第一助手的手掌中。例如传递手术刀时,器械助手应握住刀柄与刀片衔接处的背部,将刀柄端送至术者手中,切不可将刀刃传递给术者,以免刺伤。传递剪刀、止血钳、手术镊、肠钳、持针钳等时,器械助手应握住钳、剪的中部,将柄端递给术者。在传递直针时,应先穿好缝线,拿住缝针前部递给术者,术者取针时应握住针尾部。

二、器械的保护方法

　　1.用后一定要洗刷,特别是注意洗净齿槽内的血块、组织碎片,洗后应晾干,长期不用要涂油保护。

　　2.不要用止血钳夹硬、厚物品和碘酒棉球。

　　3.刀、剪、针要妥善保管,以免影响锐利。

　　4.金属器械在非紧急情况下,禁止火烧灭菌。

任务三　组织切开的方法

一、组织切开的原则及注意事项

(一)组织切开的原则

　　1.切口须接近病变部位,最好能直达手术区,并根据手术需要,便于延长扩大。

　　2.切口在体侧、颈侧以垂直地面或斜行的切口为好,体背、颈背、腹下以沿体正中线或平行矢状线切口比较合理。

　　3.切口避免损伤大血管、神经、腺体的输出管,以免影响术部组织和器官的机能。

　　4.切口应有利于创液的排出,特别是脓汁的排出。

5.二次手术时,避免在瘢痕上切开,因瘢痕组织再生能力弱,易发生弥漫性出血。

(二)组织切开的注意事项

1.切口大小必须适当,切口过小不利于显露,切口过大组织损伤较大。

2.切开时,必须按解剖层次分层进行,并注意保持切口从外到内大小相同,或缩小,绝不能里面大外面小。切口两侧要用无菌巾覆盖、固定,以免操作过程中把皮肤表面细菌带入切口,造成污染。

3.切开组织必须整齐,力求一次性切开。手术刀与皮肤、肌肉垂直,防止斜切或多次在同一平面上切割,造成不必要的组织损伤。

4.切开深部筋膜时,为了避免损伤深层的血管和神经,可先切一小口,用止血钳分离后再剪开。

5.切开肌肉时,要沿肌纤维方向用刀柄、手指或止血钳钝性分离,少作切断,以减少损伤,影响伤口愈合。

6.切开胸、腹膜时,要防止损伤内脏。

7.切割骨组织时,要先切割分离骨膜,并尽可能保护骨膜以利于骨组织愈合。

二、组织分离

(一)锐性分离

用手术刀或手术剪进行分离。锐性分离对组织损伤小,但要熟悉局部解剖,动作要准确、精细。

(二)钝性分离

用刀柄、止血钳、剥离器或手指进行分离。方法是将器械或手指伸入组织间隙内,用适当的力量分离组织。

钝性分离最适用于正常肌肉、筋膜和良性肿瘤等的分离。钝性分离对组织损伤较大,术后组织反应较重,愈合较慢。瘢痕较大、黏连过多或血管神经丰富部位不宜采用钝性分离。钝性分离切忌粗暴,避免重要组织结构的撕裂或损伤。

三、各种组织的切开、分离方法

(一)皮肤切开

1.紧张切开

术者用拇指和食指在切口两旁将皮肤撑紧并固定,或术者与助手各用一只手在切口两旁固定,术者用刀刃均匀地切开皮肤直至所需长度。见图16-27。

切开皮肤时,用力要均匀、适中,要求能一次将皮肤全层整齐、深浅均匀地切开。要避免反复切割,以免切口边缘不齐,出现锯齿状的切口,影响创缘对合和愈合。

2.皱襞切开

术者和助手用手指或镊子提起切口两侧的皮肤呈皱襞状,然后切开。此方法主要是避免损伤切口下面的血管、神经和脏器。见图16-28。

手术时,皮肤切开最常见的是直线切口,但根据手术需要,也可作如下切口:

(1)梭形切口　主要用于切除肿瘤、瘘管、放线菌病灶和多余的皮肤。

(2)"U"形或"Ⅱ"形切口　多用于头部圆锯术。

(3)"T"形、"十"字形、"工"字形切口　多用于需要将深部组织充分显露和摘除时。

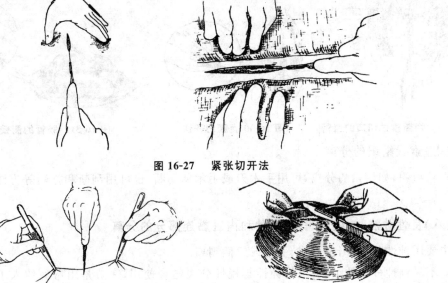

图 16-27　紧张切开法

图 16-28　皮肤皱襞切开法

（二）皮下疏松结缔组织的分离

皮下结缔组织内分布有许多小血管,故多采用钝性分离。方法是先将组织刺破,再用手术刀柄、止血钳或手指进行剥离。见图16-29。

（三）筋膜和腱膜的分离

用刀作一小切口,然后用剪刀伸入切口,分别向上、向下将腱膜与腱膜下组织分开,然后沿分开线剪开腱膜。

（四）肌肉的分离

一般是沿肌纤维方向钝性分离,方法是先用手术刀或手术剪先顺肌纤维方向做一小切口,然后用刀柄、止血钳或手指将切口扩大到所需要的长度。但在肌肉较厚并含大量肌腱时,可用刀切开或横断。

（五）腹膜切开

为了避免伤及内脏,先用两把止血钳提起腹膜,在两钳之间的腹膜上做一小切口,然后用手术剪剪开腹膜。在剪开腹膜时可用食指和中指伸入腹膜下作引导。见图16-30。

（六）肠管切开

肠管侧壁切开时，一般于肠管纵带上或肠系膜缘对侧肠壁上纵行切开，并应避免损伤另侧肠壁。胃、大肠的切开——刀刺后剪开。见图 16-31。

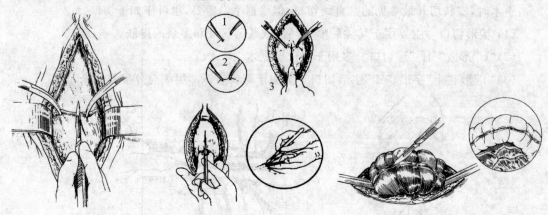

图 16-29　切断横过切口的血管　　　图 16-30　腹膜切开法　　　图 16-31　肠管的侧壁切开

（七）索状组织的分离

索状组织，如精索的分离，可用手术刀或手术剪切断，也可用刮断和拧断等方法，以减少出血。

（八）良性肿瘤、放线菌病灶、囊肿和内脏黏连部分的分离

主要用钝性分离，用止血钳、手指或刀柄剥离。

对不易钝性分离的组织，可将钝性与锐性分离结合使用，一般是用弯剪伸入组织间隙，用推剪法，即将剪尖微张，轻轻向前推进，进行剥离，应避免做剪切动作。钝性分离时切忌粗暴和用力过大，特别是在深部非直视下，否则易损伤脏器或引起大出血。

（九）骨组织的切断

首先应分离骨膜，然后再切断骨组织。分离骨膜时，先用手术刀切开骨膜（切成"十"字形或"工"字形），然后用骨膜剥离器分离骨膜。骨组织的切断是用骨锯锯断或骨剪剪断骨，然后用骨锉锉平断端锐缘，并清除骨片和骨末。

（十）蹄和角的分离

蹄角质可用蹄刀分离，浸软的蹄壁可用柳叶刀（手术刀）切开。断角可用骨锯或断角器。

任务四　出血的预防方法

一、出血的种类

（一）动脉出血

动脉出血时，血液鲜红，呈喷射状流出，喷射线出现规律性起伏并与心脏搏动一致。对于动脉出血,应立即止血,否则可导致失血性休克,甚至引起动物死亡。

(二)静脉出血

静脉出血时,血液暗红,呈缓慢地泉涌状流出。

(三)毛细血管出血

毛细血管出血的血液色泽介于动脉、静脉血液之间,多为渗血,呈点状出血,一般可自行止血或稍加压迫止血。

(四)实质出血

实质出血是指实质器官(肝、脾)和骨松质的出血。一般为混合性出血,血自小动脉、小静脉流出,颜色与静脉血相似。由于实质器官中含有丰富的血窦,而血管的断端又不能自行缩入组织内,因此不易形成断端的血栓,易产生大失血威胁动物的生命。实质出血应切除脏器或缝合止血。

另外,按出血后血液流至部位的不同,分为外出血和内出血两种。外出血是指血液流到体外;内出血是指血液流出血管后积聚在组织内或体腔中。

按出血的次数和时间,又分为初次出血、二次出血、重复出血和延期出血。

二、二次出血的原因

1.血管断端结扎止血不确实,结扎线脱落。

2.由于钳夹血管的时间不足、血压升高或术后运动过早使血栓脱落。

3.未结扎血管中的血栓,由于化脓或使用某些药物而溶解。

4.粗暴地更换敷料或填塞,使血管损伤。

三、延期出血的原因

1.术中使用肾上腺素使血管收缩,当药物作用消失后血管扩张出血。

2.骨折固定不良,断端刺破血管。

3.血管受到挫伤时,血管壁内层和中层受到破坏,血液积聚在血管外膜下,形成血肿。当血管再受外力作用或血肿感染后,血管壁受破坏发生延期出血。

4.在感染区,血管受到侵害而破裂出血。

四、出血的预防方法

(一)全身预防性止血法

一般是在手术前给动物注射增高血液凝固性的药物和同类型血液,借以提高机体抗出血的能力,减少手术过程中的出血。

1.输血

术前输血可以提高动物血液的凝固性,刺激血管运动中枢反射性地引起血管的痉挛性收缩，以减少手术中的出血。在术前 $30\sim60$ min 输入同种同型血液，大动物 $500\sim1000$ mL，中小动物 $100\sim300$ mL。

2．注射提高血液凝固性和血管收缩的药物

0.3％凝血质、维生素 K3、安络血、止血敏、对羧基苄胺(抗血纤溶芳酸)。

(二)局部预防性止血法

1．肾上腺素

局部麻醉时，可在每 1000 mL 普鲁卡因溶液中加 0.1％肾上腺素 2 mL，利用肾上腺素收缩血管的作用达到预防性止血的目的，其作用可维持 $20\sim120$ min。但手术局部有炎症病灶时，因高度的酸性反应，可减弱肾上腺素的作用。此外，肾上腺素作用消失后，动物脉管扩张，术后可能发生延期出血。

2．止血带

适用于四肢、阴茎和尾部手术。见图 16-32。

用橡皮管止血带止血时，时间不易过长，以免组织坏死，一般不应超过 $2\sim3$ h，冬季不超过 $40\sim60$ min，如果超过此时间未完成手术可将止血带临时松开 $10\sim30$ s，然后重新缠扎。松开止血带时，严禁一次松开，应多次"松、紧、松、紧"。

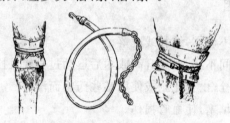

图 16-32　止血带的应用

任务五　止血的方法

一、机械止血法

(一)压迫止血

压迫止血是指用纱布按压出血的部位进行止血，用于渗血和小出血点出血。按压时不可擦拭，以免损伤组织或使血栓脱落。为提高止血效果可选用 $1\%\sim2\%$ 麻黄素、0.1％肾上腺素或 2％氯化钙溶液浸湿后拧干的纱布压迫止血。

(二)钳夹止血

利用止血钳最前端夹住血管的断端扣紧止血钳压迫，或用止血钳夹住片刻，轻轻去钳，而达到止血目的。钳夹方向应尽量与血管垂直，钳住的组织要少，切不可做大面积钳夹。此法适用于小血管出血。

（三）钳夹扭转止血

用于小血管出血。

（四）钳夹结扎止血

钳夹结扎止血是常用而可靠的基本止血方法，多用于明显而较大的血管出血。钳夹结扎止血包括单纯结扎止血和贯穿结扎止血。

1. 单纯结扎止血

单纯结扎止血是用止血钳的钳尖夹住出血点后，助手将止血钳轻轻提起，使尖端向下，术者用丝线绕过止血钳钳尖所夹住的血管和少量组织，助手将止血钳放平，将尖端稍挑起并将止血钳侧立，术者在钳端的深面打结，在打第一个结的同时由助手轻轻松开止血钳，当结扣收紧时止血钳完全放开，然后术者再打第二个结。结扎时所用的力量应大小适中，结扎处不宜离血管断端过近，所留结扎线尾也不宜过短，以防线结滑脱。见图 16-33。

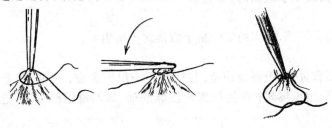

图 16-33 单纯结扎止血法

2. 贯穿结扎止血

贯穿结孔止血又称缝合结扎止血。包括"8"字缝合结扎和单纯贯穿结扎两种。方法是用止血钳将血管及其周围组织横行钳夹，用带有缝针的丝线穿过断端一侧，绕过一侧，再穿过血管或组织的另一侧打结的方法，称为"8"字缝合结扎。两次进针处应尽量靠近，以免将血管遗漏在结扎之外。将结扎线用缝针穿过所钳夹组织（勿穿透血管）后先结扎一结，再绕过另一侧打结，撤去止血钳后继续拉紧线再打结，即为单纯贯穿结扎止血法。见图 16-34。

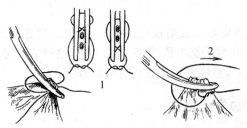

图 16-34 贯穿结孔止血
1."8"字缝合结扎法；2.单纯贯穿结扎法

贯穿结扎止血的优点是结扎线不易脱落，适用于大血管的止血或不易用止血钳夹住的出血点。在不易用止血钳夹住的出血点，不可用单纯结扎止血，而宜采用贯穿结扎止血的方法。

3. 创内留钳止血

用止血钳夹住创伤深部的血管断端，并将血管钳留在创腔内 24～48 h。为防止止血钳移动，可用绷带将止血钳固定在家畜的身体上。创内留钳止血多用于大动物去势后继发精索内动脉大出血。

4. 填塞止血

深部大血管出血，又找不到血管断端，钳夹或结扎止血困难时，可用灭菌纱布填塞出血的创腔，压迫血管断端进行止血。填塞止血的纱布一般在12～24 h后取出。

二、电凝及烧烙止血法

(一)电凝止血

电凝止血是用高频电流凝固组织进行止血。其方法是用止血钳夹住血管断端，向上轻轻提起，擦干血液，将电凝器与止血钳接触，待局部发烟即可。多用于小出血点的止血及不易结扎的渗血，不用于较大血管的止血。

1. 优点

止血迅速，不留线结于组织内。

2. 缺点

止血效果不完全可靠，凝固的组织易于脱落而再次出血。

3. 注意事项

电凝的时间不宜过长，否则烧伤范围过大，影响组织愈合；皮肤、脏器和大血管附近不可用电凝止血，以免组织坏死；在使用挥发性麻醉剂，如乙醚麻醉时，用电凝止血易发生爆炸事故。

(二)烧烙止血

用电烧烙器或烙铁的烧烙作用使血管断端收缩封闭而止血。多用于弥漫性止血，羔羊断尾术和某些摘除手术后的止血。

1. 优点

止血迅速，不留线结。

2. 缺点

组织损伤大。

3. 注意事项

使用烧烙止血时，应将电阻丝或烙铁烧得微红，才能达到止血的目的，但也不宜过热，以免组织炭化过多，使血管断端不能牢固堵塞。烧烙时，烙铁在出血处稍加按压后即迅速移开，否则组织黏附在烙铁上，当烙铁移开时会将组织扯离。

三、局部化学及生物学止血法

(一)麻黄素和肾上腺素止血

用1%～2%麻黄素或0.1%肾上腺素溶液浸湿的纱布压迫止血。多用于创面渗血的止血，还可用于鼻出血或拔牙后齿槽出血的填塞止血。

(二)明胶海绵止血

使用时将明胶海绵铺在出血创面上或填塞在出血的伤口内，若填塞后再缝合组织效果会更好。多用于一般方法难以止住的创面出血、实质器官出血和骨松质出血。明胶海绵种类很多，包括纤维蛋白海绵、氧化纤维素、白明胶海绵和淀粉海绵等。明胶海绵的止血原理是促进血液凝固和提供凝血时所需的支架结构。明胶海绵能被组织吸收和使受伤血管日后保持贯通。

(三)活组织填塞止血

是用自体组织，如网膜填塞于出血部位进行止血。常用于实质器官的止血，如肝损伤后用网膜填塞止血。

(四)骨蜡止血

用骨蜡制止骨质渗血。用于骨的手术和断角术。

任务六　急性失血的急救方法

一、输血疗法

输血疗法是给患病动物静脉输入保持正常生理功能的同种属动物血液的一种治疗方法。

给患病动物输入血液可部分或全部地补偿机体所损失的血液，扩大血容量，同时补充血液的细胞成分和某些营养物质。输血有止血作用，是促进凝血过程的结果。输入血液能激化肝、脾、骨髓等各组织的功能，并能促进血小板、钙盐和凝血活酶进入血流中，这些对促进血液凝固有重要作用。输血具有对患病动物刺激、解毒、补偿以及增强生物学免疫功能等作用。

输血适用于大失血、外伤性休克、营养性贫血、严重烧伤、大手术的预防性止血等。严重的心血管系统疾病、肾脏疾病和肝脏疾病等忌用。

二、补充血容量

失血量较少时，一般情况下可得到代偿，并且骨髓造血功能增强，失去的血便可获得补足。中等量的失血可用补液代替输血。可静脉注射生理盐水或5％糖盐水。病畜体质差的需补以全血或把全血和晶体溶液(如生理盐水、复方氯化钠等)以1∶1混合后输入。大量失血时除用生理盐水等晶体液补足外，由于无法维持血中的胶体渗透压，单纯补入晶体溶液会很快经肾脏排出，仍然无法保持必要的血容量，因此一般都必须输入全血、血浆等。血源困难时可用右旋糖酐和平衡液来代替血浆。

三、应用止血药

(一)局部止血药

常用的局部止血药有3％三氯化铁、3％明矾、0.1％肾上腺素、3％醋酸铅等，有促进血液凝固和使局部血管收缩的作用。方法是用纱布浸透上述的某一种药液后填塞于创腔即可。

(二)全身止血药

常用10％枸橼酸钠、10％氯化钙等药液静脉注射，也可用凝血质、维生素K3等药液肌肉注射，以增强血液的凝固性，促进血管收缩而止血。

【测试模块】

一、名词解释

紧张切开　皱襞切开　输血疗法

二、填空

1.软组织的分离分为＿＿＿＿和＿＿＿＿2种。

2.执刀的姿势和动作的力量根据不同的需要有＿＿＿＿、＿＿＿＿、＿＿＿＿、
＿＿＿＿等4种。

3.手术过程中的机械止血法包括＿＿＿＿、＿＿＿＿、＿＿＿＿、＿＿＿＿和
＿＿＿＿。

三、简答

1.简述急性失血的急救方法。

2.简述组织切开的原则。

项目十七　缝合技术

【知识目标】

1. 掌握缝合的基本原则。

2. 掌握打结及拆线的方法。

3. 掌握缝合的种类及各种组织的缝合技术。

4. 了解常用的缝合材料及绳结的种类。

【技能目标】

1. 能熟练进行徒手打结和器械打结。

2. 能正确缝合不同的组织。

3. 能熟练拆除皮肤缝线。

任务一　缝合的基本原则

缝合是将已切开、切断或因外伤而分离的组织、器官进行对合或重建其通道,以保证良好愈合的基本操作技术。缝合也是创口能否良好愈合、外科治疗能否成功的关键因素。缝合的目的在于促进止血,减少组织紧张度,防止创口裂开,保护创伤免受感染,为组织再生创造良好条件,以期加速创伤的愈合。见图 17-1。

一、缝合的基本原则

1. 严格无菌操作。

2. 缝合前必须彻底止血,清除创内凝血块、坏死组织和异物。

3. 为了使创缘均匀接近,在两针孔之间要有一定距离,以防拉穿组织。

4. 缝针刺入和穿出部位应彼此相对,针距相等,否则易使切口形成皱襞和裂隙。

5. 凡无菌手术创伤或非污染的新鲜创伤经外科常规处理后,可作对合密闭缝合;化脓的伤口及具有深创囊的创伤可不缝合,必要时作部分缝合。

6. 在组织缝合时,一般是同层组织相缝合,除非特殊需要,不允许把不同类的组织缝合在一起。

7. 缝合、打结应有利于创伤愈合,如打结时既要适当收紧,又要防止拉穿组织。缝合时不宜过紧,否则将造成组织缺血。

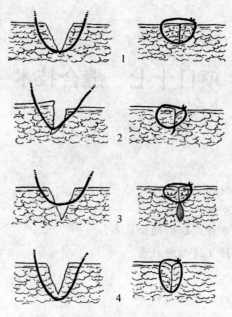

图 17-1　正确与不正确的切口缝合

1. 正确的缝合　2. 两皮肤创缘不在同一平面,边缘错位

3. 缝合太浅,形成死腔　4. 缝合太紧,皮肤内陷

8. 创缘、创壁应互相均匀对合,皮肤创缘不得内翻,创伤深部不应留有死腔、积血和积液。缝合的深浅要适宜,缝线应正好穿过创底。过深会造成皮肤内陷,过浅则皮肤下造成死腔。缝合后的皮肤应稍微外翻,以利愈合。创伤较深可作多层缝合。

9. 合理应用缝针、缝线,正确地选用缝合方法。按照组织张力的大小,选用不同粗细的缝针和缝线。

10. 缝合后,如出现感染症状,应拆除部分缝线,以利于创液排出。

二、缝合材料

(一)理想的缝合材料

理想的缝合材料应该具有如下特点:

1. 活组织内有足够的缝合创伤的张力强度。

2. 对组织刺激性小。

3. 应是非电解质、非毛细管性质、非变态反应和非致癌物质。

4. 打结应该确实,不易滑落。

5. 容易灭菌,灭菌时不变性,不受腐蚀。

6. 无毒性,不能隐藏细菌。

7. 在创伤愈合后 30~60 d 内被吸收或被包埋的缝线没有术后并发症。

目前还没有完全理想的缝合材料。

(二)缝合材料的分类

按照在动物体内的吸收情况,将缝合材料分为吸收性缝合材料和非吸收性缝合材料。吸收性缝合材料是指在动物体内 60 d 内发生变性,其张力强度很快丧失的缝合材料。非吸收缝合材料是指在动物体内 60 d 以后仍保持其张力强度的缝合材料。

按照缝合材料的来源又将缝合材料分为天然缝合材料和人工缝合材料。

1.天然吸收性缝合材料——肠线

肠线是由羊的肠黏膜下组织或牛的小肠浆膜组织制成。主要为结缔组织和少量弹力纤维。肠线分普通肠线(素肠线)和铬制肠线两类。普通肠线在组织中数日(一般 72 h)内被吸收而失去张力,仅用于愈合迅速的组织。普通肠线主要用于浆膜、黏膜等组织,或用于小血管的结扎和感染创中使用。肠线经过铬盐处理后,使胶原吸收的液体减少,张力强度增加,变性速度减慢。所以,铬制肠线吸收时间延长(一般 10~25 d),减少软组织对肠线的反应性。铬制肠线是手术常用的肠线,一般用于尿道黏膜、胃肠黏膜、膀胱、子宫及眼科手术,被感染的皮肤、肌肉等的缝合也用铬制肠线。肠线分 4 种类型:

A 型为普通型或未经铬盐处理型,植入体内 3~7 d 被吸收,能引起严重的组织反应,张力强度很快消失,手术时一般不用。

B 型为轻度铬盐处理型,植入体内 14 d 被吸收。

C 型为中度铬盐处理型,植入体内 20 d 被吸收,手术时常用。

D 型为超级铬盐处理型,植入体内 40 d 被吸收。

肠线一般均经灭菌后密封在安瓿或塑料袋中保存,使用时将安瓿打破或撕开袋口,用生理盐水浸泡后应用。使用肠线应注意下列 5 个问题:

a.从玻管或塑料袋贮存液内取出的肠线质地较硬,应在生理盐水中浸泡片刻,柔软后再用。

b.不要用持针器和止血钳夹持肠线,也不要将肠线扭折,以免肠线皱裂、折断。

c.肠线结扎后易松脱,所以结扎时用三叠结,剪断后留的线头应较长,一般 5 mm,以免滑脱。

d.由于肠线是异体蛋白,在吸收过程中可引起较大的组织炎症反应,所以一般多用连续缝合,以免线结过多,使术后异物反应严重。

e.在不影响缝合效果的前提下,尽量选用细肠线。

肠线适于胃肠和泌尿生殖道的缝合;不能用于胰脏手术(肠线易被胰液消化吸收)。肠线的缺点是易诱发组织的炎症反应,张力强度丧失较快,有毛细管现象,偶尔出现过敏反应。

2.人造吸收性缝合材料——聚乙醇酸缝线

聚乙醇酸缝线(PGA)是一种非成胶质人造吸收性缝线,是羟基乙酸的聚合物。聚乙醇酸缝线常用,其炎症反应轻微,完全吸收为 100~120 d。适用于清净创和感染创的缝合,不用于缝合愈合较慢的组织(肌腱、韧带),因为该缝线张力强度丧失较快。

聚乙醇酸缝线的缺点:穿过组织时摩擦系数高,通过组织费力、缓慢,能切断脆弱组织,使用前浸湿能减少摩擦系数;打结不确实,要注意拉紧,需打三叠结,防止松脱。

3. 天然非吸收性缝合材料

(1)丝线 由蚕茧的连续性蛋白质纤维制成,是传统的、广泛应用的缝线。丝线分为各种不同的型号,用于缝合不同的组织。粗线为7～9号,适用于缝合大血管、筋膜和张力较大的组织;中等线为3～4号,适用于缝合皮肤、肌肉组织和肌腱等组织;细线为0～1号,适用于缝合皮下组织和胃肠道;最细线为000～0000号,适用于缝合血管和神经。

丝线的优点:来源容易,价廉;容易消毒;张力强度高;有柔韧性,操作方便;质软不滑,打结确实。

丝线的缺点:在缝合空腔器官时,如果丝线露出腔内,易引起溃疡;缝合膀胱、胆囊时易形成结石。因此不用丝线缝合膀胱、胆囊和子宫等的黏膜层。不能缝合被污染或感染的创伤。

丝线使用注意事项:丝线灭菌不当,如高压蒸汽灭菌时间过长、温度及压力过高或重复灭菌等,易变脆、拉力减小。一般要求条件是 6.67×10^5 Pa压力下维持20 min。煮沸灭菌对丝线影响较小,但重复煮沸,或时间过长,丝线膨胀,拉力减弱。因此在每一次消毒后,未用完的丝线应及时浸泡在95%酒精内保存,待下次手术时直接取出使用。

(2)棉线 棉线的组织反应轻微,也便于打结,价格也较丝线便宜,但拉力较差。除心、血管手术外,几乎所有使用丝线的地方均可用棉线代替。使用棉线的注意事项与丝线基本相同。

(3)不锈钢丝 由铬镍不锈钢制成。消毒简便,刺激性小,植入组织内不引起炎症反应,拉力大,在污染伤口应用可减少感染的发生。其缺点是不易打结,并有割断或嵌入组织的可能性,且价格较贵。适用于筋膜、肌腱、骨的缝合和皮肤的减张缝合。减张缝合时打结前应垫橡皮管,以防钢丝割裂皮肤。

(4)尼龙缝线 尼龙是由六次甲基二胺和脂肪酸制成,有单丝和多丝两种。其生物学特性为惰性。缝入组织内对组织反应很小,张力强度较强。

任务二　打结的方法

打结是外科手术最基本的操作技术之一,正确而牢固的打结是结扎止血和缝合的重要环节。熟练的打结,可以防止结扎线的松脱造成的创伤裂开和继发性出血,还可以缩短手术时间。

一、结的种类

常用的结有方结、三叠结和外科结3种(见图17-2)。

（一）方结

方结又叫平结,由两个方向相反的单结组成。此结比较牢固,不易滑脱,是手术中最常用的结。用于结扎小的血管和各种缝合时的打结。

（二）三叠结

三叠结又叫加强结,是在方结的基础上再加一个与第二单结方向相反(与第一单结方向相同)的单结,共 3 个结。此结的缺点是遗留于组织中的结扎线较多。三叠结比较牢固,结扎后不易松脱,常用于有张力部位的缝合,大血管和肠线的结扎。

（三）外科结

打第一个结时绕两次,使缝线的摩擦面增大,打第二个结时不易松动。外科结牢固可靠,多用于大血管、张力较大的组织和皮肤缝合。

此外,在打结过程中若操作不正确,容易产生一些错误结,常见的错误结有假结和滑结两种。打结时两结方向相同即可打成假结;假结易松脱,要避免打此结。打方结时,两手用力不均,只拉紧一根缝线,形成滑结。滑结易松脱,要避免打此结。

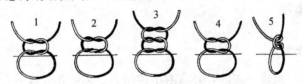

图 17-2　结的种类

1.方法 2.外科结 3.三叠结 4.假结(斜结)5.滑结

二、打结的方法

常用的有单手打结、双手打结和器械打结 3 种。

（一）单手打结

单手打结是常用的打结方法,操作简便迅速,左右手均可打结。虽各人打结的习惯常有不同,但基本动作相似。一手持线端打结时,需要另手持另一线端进行配合,否则用力不均或紧线方向错误而出现滑结。

（二）双手打结

用两只手各打一个结。除了用于一般结扎外,结扎较为方便可靠,不易出现滑结。适用于深部、较大血管的结扎或组织器官的缝合。左、右手均可为打结之主手,第一、第二两个单结的顺序可以颠倒。

（三）器械打结

用持针器打结。适用于结扎线过短、狭窄的术部、创伤深处和某些精细手术的打结。器械打结的方法是把持针器放在缝线的较长端与结扎物之间,用较长端线环绕持针器一圈后,夹住缝线的较短端打第一结,打第二结时用相反方向环绕持针器一圈后,将夹缝线的较短端拉紧,打成方结。

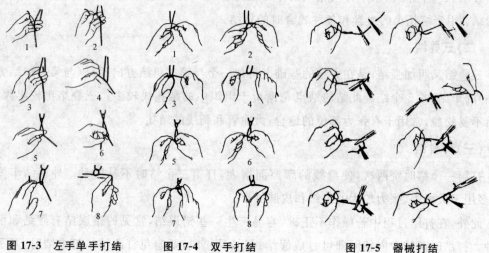

图 17-3　左手单手打结　　　图 17-4　双手打结　　　图 17-5　器械打结

三、打结注意事项

(一)打结时的着力点

打结收紧时要求 3 点成一直线,即左、右手的用力点和结扎点成一直线,不可成角上提,否则结扎点容易撕脱或结松脱。

(二)打结时的方向与力度

第一、二结方向不能相同,应两手交叉,方向相反,否则成假结。两手应用力均匀,否则成滑结。

(三)打结时手的操作

打结时两手的距离不宜离线太远,用力均匀,特别打深部结时,最好用两手食指伸到结旁以指尖顶住双线,两手手握住线端,徐徐拉紧,否则易松脱。见图 17-6。

(四)打结后的剪线

正确的剪线方法是术者打结完毕后,将双线尾提起稍偏向术者的左侧,助手用稍张开的剪刀沿拉紧的结扎线滑至结处,再将剪刀稍向上倾斜,然后剪断。倾斜的角度取决于要留线头的长短。见图 17-7。

(五)剪线的原则

埋在组织内的结扎线头,在不引起结扎松脱的原则下,剪短以减少组织内的异物。重要部位的结扎线和肠线头留长些,缝合皮下的细丝线留短些。丝线,皮肤留 5 mm,皮下留 1 mm,较大血管应略长,留 2～3 mm,以防滑脱;肠线留 4～6 mm;不锈钢丝留 5～10 mm,将钢丝头扭转埋入组织中。

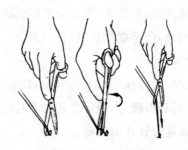

图 17-6　深部打结法　　　　图 17-7　剪线法

任务三　缝合的种类及缝合技术

一、缝合的种类

当前兽医外科手术中软组织缝合的种类甚多,可依缝合后两侧组织边缘位置状况将常用的缝合方法归纳为单纯缝合法、内翻缝合法及外翻缝合法。各种缝合又可依据缝合时一根线在缝合过程中是否打结和剪断的情况分为间断缝合和连续缝合。一根缝线仅缝一针或两针,单独一次打结,称为间断缝合。以一根缝线在缝合中不剪断缝线打结,仅在缝合开始和创口闭合缝合结束时打结的缝合方法称为连续缝合。

(一)对接缝合

1.单纯间断缝合

单纯间断缝合又称结节缝合,是最古老,最常用的缝合方式。缝合时,将缝针穿入一根 15～25 cm 长的缝线,用持针器夹持缝针于创缘一侧垂直刺入,于对侧相应的部位穿出,然后打结,每缝一针打一次结;缝合后要求创缘密切对合,不过紧也不过松;缝线距创缘的距离,根据缝合的皮肤厚度来决定,一般大动物 8～12 mm,小动物 3～5 mm,缝线间距要根据创缘张力来决定,使创缘彼此对合,一般间距 5～15 mm;结打在切口一侧,防止压迫切口;结节缝合适用于皮肤、皮下组织、筋膜、黏膜、血管、神经、胃肠道的缝合。见图 17-8。

优点:①操作简便、迅速;②在愈合过程中,即使个别缝线断裂,其他缝线不受影响,整个创面不会裂开;③能够根据各种创缘的伸延张力正确调整每个缝线张力;④如果创口感染,可将少数缝线拆除排液;⑤对切口创缘血液循环影响较小,有利于创伤的愈合。

缺点:需要较多时间,使用缝线较多。

2.单纯连续缝合

用一条长缝线自始至终连续地缝合一个创口,最后打结。第一针的打结操作同结节缝合,以后每缝一针前对合创缘,避免创口形成皱褶,用同一缝线等距离缝合,拉紧缝合线,最后留下线尾,在切口一侧打结。常用于腹膜、胃肠道、子宫和膀胱的缝合,很少用于皮肤和皮下缝合。

优点：缝合速度快，打结少，节省缝线，创缘对合严密、密闭性好。

缺点：一处断裂，全部缝线拉脱，创口裂开。

3.表皮下缝合

适用于小动物，缝合在切口一端开始，针刺入真皮下，再刺入另一侧真皮，打结，用连续水平褥式缝合平行切口缝合，最后在真皮下打结。一般用可吸收缝合材料。见图17-9。

优点：无普通缝合针孔的瘢痕。

缺点：有连续缝合的缺点，张力强度较差。

图 17-8　结节缝合

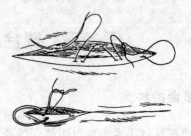

图 17-9　表皮下缝合

4.挤压缝合法

用于肠管吻合时的单层间断缝合，适用于犬猫的肠管吻合，也用于大动物的肠管吻合。缝针刺入浆膜、肌层、黏膜下层和黏膜层进入肠腔。在越过切口前，从肠腔再刺入黏膜到黏膜下层、越过切口转向对侧，从黏膜下层刺入黏膜层进入肠腔。在同侧从黏膜层、黏膜下层、肌层到浆膜刺出肠表面。两端缝线拉紧、打结。压挤缝合法是将肠管的浆膜和肌层分别相对接，黏膜和黏膜下层内翻，使肠管密切对接，防止液体漏出和保持正常的肠腔容积。见图17-10。

5.十字缝合法

从第一针开始，缝针从一侧到另一侧作结节缝合，第二针平行第一针从一侧到另一侧穿过切口，缝线的两端在切口上交叉形成 X 型，拉紧打结。用于张力较大的皮肤缝合（见图17-11）。

6.连续锁边缝合

缝合方法与单纯连续缝合法相似，只是在缝合时每次将缝线交锁。这种缝合能使创缘对合良好，并使每一针缝线在进行下一次缝合前得以固定。多用于薄而活动性较大的部位缝合。见图17-12、图17-13。

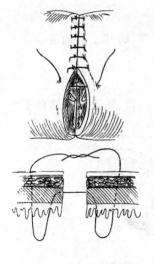

图 17-10 挤压缝合　　图 17-11 十字缝合　　图 17-12 螺旋形连续缝合　　图 17-13 连续锁边缝合

（二）内翻缝合

用于胃肠、子宫、膀胱等空腔脏器的缝合。

1. 伦勃特（Lembert）式缝合法

伦勃特式缝合式又称垂直褥式内翻缝合法，是胃肠手术的传统缝合方法。分为间断和连续两种，常用间断伦勃特式缝合法。

（1）间断伦勃特式缝合法　缝线分别穿过切口两侧浆肌层，然后打结，使部分浆膜内翻对合。此缝合方法用于胃肠道的外层缝合。见图 17-14。

（2）连续伦勃特式缝合法（见图 17-15）　第一针和打结操作同间断伦勃特式缝合法，然后用同一缝线进行连续浆肌层缝合，最后留线尾，在切口一侧打结。用途同间断法。

2. 库兴（Cushing）式缝合法

库兴式缝合法又称连续水平褥式内翻缝合法。先在切口一端作一浆肌层间断内翻缝合，然后用同一缝线平行于切口作浆肌层连续缝合至切口另一端。常用于胃、膀胱和子宫浆肌层缝合。见图 17-16。

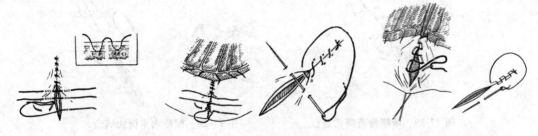

图 17-14 伦勃特式间断缝合　　图 17-15 伦勃特式连续缝合　　图 17-16 库兴式缝合

3.康乃尔(Connel)式缝合法

与库兴式缝合法相同,仅在缝合时缝针贯穿全层组织。可用于胃、肠和子宫的缝合。见图17-17。

4.荷包缝合

即环状的浆肌层连续缝合。主要用于比较小的胃肠穿孔的缝合,胃、肠及膀胱造瘘引流管固定的缝合和肛门的假缝合。见图17-18。

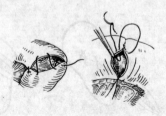 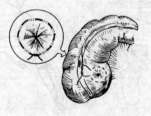

图 17-17　康乃尔式缝合　　　　图 17-18　　荷包缝合

(三)外翻缝合

1.间断垂直褥式缝合

间断垂直褥式缝合是一种减张缝合。距创缘 8 mm 处作一结节缝合不打结,然后针于同侧距创缘 4 mm 处刺入皮肤,越过切口到对侧穿出皮肤,打结。缝合时要求针刺入真皮下,不能刺入皮下组织,使切口皮肤不外翻。缝线间距 5 mm。用于张力较大的皮肤缝合。(见图17-19)

2.间断水平褥式缝合

间断水平褥式缝合又称钮孔状缝合。距创缘 2~3 mm 作一结节缝合不打结,针平行切口向前 8 mm 作第二结节缝合,打结。要求针刺入真皮下,不能刺入皮下组织,缝线间距 4 mm。适用于皮肤、腹膜和血管的缝合。见图17-20。

3.近远-远近缝合

第一针接近创缘垂直刺入皮肤,越过创底,到对侧距切口较远处垂直刺出皮肤。翻转缝针,越过创口到第一针刺入侧,距创缘较远处垂直刺入皮肤;越过创底,到对侧距创缘近处垂直刺出皮肤,与第一针缝线末端拉紧打结。见图17-21。

优点:创缘对合良好,具有一定抗张力强度。

缺点:需线较多,费时多。

图 17-19　间断垂直褥式缝合　　　图 17-20　　间断水平褥式缝合

A.正确缝合位置 B.不正确缝合位置

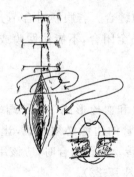

图 17-21　近远-远近缝合

4.连续外翻缝合

多用于腹膜缝合和血管吻合。若胃肠胀气、张力较大或炎症所致腹膜水肿,均需用连续外翻法缝合以避免腹膜撕裂。缝合时自腔(管)外开始刺入腔(管)内,再由对侧穿出,于距1~5 mm处再向相反方向进针。两端可分别打结或与其他缝线头打结。

二、各种软组织的缝合方法

(一)皮肤的缝合

多用单纯间断缝合,每侧边距为5~10 mm,针距10~15 mm。可根据皮下脂肪厚度及皮肤的弛张度而略有增减。皮下脂肪厚者,边距及针距均可适当增加;皮肤松弛者,应适当变小。缝合皮肤时必须用断面为三棱形的弯针或直针。缝合材料一般选用丝线。缝合后在创缘侧面打结,所有结都打在创缘同侧,打结不能过紧。皮肤缝合完毕后,必须再次将创缘对好,防止内翻。

(二)皮下组织的缝合

缝合时要使创缘两侧皮下组织相互靠拢,消除组织的空隙,可减小皮肤缝合的张力。使用可吸收性缝线或丝线作单纯间断缝合,打结应埋置在组织内。选用圆弯针进行缝合。

(三)筋膜的缝合

筋膜缝合应根据其张力强度选用不同的方法。筋膜的切口要与张力线平行,而不能垂直于张力线。所以在筋膜缝合时,要垂直于张力线使用间断缝合。大量筋膜切除或缺损时,缝合使用垂直褥式或远近-近远等张力缝合法。

(四)肌肉的缝合

肌肉缝合要求将纵行纤维紧密连接,瘢痕组织生成后,不能影响肌肉收缩功能。缝合时,应用结节缝合分别缝合各层肌肉。当小动物手术时,肌肉一般是纵行分离而不切断,因此肌肉组织经手术细微整复后,可不需要缝合。对于横断肌肉,因其张力大,应该在麻醉或使用肌松剂的情况下连同筋膜一起进行结节缝合或水平褥式缝合。

(五)腹膜的缝合

一般用0号或1号缝线、圆弯针行单纯连续缝合。如腹膜张力较大,缝合容易撕破时,可用连续水平褥式缝合或连续锁边缝合。若腹膜对合不齐或个别针距较大时,可加补1~2针单纯间断缝合。腹膜缝合必须完全闭合,不能使网膜或肠管漏出或嵌闭在缝合切口处形成疝。

(六)血管的缝合

血管缝合常见的并发症是出血和血栓形成。血管端端吻合要严格执行无菌操作,防止感染。血管内膜紧密相对,因此血管的边缘必须外翻,让内膜接触,外膜不得进入血管腔。缝合处不宜有张力,血管不能有扭转。血管吻合时,应该用弹力较低的无损伤的血管夹阻断血流。缝合处要有软组织覆盖(见图17-22)。

(七)神经的缝合

操作要轻柔,有精细的缝合器械。神经横断面要准确对合,避免神经鞘内和神经周围出血。缝合时不能损伤神经组织。

(八)腱的缝合

腱的断端应紧密连接,如果末端有裂缝被结缔组织填补将影响腱的功能。操作要轻柔,不能使腱的末端挫伤而引起坏死。缝合部位周围黏连,会妨碍腱愈合后的运动。因此,腱的缝合要求保留或重建腱鞘;腱、腱鞘和皮肤缝合部位不要相互重叠,以减少腱周围的黏连。手术必须在无菌操作下进行。见图17-23。

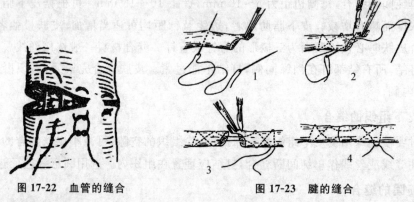

图 17-22　血管的缝合　　　　图 17-23　腱的缝合

(九)空腔器官缝合

空腔器官(胃、肠、子宫、膀胱)缝合,根据空腔器官的生理解剖学和组织学特点,缝合时要求良好的密闭性,防止内容物泄漏;保持空腔器官的正常解剖组织学结构和蠕动收缩机能。因此,对于不同器官,缝合要求是不同的。

1. 胃

胃内具有高浓度的酸性内容物和消化酶。缝合时要求良好的密闭性,防止污染,缝线要保持一定的张力强度,因为术后动物呕吐或胃扩张会对切口产生较强压力;术后胃腔容积减少,对动物影响不大。因此,胃要缝2层,第一层缝合全层,用单纯连续缝合或连续水平褥式内翻缝合;第二层缝合浆肌层,用库兴式缝合或间断伦勃特式缝合。

2. 小肠

小肠血液供应好,肌肉层发达,其解剖特点是低压力导管,而不是蓄水囊。内容物是液态的,细菌含量少。小肠缝合后3～4 h,纤维蛋白覆盖密封在缝线上,产生良好的密闭条件,术后肠内容物泄漏发生机会较少。由于小肠肠腔较小,缝合时防止肠腔狭窄是重要的。因此,大动物缝2层,第一层缝合全层,用单纯连续缝合或结节缝合;第二层缝合浆肌层,用间断伦勃特式缝合。小动物肠腔小,为防止术后肠腔狭窄,可用结节缝合或挤压缝合法缝合全层。

3. 大肠

大肠内容物是固态,细菌含量多。大肠缝合并发症是内容物泄漏和感染,内翻缝合是唯一安全的方法。内翻缝合浆膜与浆膜对合,防止肠内容物泄漏,并能保持足够的缝合张力强度。缝2层,第一层缝合全层,用单纯连续缝合或结节缝合;第二层缝合浆肌层,用间断伦勃特式缝合。

4. 子宫

第一层用肠线作连续全层缝合,第二层用肠线(或丝线)作库兴式缝合。

(十)实质器官缝合

1. 脾

脾组织非常脆弱,损伤后不能缝合,应手术摘除。

2. 肾

损伤后结节缝合。

三、骨的缝合

用不锈钢丝进行全环扎术和半环扎术。全环扎术是骨折整复后用不锈钢丝环行结扎固定骨折断端,适用于圆形骨,如股骨、肱骨和胫骨等;半环扎术是用不锈钢丝通过每个骨折断端钻成的小孔,将骨折断端连接固定。见图17-24。

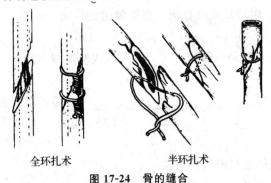

全环扎术　　　　　　　半环扎术

图17-24　骨的缝合

四、组织缝合的注意事项

1. 缝线为异物,缝合时要尽量减少缝线的用量。

2. 缝合时松紧适度,缝合间距一致。

3. 尽量用间断缝合,少用连续缝合。

4. 按组织层次缝合,较大的创伤要由深而浅逐层缝合,以免影响愈合或裂开。浅而小的伤口,一般只作单层缝合,但缝合必须通过各层组织,缝合时缝针与组织呈直角刺入,拔针时按针的弧度和方向拔出。

5.缝皮肤时应防止内翻,缝皮下时不要留死腔。

6.缝腹膜时不要将腹内脏器缝在腹膜上。

7.空腔脏器缝合后要求闭合性好,不透水,不漏气,不能让内容物溢入腹腔。

任务四　拆线的方法

拆线是指拆除皮肤缝线。

一、拆线时间

一般在手术后 7～8 d 拆线,营养不良、贫血、老龄动物以及缝合部位皮肤张力较大应延长拆线时间。但创伤已化脓或创缘已被线撕断不起缝合作用时,可根据创伤治疗需要随时拆除全部或部分缝线。

二、拆线方法

用碘酒、酒精消毒切口、缝线和周围皮肤,然后用镊子提起线结,露出埋在皮肤内的线,用剪刀或手术刀紧贴针眼剪断,拉出缝线,再用碘酒、酒精消毒切口及周围皮肤。

【测试模块】

一、名词解释

伦勃特式缝合法　　康乃尔式缝合法　　连续锁边缝合法

二、填空

1.手术后皮肤拆线的时间一般为_____d,剪线时丝线一般留_____cm,以防滑脱。

2.常用的打结方法有_____、_____和_____3种。

3.内翻缝合主要适用于_____、_____、_____等腔性器官的缝合。

4.正确的结有_____、_____、_____3种。

三、简答

1.简述拆除术后皮肤创口缝线的方法。

2.简述缝合的基本原则。

3.简述组织缝合的注意事项。

项目十八　包扎技术

【知识目标】

1. 掌握包扎的材料、种类及应用。

2. 掌握卷轴绷带应用及包扎方法。

3. 掌握各部位包扎法。

4. 掌握复绷带、结系绷带应用及包扎方法。

【技能目标】

1. 能够正确选择包扎材料。

2. 能正确利用敷料、卷轴绷带、复绷带等对患病动物进行处理。

任务一　包扎的材料、种类及应用

包扎法是利用敷料、卷轴绷带、复绷带、夹板绷带、支架绷带及石膏绷带等材料包扎止血,保护创面,防止自我损伤,吸收创液,限制活动,使创伤保持安定,促进受伤组织的愈合。

一、包扎的材料

(一)敷料

1. 纱布

纱布要求质软、吸水性强。多选用医用的脱脂纱布。根据需要剪叠成不同大小的纱布块;纱布块四边要光滑、没有脱落棉纱,并用双层纱布包好,高压蒸气灭菌后备用。用以覆盖创口、止血、填充创腔和吸液等。

2. 海绵纱布

海绵纱布是一种多孔皱褶的纺织品(棉制)。质柔软,吸水性比纱布好,其用法同纱布。

3. 棉花

选用脱脂棉花。棉花不能直接与创面接触,应先放纱布块,棉花则放在纱布上。为此,常可预制棉垫,即两层纱布间铺二层脱脂棉,再将纱布四周毛边向棉花折转,使其成方形或长方形棉垫。其大小按需要制作。棉花也是四肢骨折外固定的重要敷料。

(二)绷带

多由纱布、棉布等制作成圆筒状,故称卷轴绷带,用途最广。另根据绷带的临床用途及其制作材料的不同,还有其他类型绷带,如复绷带、夹板绷带、支架绷带、石膏绷带等。

(三)包扎的种类及应用

1.干绷带法

干绷带法又称干敷法。是临床上最常用的包扎法。凡敷料不与其下层组织黏连的均可用此法包扎。本法有利于减轻局部肿胀,吸收创液,保持创缘对合,提供干净的环境,促进愈合。

2.湿敷法

对严重感染、脓汁多及组织水肿的创伤,可用湿敷法。此法有助于除去创内湿性组织坏死,降低分泌物黏性,促进引流等。根据局部炎症性质,可采用冷、热敷包扎。

3.生物学敷法

生物学敷法即皮肤移植。将健康的动物皮肤移植到缺损处,消除创面,加速愈合,减少瘢痕的形成。

4.硬绷带法

硬绷带法指夹板和石膏绷带等。这类绷带可限制动物活动,减轻疼痛,降低创伤应激,缓解缝线张力,防止创口裂开和术后肿胀等。

根据绷带使用的目的,通常有各种命名:局部加压借以阻断或减轻出血及制止淋巴液渗出,预防水肿和创面肉芽过剩为目的而使用的绷带,称为压迫绷带;为防止微生物侵入伤口和避免外界刺激而使用的绷带,称为创伤绷带;当骨折或脱臼时,为固定肢体或躯体某部,以减少或制止肌肉和关节不必要的活动而使用的绷带,称为制动绷带等。

任务二　包扎的操作技术

一、卷轴绷带

多用于家畜四肢游离部、尾部、角头部、胸部和腹部等(见图18-1)。

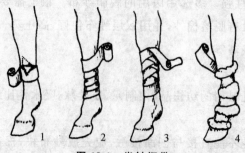

图18-1　卷轴绷带
1.环形带　2.螺形带　3.折转带　4.蛇形带

方法:以左手将绷带的开端,右手持绷带卷,以绷带的背面紧贴肢体表面,由左向右缠绕。当第一圈缠之后,将绷带的游离端反转盖在第一圈绷带上,再缠第二圈压住第一圈绷带。然后根据需要进行不同形式的包扎法缠绕。

注意：均应以环形开始并以环形终止。包扎结束后将绷带末端剪成两条打个半结，以防撕裂。

（一）环形包扎法

用于系部、掌部、趾部等小创口的包扎。方法：在患部把卷轴带呈环形缠数周，每周盖住前一周，最后将绷带末端剪开打结或以胶布加以固定。

（二）螺旋形包扎法

以螺旋形由下向上缠绕，后一圈遮盖前一圈的 1/3～1/2。用于掌部、踝部及尾部等的包扎。

（三）折转包扎法

又称螺旋回反包扎。用于上粗下细径圈不一致的部位，如前臂和小腿部。方法是由下向上作螺旋形包扎，每一圈均应向下回折，逐圈遮盖上圈的 1/3～1/2。

（四）蛇形包扎

或称蔓延包扎。斜行向上延伸，各圈互不遮盖。用于固定夹板绷带的衬垫材料。

（五）交叉包扎法

又称"8"字形包扎（见图 18-2）。用于腕、跗、球关节等部位，方便关节屈曲。包扎方法是在关节下方作一环形带，然后在关节前面斜向关节上方，作一周环形带后再斜行经过关节前面至关节下方。如上操作至患部完全被包扎住，最后以环形带结束。

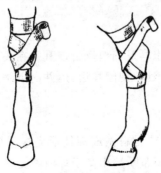

图 18-2　交叉包扎法

二、各部位包扎法

（一）蹄包扎法

将绷带的起始部留出约 20 cm 作为缠绕支点，在系部作环形包扎数圈后，绷带由一侧斜经过蹄前壁向下，折过蹄尖经过蹄底至垂壁时与游离部分扭缠，以反方向由另一侧斜经蹄前壁作经过蹄底的缠绕。同样操作至整个蹄底被包扎，最后与游离部打结，固定于系部。为防止绷带被玷污，可在外部加上帆布套（见图 18-3）。

（二）蹄冠包扎法

包扎蹄冠时，将绷带两个游离端分别卷起，并以两头之间背部覆盖于患部，包扎蹄冠，使两头在患部对侧相遇,彼此扭缠,以反方向继续包扎。每次相遇时均相互扭缠,直至蹄冠完全被包扎为止。最后打结于蹄冠创伤的对侧。

(三)角包扎法

用于角壳脱落和角折,包扎时先用一块纱布盖在断角上,用环形包扎固定纱布,再用另一角作支点,以"8"字形缠绕,最后在健康角根处环形包扎打结(见图18-4)。

(四)尾包扎法

用于尾部创伤或用于后躯,肛门、会阴部施术前、后面定尾部。先在尾根作环形包扎,然后将部分尾毛折转向上作尾的环形包扎后,将折转的尾毛放下,作环衫包扎,目的是防止包扎滑脱,如此反复多次,用绷带作螺旋形缠绕至尾尖时,将尾毛全部折转作数周环形包扎后绷带末端通过尾毛折转所形成的圈内(见图18-5)。

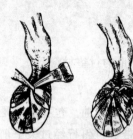
图18-3　蹄包扎

图18-4　角包扎　　　　图18-5　尾包扎

(五)耳包扎法

1. 垂耳包扎法

先在患耳背侧安置棉垫,将患耳及棉垫反折使其贴在头顶部,并在患耳耳廓内侧填塞纱布。然后绷带从耳内侧基部向上延伸到健耳后方,并向下绕过颈上方到患耳,再绕到健耳前方。如此缠绕3~4圈将耳包扎。

2. 竖耳包扎法

多用于耳成形术。先用纱布或材料做成圆柱形支撑物填塞于两耳廓内,再分别用短胶布条从耳根背侧向内缠绕,每条胶布断端相交于耳内侧支撑上,依次向上贴紧。最后用胶带"8"字形包扎,将两耳拉紧竖直。

(六)包扎注意事项

1. 按包扎部位的大小、形状,选择宽度适宜的绷带。

2. 包扎要求迅速确实,用力均匀,松紧适宜。在操作时绷带不得脱落污染。

3. 临床治疗中不宜使用湿绷带进行包扎,因为湿绷带会刺激皮肤,而且容易造成感染。

4. 对四肢部位的包扎须按静脉血流方向,从四肢的下部开始向上包扎。

三、复绷带

复绷带是按畜体一定部位的形状而缝制,具有一定结构、大小的双层(或多层)盖布。在盖布上缝合若干布条以便打结固定。其常用的有眼绷带、鬐甲绷带、背腰绷带、腹绷带等(见

图 18-6)

注意事项：

1. 盖布的大小、形状应适合患部解剖形状和大小的需要，否则外物易进入患部。

2. 包扎固定须牢固，以免运动时松动。

3. 绷带的材料与质地应优良，以便经过处理后反复使用。

四、结系绷带

结系绷带或称缝合包扎，是用缝线代替绷带固定敷料的一种保护手术创口或减轻伤口张力的绷带。结系绷带可装在畜体的任何部位，其方法是在圆枕缝合的基础上，利用游离的线尾，将若干层灭菌纱布固定在圆枕之间和创口之上（见图 18-7）。

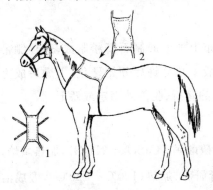
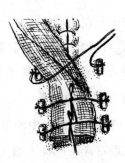

图 18-6 复绷带

1.咽喉绷带；2.鬐甲绷带

图 18-7 结系绷带

五、夹板绷带

夹板绷带是借助于夹板保持患部安定、避免加重损伤、移位和使伤部进一步复杂化的制动绷带。可分为临时夹板绷带和预制夹板绷带两种。前者通常用于骨折、关节脱位时的紧急救治，后者可作为较长时期的制动。

(一)临时夹板绷带

可用胶合板、普通薄木板、竹板、树枝等作为夹板材料。小动物亦选用压舌板、硬纸壳、竹筷子作为夹板材料。

(二)预制夹板绷带

用金属丝、木料、塑料板等制成适合四肢解剖形状的各种夹板。在小动物，厚层棉花和绷带包扎也起到夹板作用。

无论临时夹板绷带还是预制夹板绷带，皆由衬垫的内层、夹板和各种固定材料构成。

夹板绷带的包扎方法：先将患部皮肤刷净，包上较厚的棉花纱布、棉花垫或毡片等衬垫，并用蛇形或螺旋形包扎法加以固定，尔后再装置夹板。夹板的宽度视需要而定，长度既应包括骨折部上下两个关节,使上下两个关节同时得到固定,又要短于衬垫材料,以免夹板两端损伤皮肤。最后用绷带螺旋包扎或结实的细绳加以捆绑固定。铁制夹板可加皮带固定。

六、支架绷带

支架绷带是在绷带内作为固定敷料的支持装置。具有防止摩擦、保护创伤、保持创部安静和通气,为创伤愈合提供良好的条件等作用。用套有橡皮管的软金属或细绳构成支架,借以固定敷料,而不因动物走动失去其作用;小动物四肢常用改良托马斯支架绷带,其支架多用铝棒自制;鬐甲、腰背部支架绷带为纱布包住的弓状金属支架,可用布条或细软绳将其固定于患部。

七、石膏绷带

石膏绷带是在淀粉液浆制过的大网眼纱布上加上锻制石膏粉制成,这种绷带用水浸泡后质地柔软,可塑制成任何形状敷于伤部,一般十几分钟后开始硬化,干燥后成为坚固的石膏夹。根据这一特性,石膏绷带常用于整复后的骨折、脱位外固定或矫形。

(一)石膏绷带的制备

医用石膏是将自然界中的生石膏,即含水硫酸钙($CaSO_4 \cdot 2H_2O$),加热烘焙,使失去一半水分制成煅石膏($CaSO_4 \cdot H_2O$)。将生石膏研碎、加热($100℃\sim120℃$),煅成洁白细腻的石膏粉。将干燥的上过浆的纱布卷轴带,放在堆有石膏粉的搪瓷盘中,打开卷轴带一端,从石膏堆轻拉过,用木板刮匀,使石膏粉进入纱布网孔,轻轻卷起,根据动物大小,制成长$2\sim4$ m,宽$5\sim10$ cm或15 cm的石膏绷带卷。

(二)石膏绷带的装置方法

分为无衬垫和有衬垫两种,前者疗效较好。

骨折整复后,涂布滑石粉,于肢体上、下端各绕一圈薄纱布棉垫,应超出装置石膏绷带卷的预定范围。逐个将石膏绷带卷放到盛有$30℃\sim35℃$的温水桶中。待气泡出完后,握住石膏绷带圈的两端取出,挤去多余水分。从病肢下端先作环形包扎,后作螺旋包扎向上缠绕至预定的部位。每缠一周绷带,须均匀涂抹石膏泥,使绷带紧密结合。骨突起部,应放置棉花垫加以保护,石膏绷带上下端不能超过衬垫物,并且松紧要适宜。大动物:$6\sim8$层;小动物:$2\sim4$层。包扎最后一层时,必须将上下衬垫向外翻转,包住石膏绷带的边缘,最后表面涂石膏泥,数分钟后即可成型。

对开放性骨折或有创伤时,用有窗石膏绷带。"开窗"方法:在创口上覆盖灭菌的创伤压布,将大于创口的杯子或其他器皿放于布巾上,杯子固定后,绕过杯子按前法缠绕,在石膏未硬固之前用刀作窗,取下杯子即成窗口。缺点:可引起静脉淤血和创伤肿胀。为满足治疗需要和不影响绷带的坚固性,可采用桥形石膏绷带。

(三)包扎石膏绷带时应注意的事项

1. 将一切物品备齐,然后开始操作,以免临时出现问题延误时间。

2. 病畜必须保定确实,必要时可作全身或局部麻醉。

3. 装置前必须整复到解剖位置,使病肢的主要力线和肢轴尽量一致。

4. 长骨骨折时,为了达到制动目的,一般应固定上下两个关节,才能起到制动作用。

5. 骨折发生后,使用石膏绷带作外固定时,必须尽早进行。

6. 缠绕时要松紧适宜,基本方法是"贴上去",而不是拉紧"缠上去",每层力求平整。

7. 未硬化的石膏绷带不要指压,以免向下凹陷压迫组织,影响血循或发生溃疡、坏死。

8. 石膏绷绷带敷缠完毕后,为了使石膏绷带表面光滑美观,有时用石膏粉少许加水调成糊,涂在表面,便之光滑整齐。

9. 最后用变紫铅笔或毛笔在石膏夹表面写明装置和拆除石膏绷带的日期,并尽可能标记出骨折线。

(四)石膏绷带的拆除

1. 拆除时间

大家畜:6～8周,小动物:3～4周。提前拆除的原因:石膏夹内大出血或感染;病畜出现原因不明的高热;包扎过紧,肢体受压,影响血流循环;肢体萎缩,石膏夹过大或严重损坏失去作用。

2. 拆除方法

先用热醋、双氧水或饱和食盐水在石膏夹表面划好拆除线,使之软化,沿拆除线用石膏刀切开、石膏锯锯开,或石膏剪逐层剪开,或直接用长柄石膏剪沿绷带近端外侧缘剪开,然后用石膏分开器将其分开。

八、其他硬化绷带

(一)Vet-Lite

一种热熔可塑型塑料,浸满在网孔的纺织物上。如放在水中加热至71℃～77℃,则变得软,并可产生粘性。室温冷却,几分钟后就可硬化。多用于小动物的硬化夹板。

(二)纤维玻璃

一种树脂粘合材料。绷带浸泡冷水中10～15 s就起化学反应,随后在室温条件下几分钟则开始热化和硬固。纤维玻璃绷带常用于四肢的圆筒铸型及夹板。

【测试模块】

1. 举例说明卷轴绷带的使用方法。

2. 阐述各种绷带包扎方法的操作技术及其注意事项。

项目十九　技能训练与技能考核

任务一　技能训练

一、动物直肠内部触诊检查

【目的要求】

掌握牛、马直肠内部触诊的操作方法、检查顺序、正常状态及注意事项。

【实验器材与药品】

动物(牛、马)、保定工具、灌肠器、乳胶手套、人造革围裙及直检专用服。

【操作方法与步骤】

直肠检查主要用于大动物(牛、马、骡等)。将手伸入直肠内,隔肠壁间接地对后部腹腔器官(胃、肠、肾、脾等)及盆腔器官(子宫、卵巢、腹股沟环、盆腔骨骼、大血管等)进行触诊。中小动物在必要时可用手指检查。

直肠检查不仅对这些部位的疾病诊断及妊娠诊断具有一定价值,而且对某些疾病具有重要的治疗作用(如当马、骡疝痛时隔肠破结等)。

本任务以牛、马的直肠检查为主要内容进行练习,以掌握其主要方法、检查顺序,并感知正常状态,了解注意事项。

(一)准备工作

1.动物保定以六柱栏较为方便,马的左、右后肢应分别以足夹套固定于栏柱下端,以防后踢;为防止卧下及跳跃,要加腹带及压绳;尾部向上或向一侧吊起。如在野外,可借助在车辕内(使病马倒向,即臀部向外)保定;根据情况和需要,也可采取横卧保定(如公马去势时的保定法)。牛的保定可钳住鼻中隔,或用绳系住两后肢。

2.术者剪短指甲并磨光,充分露出手臂并涂以润滑油类,必要时用乳胶手套。

3.对腹围膨大病畜应先行盲肠穿刺或瘤胃穿刺术排气,否则腹压过高,不宜检查,尤其是采取横卧保定时,更须注意防止造成窒息的危险。

4.对心脏衰弱的病畜,可先给予强心剂;对腹痛剧烈的病马应先行镇静(可静脉注射5%水合氯醛酒精溶液100~300 mL或30%安乃近溶液20 mL),以便于检查。

5.一般可先行温水1000~2000 mL灌肠,以缓解直肠的紧张并排出蓄粪便以利于直检。

(二)操作方法

1.术者将检手拇指放于掌心，其余四指并拢集聚呈圆锥形，以旋转动作通过肛门进入直肠，当肠内蓄积粪便时应将其取出，再行入手；如膀胱内贮有大量尿液，应按摩、压迫以刺激其反射排空或行人工导尿术，以利入手检查。

2.入手沿肠腔方向徐徐深入，直至检手套有部分直肠狭窄部肠管为止方可进行检查。当被检动物频频努责时，入手可暂停前进或随之后退，即按照“努则退，缩则停，缓则进”的要领进行操作，比较安全。切忌检手未找到肠管方向就盲目前进，或未套入狭窄部就急于检查。当狭窄部套手困难时，可以采取胳膊下压肛门的方法，诱导病畜作排粪反应，使狭窄部套在手上，同时还可减少努责作用。如被检动物过度努责，必要时可用10%普鲁卡因10～30 mL作尾骶穴封闭，以使直肠及肛门括约肌弛缓而便于检查。

3.检手套入部分直肠狭窄部或全部套入(指大马)后，检手适当地活动，用并拢的手指轻轻向周围触摸，根据脏器的位置、大小、形状、硬度、有无肠带、移动性及肠系膜状态等，判定病变的脏器、位置、性质和程度。无论何时手指均应并拢，绝不允许叉开并随意抓、搔、锥刺肠壁，切忌粗暴以免损伤肠管。并应按一定顺序进行检查。

(三)检查顺序

1.肛门及直肠

注意检查肛门的紧张度及附近有无寄生虫、黏液、肿瘤等，并感知直肠内容物的数量及性状，以及黏膜的温度和状态等。

2.骨盆腔内部

入手稍向前下方检查可摸到膀胱、子宫等。膀胱位于骨盆腔底部。无尿时，可感触到如梨子状大的物体，当其内尿液过度充满时，感觉如一球形囊状物，有弹性波动感。触诊骨盆腔壁光滑，注意有无脏器充塞或黏连现象，如被检动物有后肢运动障碍时，应注意有无盆骨骨折。

3.腹腔内部检查

(1)牛的直肠内部检查顺序　肛门→直肠→骨盆→耻骨前缘→膀胱→子宫→卵巢→瘤胃→盲肠→结肠袢→左肾→输尿管→腹主动脉→子宫中动脉→骨盆部尿道。

膀胱位于骨盆底部，空虚时触之如拳头大，充满时膀胱壁较紧张，触之有波动感。若呈异常膨大，为膀胱积尿。触之呈敏感反应，膀胱壁增厚，是膀胱炎之征。

耻骨前缘左侧为庞大瘤胃的上下后盲囊所占据，触摸时表面光滑，呈面团样硬度，同时可触知瘤胃的蠕动波，如触摸时感到腹内压异常增高，瘤胃上后盲囊抵至骨盆入口处，甚至进入骨盆腔内，多为瘤胃臌气或积食，借其内容物的性状，可鉴别之。

耻骨前缘的右侧可触到盲肠，其尖部常抵骨盆腔内，可感有少量气体或软的内容物。右腹胁肷窝为结肠袢部位，可触到其肠袢排列。在其周围是空回肠，正常时不易摸到。若触之肠袢呈异常充满而有硬块感时，多为肠阻塞。若有异常硬实肠段，触之敏感，并有部分肠管呈臌气者，多疑为肠套叠或肠变位。

右侧腹腔触之异常空虚，多疑为真胃左方变位。

正常情况下,真胃及瓣胃是不能触到的。但当真胃幽门部阻塞或真胃扭转继发真胃扩张,或瓣胃阻塞抵至肋弓后缘时,有时于骨盆腔入口的前下方,可摸到其后缘,根据内容物的性状可区别之。

沿腹中线一直向前至第3~6腰椎下方,可触到左肾,肾体常呈游离状态,随瘤胃的充满度而偏于右侧;右肾因位置在前不易摸到。若触之敏感、肾脏增大、肾分叶结构不清者,多提示肾炎。肾盂胀大,一侧或两侧输尿管变粗,多为肾盂肾炎和输尿管炎。

母畜还可触诊子宫及卵巢的大小、性状和形态的变化。公畜触诊副性腺及骨盆部尿路的变化等。

(2)马的直肠内部检查顺序 依据动物腹腔、骨盆腔各器官的位置和生理状态,直肠内部触诊检查按照一定顺序进行,才能较容易地发现异常变化和确定诊断。马腹腔各脏器检查顺序为:

肛门及直肠:应注意肛门的紧张度及直肠内容物的多少、温度及有无创伤等。

骨盆腔及膀胱:骨盆腔由骨盆骨构成周壁光滑的空腔,耻骨前缘的前下方为膀胱,空虚无尿时仅呈拳头大的梨状物体,如充满尿液则呈囊状,触之有波动感。

小结肠:大部位于骨盆口前方、左侧,小部位于右侧,肠内的粪便呈鸡蛋大的球状物,多为串球样排列。小结肠位置可移动,故动物采取横卧保定时,宜注意其位置的改变。

左侧大结肠及骨盆曲:左腹下部触诊左大结肠,左下大结肠较粗且有纵带及肠袋,左上大结肠较细并无肠袋,重叠于左下大结肠上方、内侧而与之平行,内容物呈捏粉样硬度;左下大结肠行至骨盆前口处弯曲折回,而移行为左上大结肠,此即骨盆曲部,呈一迂回的盲端,约有小臂粗,表面光滑,游离,较易识别。

腹主动脉:位于椎体下方,腹腔顶部,稍偏左侧,触摸时有明显的搏动,呈管状。

左肾:脊柱下方,腹主动脉左侧,第二、三腰椎横突下方,可摸到其后缘,呈半圆形物,并有坚实感。

脾脏:由左侧肾脏区稍向下方至最后肋骨部可触知脾脏的后缘,紧贴左腹壁,呈边缘菲薄的扁平镰刀状,较硬而表面光滑,通常其边缘不超过最后肋骨。

肠系膜根:再回至主动脉处并再向前伸,可触知肠系膜根部,注意有无动脉瘤;在其后下部为左右横行的十二指肠。在体躯较小的马或采取横卧保定时,可于前方感知胃的后壁边缘。

盲肠及胃状膨大部:右侧下方欣部,可触知盲肠底和盲肠体,呈膨大的囊状物,其上部常有一定量的气体而具弹性。于盲肠的前内侧,腹腔的上1/3处,可触知大结肠末端的胃状膨大部。

上述顺序可简列为:肛门→直肠→骨盆腔→膀胱→小结肠→左侧大结肠及骨盆曲→腹主动脉→左肾→脾脏→肠系膜根→十二指肠→胃→盲肠→胃状膨大部。

(四)注意事项

1.对表现腹痛剧烈的病畜,可先行镇静,一般以1‰普鲁卡因溶液10~20 mL行后海穴封闭,可使直肠及肛门括约肌弛缓而便于检查。

2.直肠检查是隔着直肠壁间接地进行触诊。因此,在操作时,必须严格遵守常规的方法和操作要领，以防由于粗暴或马虎大意，造成直肠壁穿孔，导致患畜预后不良的恶果，这对于初学者尤为重要。

3.要熟悉腹腔、盆腔及其他部位需要检查的器官、组织的正常解剖位置和生理状态，以利判断病理过程的异常变化。

4.直肠检查是兽医临床实践较为客观和准确的辅助检查法。但必须与一般临床检查结果及其所有症状、资料一起进行全面综合分析，才能得出正确的诊断结果。

5.实践表明，直肠检查法的效果如何，能否在疾病的诊断上起到应有的作用，完全取决于检查者的熟练程度和经验。为此，应在学习或工作中反复多次的练习和掌握。

6.直肠检查可同时兼有治疗作用，特别是对某些肠段发现的闭结粪块可进行按压、破碎（或破结），结合深部温水灌肠（主要对后部肠管），可收到显著的效果。

二、反刍动物腹部和胃肠的临床检查

【目的要求】

1.掌握反刍动物前胃、真胃及肠管的检查部位和方法。

2.结合典型病例认识有关症状及异常变化。

【实验器材与药品】

动物（牛、羊）、听诊器、叩诊器、保定工具、牛鼻钳子。

【操作方法与步骤】

(一)腹部的视诊和触诊

观察腹围的大小、形状；触诊腹壁的敏感性及紧张度。其方法同马。

(二)瘤胃的触诊、叩诊和听诊

成年牛的瘤胃，其容积为全胃总容积的80%，占左侧腹腔的绝大部分，与腹壁紧贴。

1.触诊

检查者位于动物的左腹侧，左手放于动物背部，检手（右手）可握拳、屈曲手指或以手掌放于左肷部，先用力反复触压瘤胃，以感知内容物性状。正常时，似面团样硬度，轻压后可留压痕。随胃壁缩动可将检手抬起，以感知其蠕动力量并可计算次数。正常时每2 min 为2~5 次。

2.叩诊

用手指或叩诊器在左侧肷部进行直接叩诊，以判定其内容物性状。正常时瘤胃上部为鼓音，由左肷窝向下逐渐变为浊音。

3.听诊

多以听诊器进行间接听诊，以判定瘤胃蠕动音的次数、强度、性质及持续时间。

正常时，瘤胃随每次蠕动而出现逐渐增强又逐渐减弱的沙沙声。似吹风样或远雷声，健康牛每2 min 为2~3 次。牛右侧内脏器官：口腔、鼻腔、咽、喉、食管、气管、肺、食管、心、肝、右肾、网胃、胆囊、瓣胃、十二指肠、皱胃、空肠、结肠、瘤胃、回肠、盲肠、膀胱、子宫、直肠。左侧内脏器官：鼻腔、口腔、咽、喉、气管、食管、心、脾、大网膜、瘤胃、阴道、直肠、膀胱、子宫、空肠、肺。

（三）网胃的触诊、叩诊及压迫检查法

网胃位于腹腔的左前下方,相当于第6～7肋骨间,前缘紧接膈肌与心脏相邻,其后下部则位于剑状软骨之上。

1. 触诊

检查者面向动物蹲于左胸侧,屈曲右膝于动物腹下,将右肘支于右膝上,右手握拳并抵住剑状软骨突起部,然后用力抬腿并以拳顶压网胃区,以观察动物反应。

2. 叩诊

于左侧心区后方的网胃区内,进行直接强叩诊或用拳轻击。以观察动物反应。

3. 压迫法

由2人分别站于动物胸部两侧,各伸一手于剑突下相互握紧,各将其另手放于动物的鬐甲部;2人同时用力上抬紧握的手,并用放在鬐甲部的手紧握其皮肤,以观察动物反应。或先用一木棒横放于动物的剑突下,由2人分别自两侧同时用力上抬,迅速下放并逐渐后移压迫网胃区,以观察动物反应。

此外,也可使动物行走上、下坡路或作急转弯等运动,以观察其反应。

正常动物,在进行上述检查试验时,表现无明显反应,相反如表现不安、痛苦、呻吟或抗拒并企图卧下时,是网胃的疼痛敏感表现,常为创伤性网胃炎的特征。

（四）瓣胃的触诊和听诊

瓣胃检查,于右侧第7～10肋骨间,肩关节水平线上下3 cm范围内进行。

1. 触诊

于右侧瓣胃区内进行强力触诊或以拳轻击,以观察动物有无疼痛性反应。对瘦牛可使其左侧卧,于右肋弓下以手深部进行冲击。

2. 听诊

于瓣胃区听取其蠕动音。正常时呈断续性细小的捻发音,于采食后较为明显。主要判定蠕动音是否减弱或消失。

（五）真胃的触诊和听诊

真胃位于右腹部第9～11肋间的肋骨弓区。

1. 触诊

沿肋弓下进行深部触诊。由于腹壁紧张而厚,常不易得到准确结果。为此,应尽可能将手指插入肋骨弓下方深处,向前下方行强压迫。在犊牛可使其侧卧进行深部触诊。主要判定是否有疼痛反应。

2. 听诊

在真胃区内,可听到类似肠音,呈流水声或含嗽音的蠕动音。主要判定其强弱和有无蠕动音的变化,网胃、瓣胃及真胃的位置关系。

（六）肠蠕动音的听诊

健康牛在整个右腹侧,均可听到短而稀少的肠蠕动音。肠音频繁似流水状,见于各种类

型的肠炎及腹泻;肠音微弱,可见于一切热性病及消化机能障碍。

(七)排粪动作及粪便的感观检查

见单胃动物腹部与胃肠的临床检查。

三、单胃动物腹部和胃肠的临床检查

【目的要求】

1.掌握马、猪、犬腹部、胃肠的眼观检查方法。

2.掌握马、猪、犬排粪动作和粪便的眼观检查方法。

3.结合典型病例认识有关症状及异常变化。

【实验器材与药品】

动物(马、猪、犬)、听诊器、叩诊器、保定工具、润滑剂(液体石蜡或其他油类)等。

【操作方法与步骤】

(一)腹部的视诊和触诊

1.腹围视诊

检查者须站立在动物的正前及正后方,主要观察腹部轮廓、外形、容积及胁部的充满程度,应作左右侧对照比较,主要判定其膨大或缩小的变化。

2.触诊

检查者位于腹侧,一手放于动物背部,以另一手的手掌平放于腹侧壁或下侧方,用腕力作间断冲击动作,或以手指垂直向腹壁作突击式触诊,以感知腹肌的紧张度,腹腔内容物的性状并观察动物的反应。

(二)马的胃肠听诊和叩诊

马的胃,由于解剖位置关系,临床检查比较困难。胃蠕动音的听诊部位是在左侧第14~17肋骨间髋结节水平线上下。正常时由于胃的位置较深,一般听不到蠕动声,在安静环境对胃扩张病例,有时可听到"沙沙"声、流水声或金属音。

1.听诊

肠音听诊,主要判定其频率、性质、强度和持续时间,听诊时应对两侧各部进行普遍检查,并于每一听诊点至少听取 1 min 以上。

马的肠音听诊部位,按肠管的体表投影位置,于左侧胁部上 1/3 处为小结肠音,右侧胁部中 1/3 处为小肠音,左腹部下 1/3 为左侧大结肠音,右侧胁部为盲肠音,右侧肋骨弓下方为右大结肠音。但应注意,当肠音增强时,任何一点都可听到肠音。

正常小肠蠕动音如流水声或含漱音,8~12 次/min;大肠音尤如雷鸣或远炮声,4~6 次/min。

2.叩诊

对靠近腹壁的肠管进行叩诊时,依其内容物性状为转移而音响不同。正常时盲肠基部(左胁部)呈鼓音;盲肠体、大结肠则可呈浊音或浊鼓音。

（三）猪的胃肠触诊、叩诊和听诊

1. 触诊

使动物取站立姿势，检查者位于后方，两手同时自两侧肋弓后开始，加压触摸的同时逐渐向上后方滑动进行检查，或使动物侧卧，然后用拼拢、屈曲的手指，进行深部触摸。

2. 叩诊

使动物侧卧，按其腹腔内脏在体表投影位置进行叩诊，对仔猪可用指指叩诊法。

触诊和叩诊主要用以判定腹腔脏器及其内容物的性状并观察有否疼痛反应。

3. 听诊

主要判定肠音频率、性质及强度（猪的左侧内脏：肺、膈、胃、脾、肾、盲肠、小肠、结肠、肝、心；右侧内脏：小肠、肾、肝、肺）。

（四）犬的胃肠触诊和听诊

1. 触诊

通常用双手拇指以腰部作支点，其余四指伸直置于两侧腹壁，缓慢用力，感觉胃肠的状态。也可将两手置于两侧肋骨弓的后方，逐渐向后上方移动，让内脏器官滑过指端，以行触诊。如将犬前后轮流高举，几乎可触知全部腹内器官。腹部触诊往往可以确定胃肠充满度、胃肠炎、肠便秘及肠变位等。

2. 听诊

听诊部位在左右两侧肷部。健康犬肠音如哔拨音或捻发音。肠音增强见于消化不良、胃肠炎的初期。肠音减弱或消失见于肠便秘、阻塞及重剧胃肠炎等。

（五）排粪动作及粪便的感观检查

正常时，各种动物均采取固有的排粪动作和姿势。其异常表现为：腹泻，便秘，排粪失禁，排粪带痛和里急后重等。

各种动物的排粪量和粪便性状有异，同时受饲料的数量特别是质量的影响极大，要注意观察。在检查中，应仔细观察粪便的气味、数量、形状、颜色及混有物。粪便有特殊腐败或臭味，多见于各型肠炎或消化不良；粪便坚硬、色深，见于肠弛缓、便秘、热性病；粪便呈黑色，提示胃或前部肠道出血性疾病；粪球外部附有红色血液，是后部肠管出血的特征；粪便呈灰白色黏土状提示缺乏粪胆素，可见于阻塞性黄疸；粪便混有未消化饲料残渣，提示消化不良；混有多量黏液，见于肠卡他；混有血液或排血样便，是出血性肠炎的特征；混有灰白色、成片状的脱落肠黏膜，提示伪膜性肠炎。

四、动物胸廓及呼吸系统的临床检查

【目的要求】

1. 掌握动物胸廓的临床检查内容和方法。

2. 掌握动物呼吸系统的临床检查内容和方法。

【实验器材与药品】

动物（牛、马、羊、猪、犬等）、听诊器、保定工具等。

【操作方法与步骤】

(一)胸廓的检查

1.视诊

注意观察呼吸状态;胸廓的形状和对称性;胸壁有无损伤、变形;肋骨与肋软骨结合处有无肿胀或隆起;肋骨有无变化,肋间隙有无变宽或变窄、凸出或凹陷现象;胸前、胸下有无浮肿等。

健康动物呼吸平顺;胸廓两侧对称、脊柱平直;胸壁完整;肋间隙的宽度均匀。病理状态可见有:胸廓向两侧扩大(桶状),胸廓狭小(扁平),单侧性扩大或塌陷;肋间隙变宽或变狭窄;胸下浮肿或其他损伤。

2.触诊

胸廓触诊着重注意胸壁的敏感性、感知温湿度、肿胀物的性状,并注意肋骨有否变形及骨折等。

健康动物触诊无痛。

病理状态可见:触诊胸壁敏感,有摩擦感、热感或冷感;肋骨肿胀、变形,或有骨折及不全骨折;尤其幼畜可呈串珠样肿;胸下浮肿;各种外伤。

(二)呼吸运动的检查

应在病畜安静且无外界干扰的情况下作下列检查:

1.呼吸频率(次数)的检查

呼吸频率的检查方法及注意事项详见本书项目四任务二的相关内容。

2.呼吸类型的检查

检查者立于病畜的后侧方,观察吸气与呼气时胸廓与腹壁起伏动作的协调性和强度。

健康动物一般为胸腹式呼吸,即在呼吸时胸壁和腹壁的动作很协调,强度大致相等。在病理情况下,可见有胸式或腹式呼吸。

3.呼吸节律的检查

检查者立于病畜的侧方,观察每次呼吸动作的强度、间隔时间是否均等。

健康动物在吸气后紧随呼气,经短时间休止后,再行下次呼吸。每次呼吸的间隔时间和强度大致均等,即呼吸节律正常。

病理性呼吸节律可见有:陈-施二氏呼吸(由浅到深再至浅,经暂停后复始)、毕欧特氏呼吸(深大呼吸与暂停交替出现)、库斯茂尔氏呼吸(呼吸深大而慢,但无暂停)。

4.呼吸匀称性的检查

检查者立于病畜正后方,对照观察两侧胸壁的起伏动作强度是否一致。

健康动物呼吸时,两侧胸壁起伏动作的强度完全一致。

病畜可见两侧不对称的呼吸动作。

5.呼吸困难的检查

检查者仔细观察病畜鼻翼的扇动情况及胸、腹壁的起伏和肛门的抽动现象,注意头颈、躯干和四肢的状态和姿势;并听取呼吸湍急的声音。

健康动物呼吸时,自然而平顺,动作协调而不费力,呼吸频率相对正常,节律整齐,肛门无明显抽动。

呼吸困难时,呼吸异常费力,呼吸频率有明显改变(增或减),补助呼吸肌参与呼吸运动。尚可表现为如下特征:

(1)吸气型呼吸困难　头颈平伸,鼻孔开张,形如喇叭,两肘外展,胸壁扩张,肋间凹陷,肛门有明显的抽动。甚至呈张口呼吸。吸气时间延长,可听到明显的狭窄音。

(2)呼气型呼吸困难　呼气时间延长,呈二段呼出;补助呼气肌参与活动,腹肌极度收缩,沿季肋缘出现喘线(息劳沟)。

(3)混合型呼吸困难　具有以上两型的特征,但狭窄音多不明显而呼吸频率常明显增多。

五、动物泌尿系统的临床检查

【目的要求】

1.掌握肾脏、膀胱、尿道的临床检查方法。

2.练习牛(母牛)、马的尿道探诊方法。

3.结合临床病例观察各种动物的异常排尿姿势。

【实验器材与药品】

动物(牛、马、猪、犬)、保定工具、尿导管、阴道开张器、润滑剂(凡士林或液体石蜡)、消毒药等。

【操作方法与步骤】

(一)肾脏的检查

1.视诊

当肾脏有病时,动物表现腰背僵硬,拱起,运步小心,后肢向前移缓慢,牛有时可呈腰区膨隆;马则表现为腹痛样症状。

2.触诊

大动物可在腰背部强行加压或用拳捶击,也可由腰椎横突下侧方向内探触,以观察动物是否呈现敏感反应。中、小动物如羊、犬、猫等取站立姿势时,检查者立于动物后方,两手分别放在体躯两侧,以拇指于其腰背部作支点,其余四指指尖由腰椎之下对向腹内加压,由前至后或由后至前,也可由下向上以触诊肾脏的大小、硬度及敏感度;动物取横卧姿势时,可将一手置于腰背下方,另一只手自上方以并拢的手指沿腰椎横突向下加压进行触诊。

3.叩诊

健康动物于季肋头前缘左侧倒数第 2 腰椎,右侧倒数第 1 腰椎下方可叩诊出肾脏的浊(实)音区,不出现敏感反应。其范围因动物种类和体格大小而不同。病理情况下出现浊音区扩大或疼痛表现。

大动物可用直肠检查法触诊肾脏,其实际应用意义较大。

(二)膀胱的检查

膀胱常用触诊方式检查。膀胱位于骨盆腔底部,空虚时触之较软,大如梨状;中度充满时,轮廓明显,其壁较紧张,且有波动;高度充满时,可占据整个骨盆腔。

大动物膀胱检查,只能作直肠内部触诊,检查时应注意其位置、大小、充满度、紧张度及有无压痛等。

小动物如犬的膀胱检查,触诊时宜采取仰卧姿势,用一手在腹中线处由前向后触压。也可用两只手分别由腹部两侧逐渐向体中线压迫,以感觉膀胱。当膀胱充满时,可在下腹壁耻骨前缘触到一有弹性的球形光滑体,过度充满时可达脐部。检查膀胱内有无结石时,最好用一手指插入直肠,另一手的拇指与食指于腹壁外,将膀胱向后方挤压,以便直肠内的食指容易触到膀胱。

(三)尿道探诊及导尿

尿道探诊及导尿,主要用于怀疑尿道阻塞,以探查尿路是否通畅;也用于当膀胱充满而又不能排尿时,导出尿液;必要时可用消毒药进行膀胱冲洗以作治疗;还可用于采集尿液以供检验。通常应用与动物尿道内径相适应的橡皮导尿管,对母畜也可用特制的金属导尿管进行。

1.公马的膀胱及尿道导管插入法

站立保定,并固定后肢,术者蹲在马的右侧,将右手伸入包皮内,抓住龟头,把阴茎拉出一定长度,用温水洗去污垢物,以无刺激消毒液(2％硼酸水或0.1％新洁尔灭液等)擦洗尿道外口后,将已消毒并涂以润滑油的公马导尿管(橡胶制品)缓慢插入尿道内。当导尿管插至坐骨切迹处,可见马尾轻轻上举,此时如导尿管不能顺利插入时,可由助手在坐骨切迹处加以压迫,导管即可转向骨盆腔,再向前推进 10 cm 左右,便进入膀胱,如膀胱内有尿,即可见尿液流出。(公牛或公猪的尿道因有"S"状弯曲,探诊检查较为困难。)

2.母马尿道及膀胱导管插入法

待检马六柱栏内站立保定,用消毒液(0.1％高锰酸钾液)洗净外阴部。术者手臂消毒,以一手伸入阴道内摸到尿道外口,用另一手持母马导尿管沿尿道外口徐徐插入至膀胱内。必要时可使用阴道开张器,打开阴道,便于找到尿道外口。(母牛导管插入方法基本上与母马相同。)

(四)排尿检查

主要用视诊方法。

动物种类和性别不同,其正常排尿姿势也不尽相同。应留心观察不同性别牛、羊、马、猪和犬等的排尿姿势。

动物的排尿异常有频尿和多尿、少尿和无尿、尿闭、排尿困难和疼痛、尿失禁等。

此外,应注意检查尿色、尿的透明度、黏稠度和气味等。

(五)注意事项

1.尿道及膀胱导管探诊要注意探管消毒及涂以润滑剂,防止人为造成黏膜损伤及感染。

2.被检动物要确实保定,注意人畜安全。

六、动物心脏和脉搏的临床检查

【目的要求】

1.练习心脏的临床检查法。

2.掌握心脏的视诊、触诊、叩诊、听诊的部位、方法及正常状态。

3.练习动物脉搏的触诊。

4.了解不同动物脉搏触诊的部位、方法及正常状态。

【实验器材与药品】

动物(牛、马、羊、猪、犬等)、听诊器、叩诊器、保定工具等。

【操作方法与步骤】

(一)心脏的检查

1.心搏动的视诊与触诊

被检动物取站立姿势,使其左前肢向前伸出半步,以充分露出心区。检查者位于动物左侧方,视诊时,仔细观察左侧肘后心区被毛及胸壁的振动情况;触诊时,检查者一手(右手)放于动物的鬐甲部,用另手(左手)的手掌,紧贴于动物的左侧肘后心区,注意感知胸壁的振动,主要判定其频率及强度。

健康动物随每次心室的收缩而引起左侧心区附近胸壁的轻微振动。

动物心搏动的病理变化可表现为心搏动减弱或增强。但应注意排除生理性的减弱(如过肥)或增强(如运动之后、兴奋、惊恐或消瘦)。

2.心脏的叩诊

保定动物。大动物宜用槌板叩诊法;小动物可用指指叩诊法。大动物先将其左前肢拉向前方半步,小动物则可提取其左前肢,以使心区充分显露;然后持叩诊器由肩胛骨后角垂直地向下叩击,直至肘后心区,再转而斜向后上方叩击。随叩诊音的改变,而标明由肺清音变为心浊音的上界点及由心浊音区又转为肺清音的后界点,将此两点连成一半弧形线即为心浊音区的后上界线。

健康动物心浊音区:牛在左侧,由于心脏被肺脏所掩盖的部分较大,因而只能确定相对浊音区,位于第3~4肋间,胸廓下1/3的中间部,其范围较小。

其病理变化表现为心脏叩诊浊音区的缩小或扩大,有时呈敏感反应(叩诊时回视、反抗)或叩诊呈鼓音(如牛创伤性心包炎时)。

马在左侧,呈近似的不等边三角形,其顶点相当于第3肋间距肩关节水平线向下3~4 cm处;由该点向后下方引一弧线并止于第6肋骨下端,为其后上界。在心区反复地用较强和较弱的叩诊进行检查,依产生的浊音的区域,可判定马的心脏绝对浊音区及相对浊音区。相对浊音区在绝对浊音区的后上方,呈带状,宽3~4 cm。

犬的绝对浊音区位于左侧第4~6肋间,前缘达第4肋骨,上缘达肋骨和肋软骨结合部,大致与胸骨平行,后缘受肝浊音的影响而无明显界限。

3.心音的听诊

动物保定后,一般用听诊器进行间接听诊,将集音头放于心区部位即可。应遵循一般听诊的常规注意事项。

听诊心音时,主要应判断心音的频率、强度、性质及有否分裂、杂音或节律不齐。当心音过于微弱而听不清时,可使动物作暂短的运动,并在运动之后听取。

(1)健康动物的心音特点

牛:黄牛及乳牛的心音较为清晰,尤其第一心音明显,但其第一心音持续时间较短;水牛的心音甚为微弱。

马:第一心音的音调较低,持续时间较长且音尾拖长;第二心音短促、清脆,且音尾突然停止。

猪:心音较钝浊,且两个心音的间隔大致相等。

犬:心音清亮,且第一与第二心音的音调、强度、间隔及持续时间均大致相等。

区别第一与第二心音时,除根据上述心音的特点外,第一心音产生于心室收缩期中,与心搏动、动脉脉搏同时出现;第二心音产生于心室舒张期,与心搏动、动脉脉搏出现时间不一致。

(2)心音的病理变化 可表现为心率过快或徐缓、心音混浊、心音增强或减弱、心音分裂或出现心杂音、心律不齐等。

七、动物神经系统的临床检查

【目的要求】

掌握头颅、脊柱及感觉、反射功能的检查方法。

【实验器材与药品】

动物(牛、马、犬)、保定工具、胶头、叩诊槌、针头等。

【操作方法与步骤】

(一)头颅、脊柱的视、触诊

头颅的视、触诊应注意其形态、大小、温度、硬度及外伤等变化。必要时,可采用直接叩诊法检查,以判定颅骨骨质的变化及颅腔、窦内部的状态。

注意脊柱的形态(上、下及侧弯曲)、有否僵硬、局部肿胀、热痛反应及运步时的灵活情况。

(二)感觉机能检查

动物的感觉除视觉、嗅觉和听觉、味觉外,还包括皮肤的痛觉、触觉(浅触觉),肌、腱、关节感觉(深感觉)和内脏感觉。当感觉径路发生病变时,其兴奋性增高,对刺激的传送力增强,轻微刺激可引起强烈反应,称为感觉过敏;当感觉径路有毁坏性病变传送能力丧失时,对刺激的反应减弱或消失。

1.痛觉检查

检查时,为避免视觉干扰,应先把动物眼睛遮住,然后用针头以轻微的力量针刺皮肤,观察动物的反应。一般多由感觉较钝的臀部开始,再沿脊柱两侧向前,直至颈侧、头部。对于四肢,可作环形针刺,较易发现不同神经区域的异常。健康动物针刺后立即出现反应,表现为相应部位的肌肉收缩、被毛颤动,或迅速回头、竖耳或作踢咬动作。检查时注意感觉减弱乃至消失及感觉过敏。

2.深部感觉检查

检查深感觉,是人为地使动物四肢采取不自然的姿势,例如使马的两前肢交叉站立,或将两前肢广为分开。当人为的动作除去后,健康马可迅速回复原来的姿势,当深感觉发生障碍时,则可在较长时间内保持人为的姿势而不改变。

3.瞳孔检查

瞳孔检查,是用电筒光从侧方迅速照射瞳孔,观察瞳孔反应。在强光照射下,健康动物瞳孔迅速缩小,除去强光时,随即复原。注意瞳孔放大及对光反应消失的变化,尤其是两侧瞳孔散大,对光反应消失。

用手压迫或刺激眼球,眼球不动,表示中脑受侵害,是病情严重的表现。

(三)反射机能检查

反射是神经系统活动的最基本方式,是通过反射弧的结构和机能完成的,故通过反射的检查,可辅助判定神经系统的损害部位。

兽医临床常检查的反射有:

1.耳反射

用细针、纸卷、毛束轻触耳内侧皮毛,正常时动物表现摇耳和转头,反射中枢在延髓及第1～2节颈髓。

2.鬐甲反射

用细针、指尖轻触马鬐甲部被毛,正常时,肩部皮肌发生震颤性收缩。反射中枢在第7节颈髓及第1～4节胸髓。

3.肛门反射

轻触或针刺肛门部皮肤,正常时,肛门括约肌产生一连串短而急的收缩。反射中枢在第4～5节荐髓。

4.腱反射

用叩诊锤叩击膝中直韧带,正常时,后肢于膝关节部强力伸张。反射弧包括股神经的感觉、运动纤维和第3～4节腰髓。检查腱反射时,以横卧姿势,抬平被检肢,使肌肉松弛时进行为宜。

(四)注意事项

感觉机能检查和反射机能检查,应避免视觉的干扰,因此宜遮住动物的眼睛,同时要进行两侧对比观察判定。

任务二　技能考核

考核项目	考核内容与要求	分值		考核方式	备注
		环节分	考生得分		
动物保定	能正确熟练地接近动物	10		单人操作	可选1～2种动物
	能正确使用保定器械	20			
	打结正确	20			
	能够固定好动物	50			
一般检查	眼结膜的检查	30		单人操作	体温、呼吸、脉搏测定任选1项
	浅表淋巴结的检查	30			
	体温、呼吸、脉搏测定	40			
消化系统检查	开口方法	20		单人操作	可选1～2种动物
	胃肠听诊	40			
	胃肠叩诊	40			

考核项目	考核内容与要求	分值		考核方式	备注
		环节分	考生得分		
呼吸系统	人工诱咳	20		单人操作	选其中1种动物
	牛、马、犬肺叩诊区的确定	40			
	肺的叩诊、听诊	40			
心血管系统	心脏听诊	70		单人操作	选1~2种动物
	微血管再充盈时间测定	30			
血液检验	血沉测定	100		单人操作	任选1~2项
	血红蛋白测定				
	红细胞计数	100			
	白细胞计数	100			
注射技术	皮下注射	100		单人操作	任选1种动物任选1项
	肌肉注射				
	静脉注射	100			
穿刺技术	瘤胃穿刺	100		单人操作	任选1项进行演示操作
	瓣胃穿刺	100			
	盲肠穿刺	100			
	腹腔穿刺	100			
投药技术	牛灌角灌药	30		单人操作	牛灌角与药瓶任选1项
	药瓶灌药				
	胃导管灌药	70			
外产科器械	外科器械的名称及使用方法	50		单人操作	
	产科器械的名称及使用方法	50			
无菌技术	器械及物品的消毒与灭菌	40			
	手术部位的消毒	30			
	术者手臂的消毒	30			
缝合技术	单手打结	40		单人操作	打结、缝合各选1项
	双手打结				
	器械打结				
	连续缝合	60			
	间断缝合				
	特殊缝合				

考核项目	考核内容与要求	分值		考核方式	备注
		环节分	考生得分		
包扎技术	包扎材料准备	40		单人操作	绷带技术任选1～2项
	螺旋绷带	60			
	交叉绷带				
	折转绷带				
	中蹄绷带				
	结系绷带				
	夹板绷带				
	石膏绷带				
X线检查技术	X射线机部件名称	20		单人操作	
	X射线机的操作	50			
	X片的识别	30			
B超检查技术	B超部件名称	20		单人操作	
	B超的操作	50			
	B超影像的识别	30			

参考文献

【1】东北农学院. 临床诊疗基础[M].北京：中国农业出版社.2004.

【2】胡在锯. 兽医临床诊疗技术[M].北京：中国农业出版社.2009.

【3】章红兵，丁岚峰. 兽医临床诊疗基础[M].北京：科学出版社.2012.

【4】青海省湟源畜牧学校. 兽医临床诊断学[M].北京：中国农业出版社.1997.

【5】中国农业大学. 家畜外科手术学[M].北京：中国农业出版社.2003.

【6】郑继昌，阎慎.动物外产科技术[M].北京：化学工业出版社,2009.

【7】何德肆，扶庆.动物外科与产科疾病[M].重庆：重庆大学出版社,2007.

【8】李玉冰. 兽医临床诊疗技术[M].第二版.北京：中国农业出版社. 2012.

【9】王书林.兽医临床诊断学[M].第三版.北京：中国农业出版社. 2001.

【10】沈永恕.兽医临床诊疗技术[M].中国农业大学出版社.2006.

【11】邓干臻.兽医临床诊断学[M].北京.科学出版社.2009.

【12】李国江.动物普通病[M].中国农业出版社.2001.